Elektrotechnik für Studierende

Wechselstrom 2 – Ortskurven, Mehrphasensysteme, Transformatoren und Übertrager

Dipl.-Ing. Univ. Leonhard Stiny

Elektrotechnik für Studierende

Wechselstrom 2 – Ortskurven, Mehrphasensysteme, Transformatoren und Übertrager

149 Abbildungen und 50 Beispiele mit ausführlichen Musterlösungen

1. Auflage 2014

Dr.-Ing. Paul Christiani GmbH & Co. KG

Titelbild: © Robert Kneschke/fotolia.com

Bestell-Nr. 95623

ISBN: 978-3-86522-936-6

---

1. Auflage 2014

Inhalt

Vorwort

Der erste Band der Buchreihe „Elektrotechnik für Studierende" behandelt mathematische Verfahren und Konzepte, erläutert die Ursachen des Stromes und die Grundlagen elektrischer Stromkreise.

Der zweite Band bietet eine verständliche Einführung in das Gebiet der Gleichstromtechnik.

Im dritten Band werden die Grundzüge der Wechselstromtechnik besprochen. Einen Schwerpunkt bildet dort die Berechnung von Netzwerken mit Hilfe komplexer Größen.

Wie in den vorausgegangenen Bänden erleichtern auch in diesem Werk viele Abbildungen das Verständnis des Stoffes. Zusammenfassungen am Ende der Kapitel heben das Wesentliche hervor. Vor allem aber ermöglichen zahlreiche Beispiele, die meisten in Form von Übungsaufgaben mit ausführlichen Lösungen, das Wissen durch eigene Berechnungen zu vertiefen und zu festigen. Somit kann das Werk auch als Hilfe für eine Prüfungsvorbereitung verwendet werden.

Der vorliegende vierte Band, Wechselstrom 2, ist wie die vorhergehenden Bände als Lehr- und Studienbuch für alle gedacht, die sich in ihrem Studium mit der Elektrotechnik beschäftigen müssen. Sowohl für die Fachrichtung Elektrotechnik als auch für Studiengänge anderer technisch-naturwissenschaftlicher Zweige ermöglicht dieses Werk, dass Studierende das Grundwissen der Wechselstromtechnik in ausgewählten Gebieten anwenden, die in der Praxis wichtig sind. Dazu gehören z. B. das Wissen um Erzeugung und Verteilung elektrischer Energie, Drehstromsysteme, Transformatoren in der Energietechnik und Übertrager in der Nachrichtentechnik.

Dieses Werk kann an Akademien, Fachhochschulen und Universitäten als Leitfaden von Lehrveranstaltungen dienen. Für Studierende ist es sowohl zum Selbststudium als auch als vorlesungsbegleitendes Ergänzungswerk geeignet. Ingenieure in der Berufspraxis können ihr Wissen um Vorgehensweisen und Berechnungsverfahren auffrischen und vertiefen.

Vorausgesetzt werden Kenntnisse in Mathematik, welche in etwa dem Abitur an einem mathematisch-naturwissenschaftlichen Gymnasium oder dem Abschluss in einem technischen Zweig einer Fachoberschule oder Berufsoberschule entsprechen. Vor allem das Rechnen mit komplexen Größen sollte bekannt sein. Vorteilhaft ist auch ein Grundwissen über elektrische Stromkreise und die Anwendung unterschiedlicher Analysemethoden für Gleich- und Wechselstromnetzwerke.

Im ersten Abschnitt werden Ortskurven als fundamentales Hilfsmittel zur Beschreibung der Eigenschaften von Wechselstromnetzwerken besprochen. Die verschiedenen Arten von Ortskurven werden erläutert, ihre Interpretation und Erstellung geübt. Beispiele zur Erzeugung von Ortskurven am Computer werden als Anwendung eines kostenlosen Excel-Tools gezeigt.

In Abschnitt zwei werden Mehrphasensysteme behandelt. Nach Definitionen zu Mehrphasennetzen werden deren Vorteile aufgezeigt. Das Grundprinzip des Drehstromgenerators und die Bauformen der Synchronmaschine geben Einblick in die Erzeugung von Drehstrom. Es werden die verschiedenen Möglichkeiten der Verschaltung von Generator und Verbraucher in Stern oder Dreieck und die Eigenschaften und Vor- und Nachteile dieser Schaltungen dargelegt. Erläuterungen zu Leistung bei Drehstrom, Blindleistungskompensation und Leistungsmessungen geben Hinweise zu Einsatzfällen in der Praxis.

Im dritten Abschnitt über Transformatoren und Übertrager wird zunächst das magnetische Feld als Grundlage des Funktionsprinzips von Transformatoren ausgeführt. Die Eigenschaften und Grundlagen zur Berechnung von Transformatoren führen zu unterschiedlich einsetzbaren Ersatzschaltbildern. Die Messung der beschreibenden Größen von Transformatoren stellen eine Hilfe für praktische Anwendungen dar. Eine Beschreibung von Aufbau und Bauformen und das Verhalten von Übertragern bei unterschiedlichen Frequenzen zeigen praktische Anforderungen auf.

Haag a. d. Amper, im August 2014

Leonhard Stiny

1 Ortskurven

Häufig ist es übersichtlich, für spezielle, zeitunabhängige Größen einer Schaltung, z. B. für die Impedanz eines Zweipols oder für das Verhältnis von Ausgangs- zu Eingangsspannung, die Abhängigkeit von einer Bestimmungsgröße (einem Parameter), etwa von der Frequenz oder von dem Wert eines Widerstandes, grafisch darzustellen. Zur Darstellung komplexer Größen, die von einem reellen Parameter abhängen, gibt es grundsätzlich zwei Möglichkeiten.

Erstens können alle Werte der Größe als Punkte in der komplexen Ebene angegeben werden. Unterschiedlichen Parameterwerten entsprechen dann im Allgemeinen unterschiedliche Punkte, deren Verbindung für ein gegebenes Intervall des Parameters ein bestimmtes Kurvensegment ergeben. Diese Parameterdarstellung einer Kurve in der komplexen Ebene heißt **Ortskurve**. Wir betrachten also Kurven, auf denen die Pfeilspitzen komplexer Größen laufen, wenn irgendein Parameter der Schaltung variiert wird. Am häufigsten handelt es sich bei dem Parameter um die Frequenz oder die Kreisfrequenz. Die Ortskurve wird dann als **Frequenzgang-Ortskurve** (kurz *Frequenzgang*, manchmal auch Nyquist[1]-Diagramm) der betrachteten Größe bezeichnet.

Zweitens lassen sich Betrag und Winkel der komplexen Größe in *zwei getrennten* Diagrammen über den Parameterwerten auftragen. Ist der Parameter die Frequenz oder die Kreisfrequenz, so spricht man von der Kurve des Betrags- bzw. des Winkelfrequenzganges (*Amplitudengang* bzw. *Phasengang*). Meistens wird dabei auf der Abszisse für die Frequenz eine logarithmische Skala gewählt. Auf der Ordinate wird für den Betrag ebenfalls eine logarithmische, für den Winkel dagegen eine lineare Skala verwendet. Diese viel benutzte Art der Darstellung wird als **Bode-Diagramm** (*Frequenzkennlinien-Diagramm*) bezeichnet und im nächsten Band dieser Buchreihe besprochen.

Die grafische Darstellung des Frequenzganges ist von Bedeutung, da die Information, die ein Übertragungsglied[2] beinhaltet, in einer Form dargestellt wird, die für bestimmte regelungstechnische Aufgaben sehr gut geeignet ist (z. B. Analyse der Stabilität, Reglerentwurf). Der Frequenzgang ist auch als Sprungantwort direkt messbar. Damit ist es möglich, anhand von Messungen Modelle von dynamischen Systemen aufzustellen.

Ortskurven sind von Vorteil, wenn der qualitative Verlauf mehr interessiert als quantitative Details. Ein Bode-Diagramm dagegen kann einfach skizziert werden, wenn die Übertragungsfunktion in faktorisierter Form vorliegt.

---

[1] Harry Nyquist (1889 – 1976), amerik. Physiker

[2] Im einfachsten Fall ist dies eine Einrichtung mit einem Eingangs- und einem Ausgangssignal.

Die folgenden Betrachtungen zu Ortskurven beziehen sich nur auf einfache Netzwerke. Zur Berechnung und zum Plotten der Ortskurven oder Bode-Diagramme umfangreicher Netzwerke werden heute Computer eingesetzt.

1.1 Begriff der Ortskurve

Zeigerdiagramme stellen das Verhalten einer Schaltung immer nur für eine bestimmte Frequenz dar. Durch ein Zeigerbild wird ein bestimmter Betriebszustand eines Wechselstromnetzes bei konstanten Parametern (Amplitude und Frequenz) der speisenden, sinusförmigen Quellspannungen und Quellströme und bei konstanten Werten der Bauelemente (Netzwerkparameter R, L, C) durch komplexe Werte von Strömen und Spannungen beschrieben. Komplexe Widerstände und komplexe Leitwerte von Wechselstromschaltungen lassen sich ebenfalls durch Zeiger in der Gauß'schen Zahlenebene darstellen, wenn die Frequenz und die Netzwerkparameter konstant sind. Sind die Parameter variabel, so ändern sich diese Zeigerbilder.

Wird nur die Änderung einer bestimmten Größe des Wechselstromnetzes infolge der Änderung eines Parameters untersucht, dann entsteht für diese Größe eine Menge von Zeigern. Die Zeigerspitzen werden alle verbunden, die *Verbindungskurve der Zeigerspitzen* wird *Ortskurve* genannt.

Jede Ortskurve wird mit Werten eines reellen Parameters versehen, der meist t genannt wird. Zum Ortskurvenpunkt mit $t = 1$ zeigt derjenige Zeiger, der dem Ausgangszustand der untersuchten Größe entspricht. Zu allen anderen Ortskurvenpunkten gehören die Zeiger, die den geänderten Anteil der untersuchten Größe bezogen auf den Ausgangszustand berücksichtigen. Durch Ortskurven lassen sich also verschiedene Betriebszustände eines Wechselstromnetzes, d. h. bei geänderten Parametern, in einem einzigen Bild erfassen.

Noch einmal mit anderen Worten: Mit Ortskurven lassen sich beliebige Netzwerkfunktionen veranschaulichen. Ortskurven zeigen sehr anschaulich den Verlauf einer komplexen Systemgröße wie z. B. Spannung, Strom, Widerstand oder Leitwert in Abhängigkeit von einem reellen Parameter (Frequenz, Widerstand, Kapazität, Induktivität). Die Ortskurve selbst ist der geometrische Ort aller Endpunkte (Zeigerspitzen) der komplexen Größe, der sich in Abhängigkeit vom reellen veränderlichen Parameter ergibt. Die Ortskurve erlaubt es, Betrag **und** Winkel einer komplexen Größe direkt abzulesen.

Definition:

Als Ortskurve wird die Verbindungslinie (der geometrische Ort) aller Zeigerspitzen einer von einem *reellen* Parameter t abhängigen komplexen Größe bezeichnet.

$$\boxed{\underline{O}(t) = x(t) + j \cdot y(t)} \quad (a \le t \le b,\ t \in \mathbb{R}) \tag{1.1}$$

Jedem Parameterwert t aus dem Intervall $[a,\ b]$ wird in eindeutiger Weise eine komplexe Zahl zugeordnet. Auf diese Weise wird eine komplexwertige Funktion einer rellen Variablen definiert.

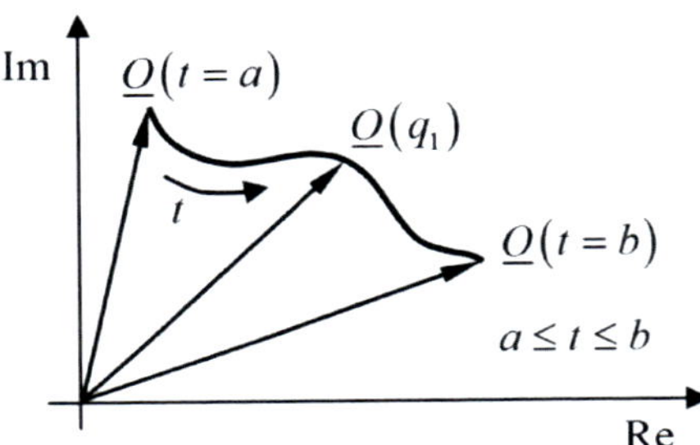

Abb. 1: Ortskurve als Linie in der komplexen Ebene

Real- und Imaginärteil einer komplexwertigen Funktion $\underline{O}(t)$ sind somit Funktionen ein- und derselben reellen Variablen t. Zu jedem Parameterwert gehört genau ein Zeiger und damit genau ein Punkt auf der Ortskurve. Eine Kennzeichnung der Kurvenpunkte durch eine Bezifferung kann also durch den Parameter selbst erfolgen.

Oft genügt es, einige Punkte der Ortskurve zu berechnen und diese zu verbinden, um so die Ortskurve zeichnen bzw. ihren prinzipiellen Verlauf skizzieren zu können. Um zu kennzeichnen, welcher Punkt der Ortskurve zu welchem Wert der Variablen gehört, wird deren Wert an einige wichtige Punkte der Ortskurve geschrieben.

1.2 Einfache Ortskurven

Ortskurven von Grundschaltungen haben eine einfache Form (Geradentyp, Kreistyp). Aber schon bei einfachen Kombinationen von R, L und C-Komponenten können relativ komplizierte Funktionsverläufe entstehen.

1.2.1 Geradlinige Ortskurven

1.2.1.1 Gerade parallel zur imaginären Achse

$$\boxed{\underline{O}(t) = a + j \cdot b \cdot t} \text{ mit } a,\ b = \text{konstant},\ -\infty < t < +\infty \tag{1.2}$$

Die Ortskurve $\underline{O}(t)$ ist eine im Abstand a zur imaginären Achse parallel verlaufende Gerade.

Sonderfall für $a = 0$: Die Ortskurve fällt mit der imaginären Achse zusammen.

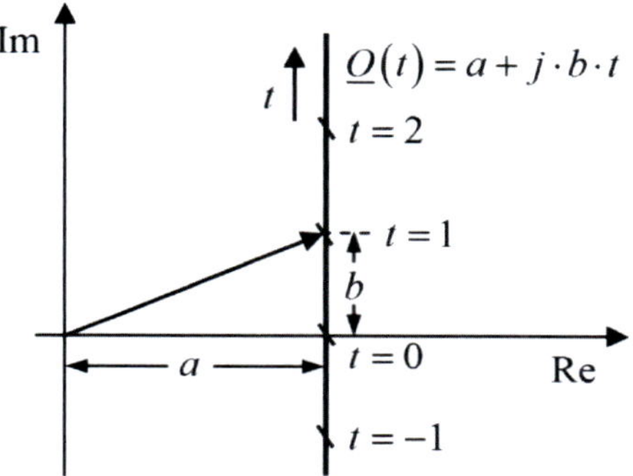

Abb. 2: Ortskurve als Parallele zur imaginären Achse

1.2.1.2 Gerade parallel zur reellen Achse

$$\boxed{\underline{O}(t) = a \cdot t + j \cdot b} \tag{1.3}$$

Die Ortskurve $\underline{O}(t)$ ist eine im Abstand b zur reellen Achse parallel verlaufende Gerade.

Sonderfall für $b = 0$: Die Ortskurve fällt mit der reellen Achse zusammen.

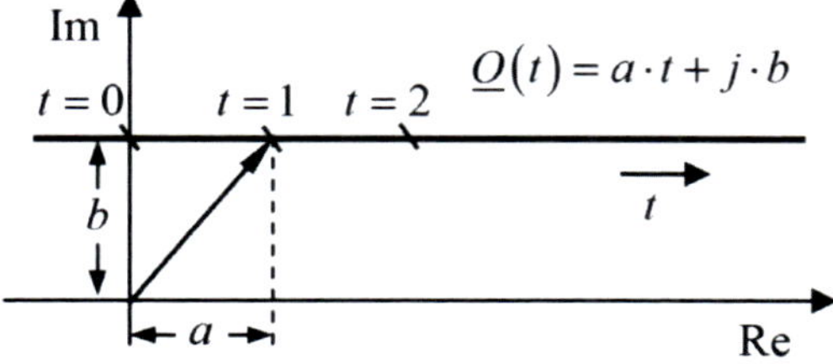

Abb. 3: Ortskurve als Parallele zur reellen Achse

1.2.1.3 Gerade durch den Nullpunkt

$\boxed{\underline{O}(t) = t \cdot \underline{A} = a \cdot t + j \cdot b \cdot t}$ mit $\underline{A} = a + j \cdot b$ (1.4)

Die Ortskurve $\underline{O}(t)$ ist eine Gerade durch den Nullpunkt. Der Zeiger $\underline{A}$ wird in Abhängigkeit vom Parameter t gestreckt oder gestaucht.

Sonderfall für $\underline{A} = a$, rell ($b = 0$): Die Ortskurve fällt mit der reellen Achse zusammen.

Sonderfall für $\underline{A} = j \cdot b$, imaginär ($a = 0$): Die Ortskurve fällt mit der imaginären Achse zusammen.

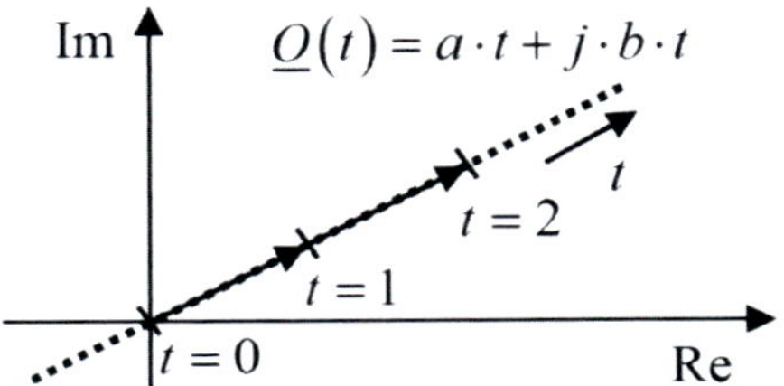

Abb. 4: Ortskurve als Gerade durch den Nullpunkt

1.2.1.4 Gerade in allgemeiner Lage

Die Gerade ist um einen komplexen Zeiger aus dem Nullpunkt verschoben.

$\boxed{\underline{O}(t) = t \cdot \underline{A} + \underline{B}}$ mit $\underline{A} = a + j \cdot b$, $\underline{B} = c + j \cdot d$ (1.5)

Die Ortskurve $\underline{O}(t) = t \cdot \underline{A}$ (Gerade durch den Nullpunkt) erfährt durch Addition einer Konstanten $\underline{B}$ zu jedem $t \cdot \underline{A}$ eine Parallelverschiebung. Die Ortskurve geht also durch die Spitze des Zeigers $\underline{B}$ mit $t = 0$ und verläuft parallel zum Zeiger $\underline{A}$.

Konstruktionsanleitung:

Zeiger $\underline{A}$ und $\underline{B}$ zeichnen, parallel zum Zeiger $\underline{A}$ eine Gerade zeichnen, mit der Länge des Zeigers $\underline{A}$ die Parameter $t = 0,\ \pm 1,\ \pm 2,\ \ldots$ eintragen. Kann der Parameter t nur null und positive Werte annehmen, dann besteht die Ortskurve aus einer entsprechenden Teilgeraden.

Sonderfall für $\underline{A} = a$, rell ($b = 0$), $\underline{B} = j \cdot d$, imaginär ($c = 0$): Die Ortskurve ist eine Parallele zur reellen Achse im Abstand d.

Sonderfall für $\underline{A} = j \cdot b$, imaginär ($a = 0$), $\underline{B} = c$, reell ($d = 0$): Die Ortskurve ist eine Parallele zur imaginären Achse im Abstand c.

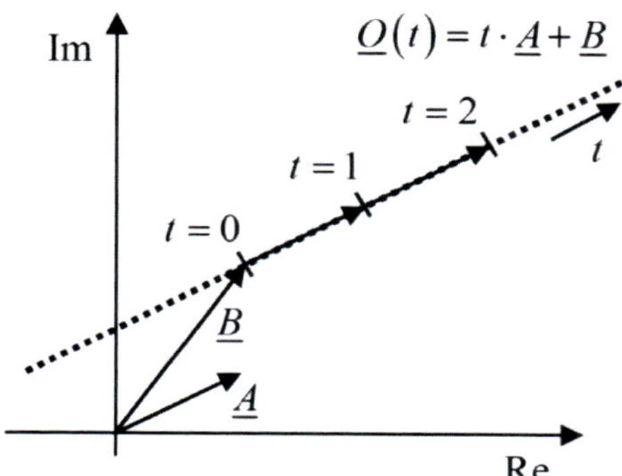

Abb. 5: Ortskurve als Gerade in beliebiger Lage

1.2.2 Krummlinige Ortskurven

Ist der komplexe Ausdruck $\underline{O}(t)$ für die Ortskurve eine gebrochen lineare Funktion der Form $f(\underline{z}) = \dfrac{\underline{a}_0 + \underline{a}_1 \underline{z}}{\underline{b}_0 + \underline{b}_1 \underline{z}}$ mit komplexen Koeffizienten $\underline{a}_0$, $\underline{a}_1$, $\underline{b}_0$, $\underline{b}_1$ ($\underline{a}_0 \underline{b}_1 - \underline{a}_1 \underline{b}_0 \neq 0$, sonst ist die Funktion nur eine Konstante), so ist die Ortskurve immer ein Kreis. Zu beachten ist, dass auch eine Gerade als Kreis gilt (Grenzfall für Radius $r \to \infty$). Z. B. sind alle Abhängigkeiten der Größen $\underline{Z}$, $\underline{Y}$, $\underline{U}$, $\underline{I}$ von den Werten der Schaltelemente R, L, C solche gebrochen lineare Funktionen, die Ortskurven sind also stets Abschnitte von Kreisen oder Geraden.

Die Abhängigkeiten der Größen $\underline{Z}$, $\underline{Y}$, $\underline{U}$, $\underline{I}$ von der *Frequenz* sind aber nur in einfachen Fällen linear gebrochenrationale Funktionen, die Ortskurven sind dann im Allgemeinen kein Kreis.

Damit eine Ortskurve ermittelt werden kann ist es oft notwendig, von einer komplexen Größe den Kehrwert zu bilden. Eine solche Kehrwertbildung wird als **Inversion** bezeichnet. Gehen Funktionen durch Kehrwertbildung auseinander hervor, so werden sie zueinander inverse Funktionen genannt.

Wird die Impedanz $\underline{Z} = Z \cdot e^{j\varphi}$ in eine Admittanz umgerechnet, so ergibt sich $\underline{Y} = \frac{1}{\underline{Z}} = \frac{1}{Z} \cdot e^{-j\varphi}$.

Der Betrag von $\underline{Y}$ ist also gleich dem Kehrwert des Betrages von $\underline{Z}$, und die Richtung von $\underline{Y}$ ergibt sich durch Spiegelung von $\underline{Z}$ an der reellen Achse. Sollen $\underline{Z}$ und $\underline{Y}$ in der komplexen Ebene dargestellt werden, so ist zu beachten, dass für $\underline{Z}$ nicht dieselbe Ebene verwendet werden kann wie für $\underline{Y}$, da beide komplexen Größen verschiedene Einheiten besitzen. Somit sind zwei komplexe Ebenen notwendig. In beiden Ebenen können zur Bezifferung der Koordinatenachsen jeweils beliebige Maßstäbe gewählt werden. Es ist auch möglich und meist üblich, beide Ebenen übereinander zu legen. Die Koordinatenachsen müssen dann mit zwei Bezifferungen versehen werden.

Die Inversion einer Ortskurve kann durch punktweise Kehrwertbildung vorgenommen werden. Jeder Punkt der Ortskurve kann für einen Parameterwert errechnet und in der Gauß'schen Zahlenebene eingetragen werden. Die Punkte werden verbunden und ergeben die Ortskurve. Bei gekrümmten Ortskurven höherer Ordnung bleibt nur diese Vorgehensweise übrig, weil sie nicht konstruiert werden können. Dies bedeutet jedoch einen erheblichen Aufwand.

Handelt es sich um einfache Ortskurven wie z. B. Geraden, Kreise oder Parabeln, oder handelt es sich um überlagerte einfache Ortskurven, dann können die Ortskurven geometrisch konstruiert werden. Da auch diese Konstruktionsarbeit vom Aufwand und vom benötigten Wissen her nicht zu unterschätzen ist, werden hier nur einige allgemeine Fakten über Regeln und Ergebnisse der Konstruktionen angegeben. Ein Beweis der Inversionsregeln erfolgt hier nicht.

Sind Ortskurven nicht nur Geraden, so ist es ratsam, ein Computerprogramm zum Erstellen von Ortskurven zu verwenden.

Inversionsregeln

1. Die Inversion einer Geraden ergibt einen Kreis und umgekehrt.
2. Eine Gerade gilt als entarteter Kreis mit unendlich großem Durchmesser und dem Mittelpunkt im Unendlichen.
3. Das „Bild“ des unendlich fernen Punktes ist der Ursprung und umgekehrt.

4. Eine Gerade durch den Ursprung wird in eine Gerade durch den Ursprung abgebildet.
5. Eine Halbgerade, die im Abstand R parallel zur positiv-imaginären Achse verläuft, ergibt einen Halbkreis durch den Ursprung mit negativem Imaginärteil und dem Radius $\frac{1}{2R}$ auf der reellen Achse.
6. Eine Halbgerade, die im Abstand R parallel zur negativ-imaginären Achse verläuft, ergibt einen Halbkreis durch den Ursprung mit positivem Imaginärteil und dem Radius $\frac{1}{2R}$ auf der reellen Achse.
7. Eine Gerade, die im Abstand R parallel zur imaginären Achse verläuft, ergibt einen Kreis durch den Ursprung mit dem Radius $\frac{1}{2R}$ auf der reellen Achse.
8. Punkte der oberen Halbebene werden auf die untere Halbebene abgebildet und umgekehrt.
9. Eine Gerade, die nicht durch den Ursprung verläuft, ergibt einen Kreis durch den Ursprung.
10. Ein Kreis durch den Ursprung ergibt eine Gerade, die nicht durch den Ursprung verläuft.
11. Ein Kreis, der nicht durch den Ursprung verläuft, ergibt wieder einen Kreis, der nicht durch den Ursprung verläuft.
12. Punkte auf dem Inversionskreis (Kreis um den Ursprung) bleiben auf dem Inversionskreis.
13. Punkte auf der reellen bzw. imaginären Achse bleiben auf der reellen bzw. imaginären Achse.

1.2.3 Beispiele einfacher Ortskurven

Die Ortskurven von Widerstands- und Leitwertfunktionen weisen gemeinsame Eigenschaften auf. Der Realteil solch einer Funktion ist stets positiv. Die zugehörige Ortskurve kann deshalb nur in der rechten Seite der komplexen Ebene verlaufen. Für solche Funktionen gilt außerdem, dass das Vorzeichen des Imaginärteils gleich bleibt, wenn nur gleichartige Energiespeicher im Netzwerk enthalten sind. Die Ortskurve verläuft dann entweder vollständig in der oberen oder in der unteren komplexen Halbebene. Nur falls verschiedenartige Energiespeicher im Netzwerk vorhanden sind, können Punkte der Ortskurve sowohl oberhalb als auch unterhalb der Abszisse auftreten.

Die zu untersuchende Größe, für welche die Ortskurve entwickelt werden soll, kann der komplexe Scheitel- oder Effektivwert eines Stromes oder einer Spannung, ein komplexer Widerstand oder ein komplexer Leitwert, ein Verhältnis komplexer Spannungen oder Ströme, ein Frequenzgang und Ähnliches sein. Der Parameter, in dessenen Abhängigkeit die Ortskurve durchlaufen wird, kann jeder als variabel angenommener Wert sein, der in der zu untersuchenden Größe vorkommt. Technisch am interessantesten sind häufig Ortskurven mit dem Parameter Kreisfrequenz bzw. Frequenz.

1.2.3.1 Ortskurven idealer Bauelemente

Die Ortskurven von R, L und C sind Geraden in der komplexen Ebene, die auf der positiv reellen, oder auf der positiv oder negativ imaginären Achse liegen. Auf diesen Geraden bewegen sich die Spitzen der das Bauelement charakterisierenden Zeiger in Abhängigkeit des Bauteilwertes und der Frequenz.

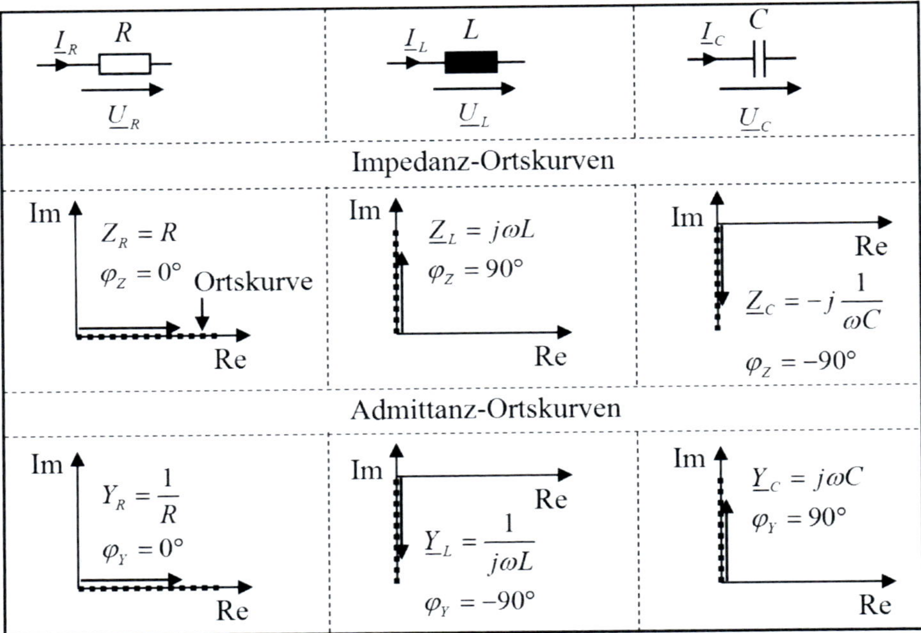

Abb. 6: Ortskurven von Widerstand, Spule und Kondensator

1.2.3.2 Impedanz-Ortskurven von Reihenschaltungen

Reihenschaltung von Widerstand und Spule

Die Impedanz einer Reihenschaltung von R und L ist:

$$\boxed{\underline{Z} = R + j\omega L} \tag{1.6}$$

Als variable Größe und somit als Parameter der Ortskurve können der Widerstandswert, der Induktivitätswert oder die Kreisfrequenz angenommen werden. Eine dieser Größen wird als veränderlich betrachtet, die beiden anderen Größen sind jeweils feste Werte.

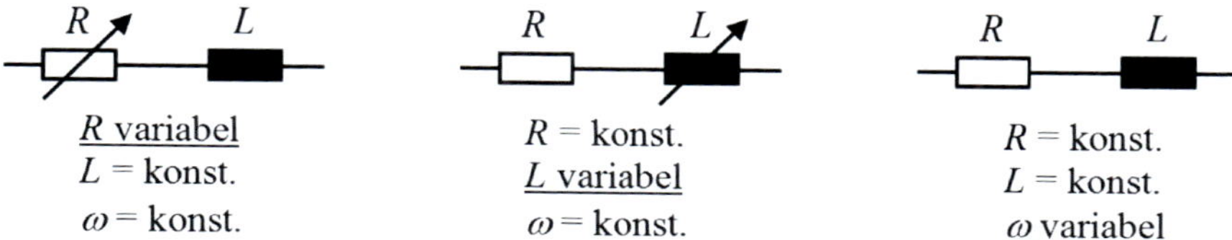

Abb. 7: Eine von drei möglichen Größen wird zum variablen Parameter

Widerstand als Parameter

In der Reihenschaltung von R und L ist der Wirkwiderstand $R \geq 0$ variabel. L und ω sind konstant. Der Widerstand R kann unterschiedliche Werte annehmen und wird nun in folgender Form geschrieben:

$$\boxed{R = R_1,\ R_2,\ \ldots,\ R_n}\ (R_n > R_{n-1}) \tag{1.7}$$

Für die Impedanz Gl. (1.6) gilt somit:

$$\boxed{\underline{Z}_n = R_n + j\omega L} \tag{1.8}$$

Der Imaginärteil dieser komplexen Größe ist ein konstanter Wert, während sich der Realteil in Abhängigkeit vom Wert des Wirkwiderstandes ändert.

Die Ortskurve der Impedanz ist eine Funktion des veränderlichen Wirkwiderstandes:

$$\boxed{\underline{Z} = \underline{O}(R)} \tag{1.9}$$

Als Ortskurve ergibt sich eine Parallele (Halbgerade) zur reellen Achse (siehe Abschnitt 1.2.1.2) im Abstand $X_L = \omega L$. Die Pfeilspitze von $\underline{Z}$ bewegt sich auf dieser Geraden in Abhängigkeit der Variablen R, nach der die Bezifferung der Ortskurve erfolgt.

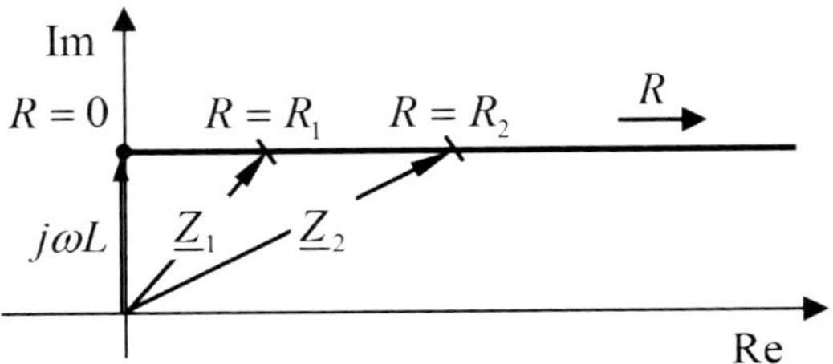

Abb. 8: Ortskurve der Impedanz mit dem Wirkwiderstand als Parameter

Die Bezifferung der Ortskurve könnte auch anders erfolgen. Wir schreiben den veränderbaren Wirkwiderstand R in der Form:

$$\boxed{R = t \cdot R_0} \tag{1.10}$$

Darin ist R_0 als konstanter Widerstand anzusehen, t $(t > 0)$ stellt einen variablen Zahlenfaktor dar. Für die Impedanz Gl. (1.6) gilt jetzt:

$$\boxed{\underline{Z} = R + j\omega L = t \cdot R_0 + j\omega L} \tag{1.11}$$

Die Impedanz-Ortskurve enthält jetzt eine Bezifferung nach dem Zahlenfaktor t. Zur Vereinfachung werden ganzzahlige Werte von t an die Ortskurve geschrieben.

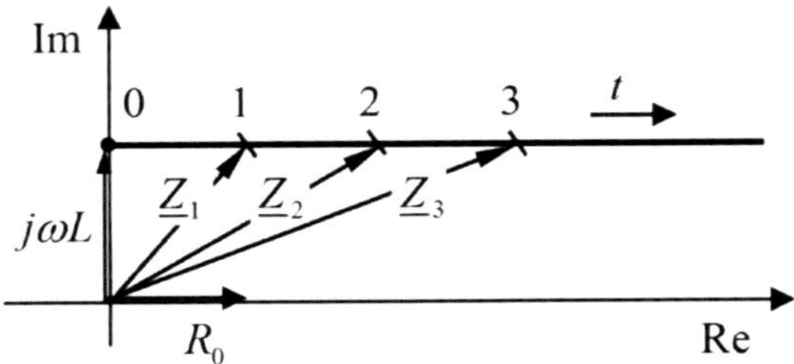

Abb. 9: Ortskurve der Impedanz mit einem Zahlenfaktor als Parameter

Induktivität als Parameter

In der Reihenschaltung von R und L ist nun die Induktivität $L \geq 0$ variabel. R und ω sind konstant.

Die Induktivität L kann unterschiedliche Werte annehmen und wird in folgender Form geschrieben:

$$\boxed{L = L_1,\ L_2,\ \ldots,\ L_n}\ (L_n > L_{n-1}) \tag{1.12}$$

Für die Impedanz Gl. (1.6) gilt somit:

$$\boxed{\underline{Z}_n = R + j\omega L_n} \quad (1.13)$$

Der Realteil dieser komplexen Größe ist ein konstanter Wert, während sich der Imaginärteil in Abhängigkeit vom Wert der Induktivität ändert.

Die Ortskurve der Impedanz ist eine Funktion der veränderlichen Induktivität:

$$\boxed{\underline{Z} = \underline{O}(L)} \quad (1.14)$$

Als Ortskurve ergibt sich eine Parallele zur imaginären Achse (siehe Abschnitt 1.2.1.1) im Abstand R. Die Pfeilspitze von $\underline{Z}$ bewegt sich auf dieser Geraden in Abhängigkeit der Variablen L, nach der die Bezifferung der Ortskurve erfolgen kann.

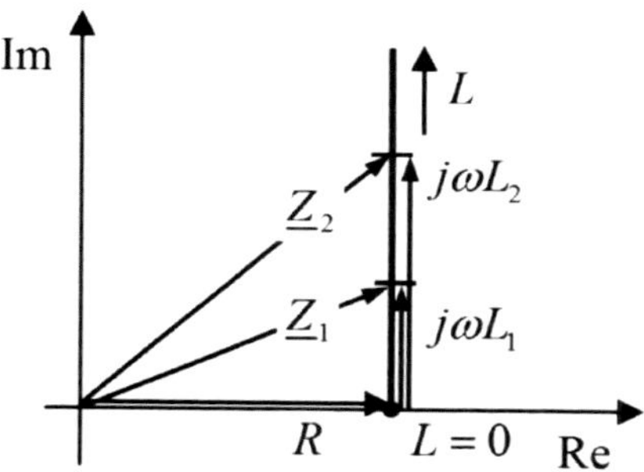

Abb. 10: Ortskurve der Impedanz mit der Induktivität als Parameter

Kreisfrequenz als Parameter

Bei festen Werten von R und L hängt die Impedanz der Reihenschaltung von der Kreisfrequenz ω ab:

$$\boxed{\underline{Z} = \underline{Z}(\omega) = R + j\omega L} \; (\omega \geq 0) \quad (1.15)$$

Der Realteil dieser komplexen Größe ist wieder ein konstanter Wert, während sich der Imaginärteil in Abhängigkeit vom Wert der Kreisfrequenz ändert.

Die Ortskurve der Impedanz ist eine Funktion der veränderlichen Kreisfrequenz:

$$\boxed{\underline{Z} = \underline{O}(\omega)} \quad (1.16)$$

Als Frequenzgang-Ortskurve ergibt sich wieder eine Parallele zur imaginären Achse im Abstand R. Die Pfeilspitze von $\underline{Z}$ bewegt sich auf dieser Geraden in Abhängigkeit der Variablen ω, nach der die Bezifferung der Ortskurve erfolgen kann. Der Betrag der Impedanz (der Scheinwiderstand) der Reihenschaltung wird mit zunehmender Kreisfrequenz ω immer größer, für $\omega \rightarrow \infty$ geht wegen dem unendlich groß werdenden Blindwiderstand der Spule $|\underline{Z}| \rightarrow \infty$.

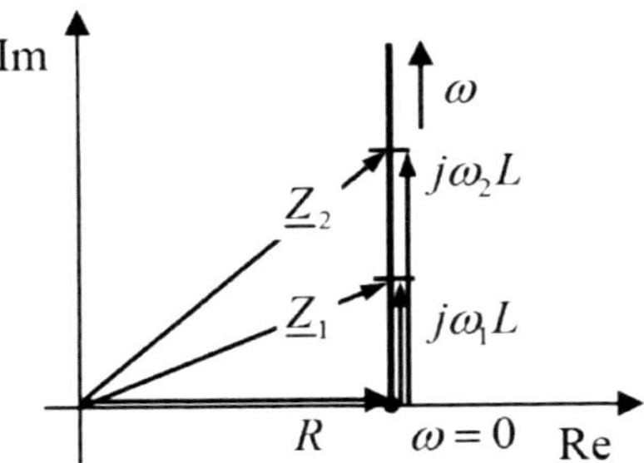

Abb. 11: Frequenzgang-Ortskurve der Impedanz der RL-Reihenschaltung mit der Kreisfrequenz als Parameter

Reihenschaltung von Widerstand und Kondensator

Ab hier werden nur noch Ortskurven mit der Kreisfrequenz als Parameter betrachtet, da die Abhängigkeit einer Größe wie der Impedanz oder des Übertragungsverhaltens von der Frequenz einen guten Überblick über die Eigenschaften einer elektrischen Schaltung ermöglicht.

Die Impedanz einer Reihenschaltung von R und C ist:

$$\boxed{\underline{Z} = \underline{Z}(\omega) = R + \frac{1}{j\omega C} = R - j \cdot \frac{1}{\omega C}} \quad (\omega \geq 0) \tag{1.17}$$

Der Realteil dieser komplexen Größe ist unabhängig von der Frequenz ein konstanter Wert, während sich der Imaginärteil in Abhängigkeit von der Frequenz ändert. Bei sehr kleinen Frequenzen ist der Imaginärteil sehr groß und negativ. Mit steigender Frequenz wird der Imaginärteil immer kleiner und nähert sich für sehr große Frequenzen dem Wert null.

Als Frequenzgang-Ortskurve erhält man eine Parallele (Halbgerade) zur imaginären Achse im Abstand R in negativer Ordinatenrichtung. Die Pfeilspitze von $\underline{Z}$ bewegt sich auf dieser Geraden in Abhängigkeit der Variablen ω. Der Betrag der Impedanz der Reihenschaltung wird mit abnehmender Kreisfrequenz ω immer größer. Da der Widerstand des Kondensators für

$\omega \to \infty$ gegen null geht, nimmt dann mit $|\underline{Z}| = R$ der Scheinwiderstand den kleinsten Wert an.

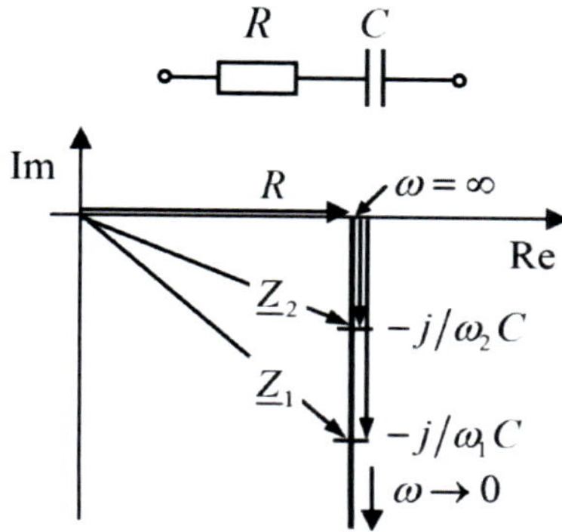

Abb. 12: Frequenzgang-Ortskurve der Impedanz einer RC-Reihenschaltung

1.2.3.3 Admittanz-Ortskurven von Parallelschaltungen

Parallelschaltung von Widerstand und Kondensator

Die Admittanz einer Parallelschaltung von R und C ist:

$$\boxed{\underline{Y} = \underline{Y}(\omega) = \frac{1}{R} + j\omega C = G + j\omega C} \quad (\omega \geq 0) \tag{1.18}$$

Der Realteil von $\underline{Y}(\omega)$ ist ein fester Wert, der Imaginärteil ändert sich in Abhängigkeit von der Frequenz. Es gilt $\underline{Y}(\omega = 0) = 0$.

Mit steigender Frequenz wird der Imaginärteil immer größer und nähert sich für sehr große Frequenzen dem Wert unendlich. Die Ortskurve des komplexen Leitwertes ist eine Halbgerade parallel zur imaginären Achse im Abstand $G = 1/R$ in positiver Ordinatenrichtung.

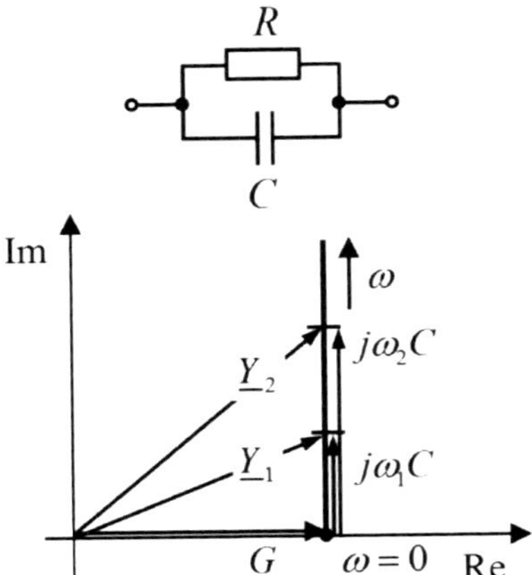

Abb. 13: Ortskurve der Admittanz einer RC-Parallelschaltung mit der Kreisfrequenz als Parameter

Parallelschaltung von Widerstand und Spule

Die Admittanz einer Parallelschaltung von R und L ist:

$$\boxed{\underline{Y} = \underline{Y}(\omega) = \frac{1}{R} + \frac{1}{j\omega L} = G - j\frac{1}{\omega L}} \quad (\omega \geq 0) \tag{1.19}$$

Der Realteil von $\underline{Y}(\omega)$ ist wieder ein fester Wert, der Imaginärteil ändert sich in Abhängigkeit von der Frequenz. Es gilt: $\underline{Y}(\omega \to \infty) = 0$ und $\underline{Y}(\omega \to 0) = -\infty$.

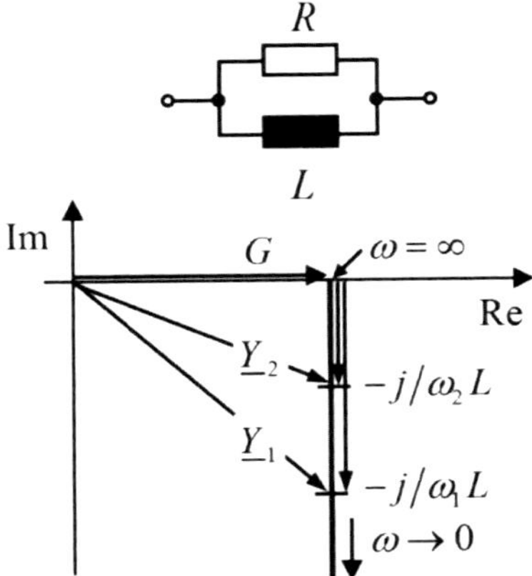

Abb. 14: Ortskurve der Admittanz einer RL-Parallelschaltung mit der Kreisfrequenz als Parameter

1.2.3.4 Admittanz-Ortskurven von Reihenschaltungen

Reihenschaltung von Widerstand und Spule

Die Admittanz einer Reihenschaltung von R und L ist:

$$\boxed{\underline{Y}(\omega) = \frac{1}{\underline{Z}(\omega)} = \frac{1}{R + j\omega L}} \quad (\omega \geq 0) \qquad (1.20)$$

Werden genügend Werte von $\underline{Y}(\omega)$ für unterschiedliche ω-Werte berechnet und in die komplexe Ebene eingetragen, so kann durch ein Verbinden der Zeigerspitzen die Ortskurve gezeichnet werden.

Man kann aber auch die Beziehung $\underline{Y}(\omega) = 1/\underline{Z}(\omega)$ nutzen, um die Ortskurve der Admittanz aus der bekannten Ortskurve der Impedanz (Abb. 11) zu konstruieren. Hier werden nicht die Konstruktionsregeln hergeleitet, sondern es wird nur eine Inversionsregel angewandt (siehe Abschnitt 1.2.2):

Eine Halbgerade, die im Abstand R parallel zur positiv-imaginären Achse verläuft, ergibt einen Halbkreis durch den Ursprung mit negativem Imaginärteil und dem Radius $1/(2R)$ auf der reellen Achse.

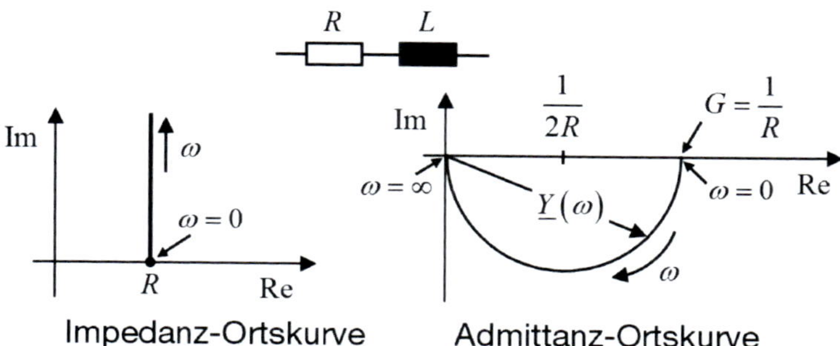

Abb. 15: Admittanz-Ortskurve durch Inversion der Impedanz-Ortskurve

Reihenschaltung von Widerstand und Kondensator

Bei analoger Vorgehensweise und unter Beachtung der entsprechenden Inversionsregel erhält man die Ortskurve der Admittanz einer Reihenschaltung aus Widerstand und Kondensator, wenn die bekannte Ortskurve der Impedanz (Abb. 12) zur Inversion verwendet wird.

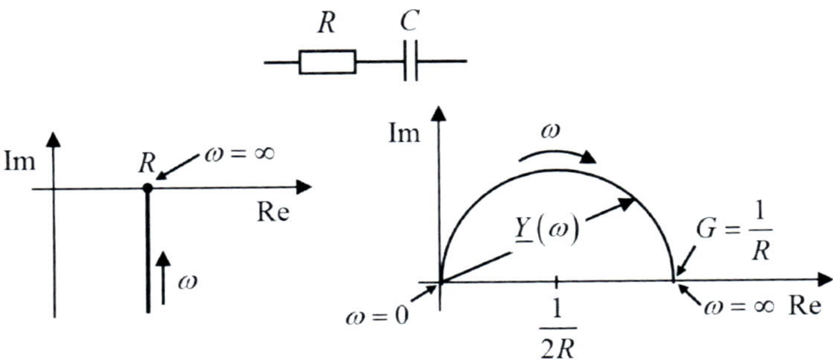

Abb. 16: Admittanz-Ortskurve wieder gewonnen durch Inversion der Impedanz-Ortskurve

1.3 Ortskurven mit dem Computer

Die Beispiele mit Ortskurven, die als Halbkreise oder Kreise durch Inversion aus Geraden gewonnen werden, könnten hier fortgesetzt werden. Darauf wird jedoch verzichtet. Die bisherigen Ortskurven sind nur grafische Darstellungen von verhältnismäßig einfachen und leicht auswertbaren komplexen Ausdrücken. An solchen Ortskurven kann die Vorgehensweise für ihre Erstellung geübt werden.

Handelt es sich nicht um eine „einfache“ Ortskurve, so muss sie Punkt für Punkt ermittelt werden, indem verschiedene Parameterwerte in die Ortskurvengleichung eingesetzt, die komplexen Größen jeweils berechnet und in die Gauß'sche Zahlenebene eingezeichnet werden. Um diesen hohen Aufwand zu vermeiden, werden zur Erstellung von komplizierten Ortskurven höherer Ordnung (Netzwerk mit zwei oder mehr Energiespeichern) Rechner eingesetzt.

1.3.1 Ortskurven mit Maple

Beispiel 1

Mit dem Mathematik-Algebra-System „Maple“ wird die Impedanz- und die Admittanz-Ortskurve einer RL-Reihenschaltung geplottet. Die Werte der Bauelemente sind: $R = 10\ \Omega$, $L = 1\ \text{mH}$.

Lösung:

```
> restart:
> with(plots):
```

```
> interface(imaginaryunit = j):
In Maple ist die imaginäre Einheit "I"
> R:=10: L:=0.001:
> Z:=R+j*omega*L;
```

$$Z := 10 + 0.001\,\mathrm{j}\,\omega$$

```
> complexplot(Z,omega=0..10000,color=black,
  scaling=constrained,thickness=2,
  axesfont=[HELVETICA,BOLD,18]);
```

Ausgabe von Maple:

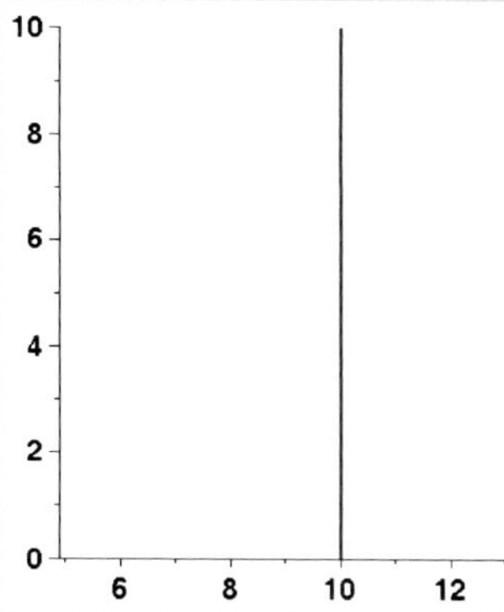

Abb. 17: Impedanz-Ortskurve der Reihenschaltung von Widerstand und Spule

```
> Y := 1/(R+j*omega*L);
```

$$Y := \frac{1}{10 + 0.001\,\mathrm{j}\,\omega}$$

```
> complexplot(Y,omega=0..1000000,color=black,
  scaling=constrained,thickness=2,
  axesfont=[HELVETICA,BOLD,18]);
```

Ausgabe von Maple:

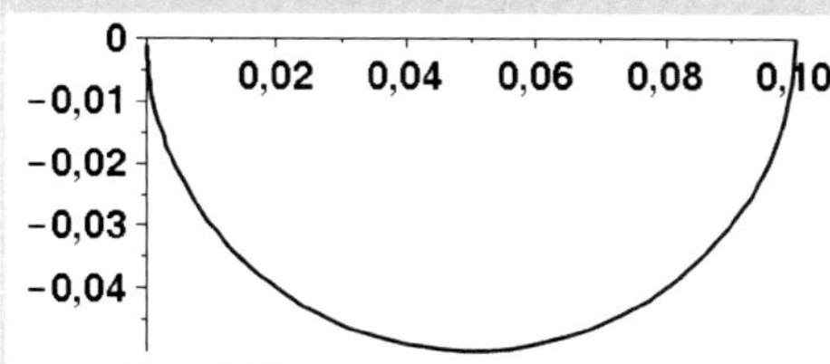

Abb. 18: Admittanz-Ortskurve der Reihenschaltung von Widerstand und Spule

Man vergleiche zu Abb. 17 und Abb. 18 jeweils Abb. 15.

Beispiel 2

Mit „Maple“ wird die Admittanz-Ortskurve einer RLC-Reihenschaltung (Reihenschwingkreis) geplottet. Die Werte der Bauelemente sind: $R = 0{,}1\ \Omega$, $L = 1\ \text{mH}$, $C = 0{,}1\ \text{mF}$.

Lösung:

```
> restart:
> with(plots):
> interface(imaginaryunit = j):
> R:=0.1: L:=0.001: C:=0.0001:
> Y:=1/(R+j*(omega*L-1/(omega*C)));
```

$$Y := \frac{1}{0.1 + j\left(0.001\,\omega - \frac{10000.}{\omega}\right)}$$

```
> complexplot(Y,omega=0..10000,color=black,
  scaling=constrained,thickness=2,
  axesfont=[HELVETICA,BOLD,18]);
```

Ausgabe von Maple:

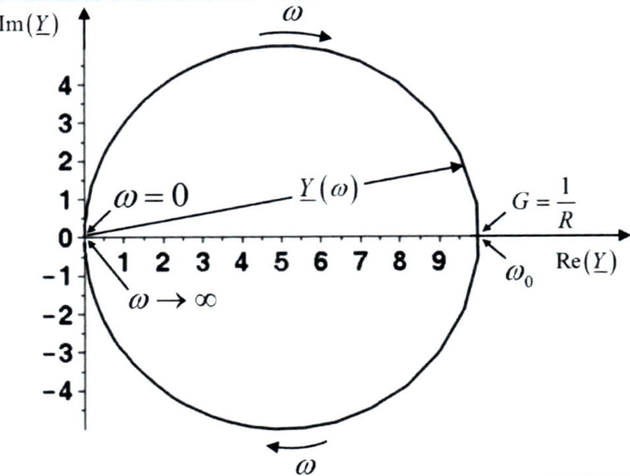

Abb. 19: Admittanz-Ortskurve des Reihenschwingkreises

Außer den Bezifferungen der Achsen wurden alle Beschriftungen nachträglich in den Plot eingetragen. Auch bei Verwendung eines Programms wie Maple muss man sich die Lage bestimmter Eckwerte in der Ortskurve durch das Einsetzen von Grenzwerten des Parameters in die Definitionsgleichung der komplexwertigen Funktion klarmachen. Daraus ergibt sich dann auch der Sinn des Durchlaufens der Ortskurve mit zunehmendem Wert des Parameters.

Beispiel 3

Mit Hilfe von Maple ist die Ortskurve $\underline{Z}(\omega)$ des nachfolgend gezeigten Netzwerkes darzustellen. Die Werte der Bauelemente sind: $R = 1\ \text{k}\Omega$, $L = 6\ \text{mF}$, $C = 2\ \text{nF}$.

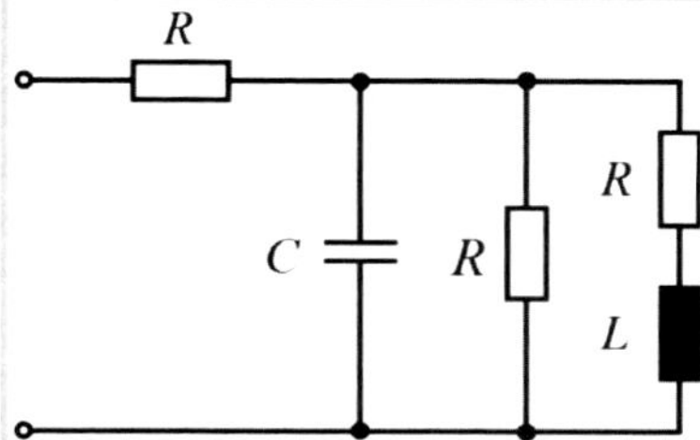

Abb. 20: Zu ermitteln ist die Impedanz-Ortskurve des Netzwerkes.

Lösung:

```
> restart:
> with(plots):
> interface(imaginaryunit = j):
> R:=1000: L:=.006: C:=2E-9:
> Z:=R+1/(1/(R+j*omega*L)+1/R+j*omega*C);
```

$$Z := 1000 + \frac{1}{\frac{1}{1000 + 0.006\,j\,\omega} + \frac{1}{1000} + 2.\,10^{-9}\,j\,\omega}$$

```
> complexplot(Z,omega=0..10000000,Re=900..1900,
  Im=-500..100, color=black,thickness=2,
  axesfont=[HELVETICA,BOLD,22],
  scaling=constrained, gridlines);
```

Ausgabe von Maple:

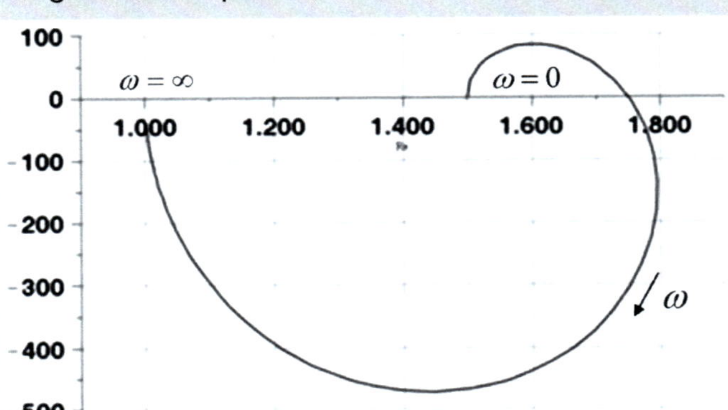

Abb. 21: Impedanz-Ortskurve der Schaltung nach Abb. 20

Diese Ortskurve kann praktisch nur noch mit Hilfe eines Rechners ermittelt werden (oder sehr mühevoll punktweise). Die Beschriftungen $\omega = 0$, $\omega = \infty$ und die Richtung, in der ω zunimmt, wurden auch hier nachträglich in den Plot eingetragen.

Die Lage der Eck- bzw. Grenzwerte für $\omega = 0$ und $\omega = \infty$ in der Ortskurve können gefunden werden, indem diese Parameterwerte in die Formel für den komplexen Widerstand (sie steht oben in dem weißen Kasten als $Z := 1000 + \ldots$) eingesetzt werden. Für $\omega = 0$ erhält man:

$$Z = 1000 + \frac{1}{\frac{1}{1000} + \frac{1}{1000}} = 1500$$

Der Widerstandswert ist also reell, für Gleichspannung ist er $1500\,\Omega$. Dies kann man sich auch anhand der physikalischen Eigenschaften der Bauelemente klar machen. Für Gleichspannung sperrt der Kondensator, die Spule hat den Widerstand null Ohm. Somit liegen zwei Widerstände mit je $1000\,\Omega$ parallel, dies ergibt $500\,\Omega$. Dieser Wert in Reihe mit $1000\,\Omega$ ergibt $1500\,\Omega$.

Für $\omega = \infty$ wird der Nenner in der Formel für den komplexen Widerstand unendlich groß, der Bruch somit null. Übrig bleibt der reelle Widerstandswert $1000\,\Omega$. Physikalisch betrachtet bildet der Kondensator für unendlich hohe Frequenzen einen Kurzschluss, an den beiden Eingangsklemmen wirkt nur noch der waagrecht gezeichnete Widerstand mit $1000\,\Omega$.

1.3.2 Ortskurven mit Excel-Tool

Es gibt natürlich außer Maple noch andere Programme, mit denen Ortskurven an einem Rechner erstellt werden können, z. B. Matlab, Mathcad oder Simulationsprogramme wie PSpice, um nur einige zu nennen. Aber solch ein Programm (das viel kosten kann) muss man erst einmal besitzen oder die Berechtigung zu einem Zugriff z. B. an einer Hochschule haben.

Wer allerdings auf seinem Rechner Excel installiert hat, kann ein **kostenloses Excel-Tool** benutzen, um die Ortskurve oder eine andere Auswertung einer komplexwertigen Funktion, z. B. das Bode-Diagramm einer Übertragungsfunktion oder die zugehörige Sprungantwort, grafisch darzustellen.

Dieses Excel-Tool „**bode-v2.xls**" kann im Internet von folgender Adresse heruntergeladen werden:

http://www.stiny-leonhard.de/zudown.htm

Die Autoren dieses Tools sind Leonhard Stiny (der Autor dieses Buches) und Prof. Dr. Helmut Ulrich von der Hochschule Regensburg. Das Tool ist Freeware, das Copyright liegt bei den Autoren.

Das Excel-Tool ist leistungsstark und dennoch leicht zu bedienen. Es verarbeitet aber nur Systeme bis zur zweiten Ordnung, also Systeme, in deren Übertragungsfunktion $s = j\omega$ höchstens in der zweiten Potenz (s^2) vorkommt.

Beispiel 4

Die Ortskurven von Beispiel 1 werden mit dem Excel-Tool geplottet.

Die Impedanz ist: $Z = 10 + 0{,}001 \cdot j \cdot \omega$

Im Excel-Tool wird die Abkürzung $s = j\omega$ verwendet. Die im Tool in dem Arbeitsblatt „Datentabelle" einzugebenden Koeffizienten sind:

$b_2 = 0$, $b_1 = 0{,}001$, $b_0 = 10$, $a_2 = 0$, $a_1 = 0$, $a_0 = 1$

Die untere Grenze von ω kann auf dem voreingestellten Wert 0,1 bleiben. Die obere Grenze von ω wird auf 10000000 gesetzt.

Als aktuelle Übertragungsfunktion wird angezeigt:

$$G(s) = \frac{0{,}001 \cdot s + 10}{+1}$$

Die Meldung „Fehler 3 System akausal, keine Berechnung von h(t)" kann ignoriert werden, die Sprungantwort ist in diesem Fall nicht von Interesse.

Klicken Sie nun auf das Blatt „Frequenzgang-Ortskurve". Sie sehen zunächst nur das leere Blatt. Der Grund ist, dass die senkrechte Linie der Impedanz-Ortskurve durch das Gitternetz des Blattes verdeckt wird. Mit Rechtsklick in die Zeichnungsfläche können unter „Diagrammoptionen" die Gitternetzlinien ausgeschaltet werden. Als Ergebnis erhält man folgende Anzeige:

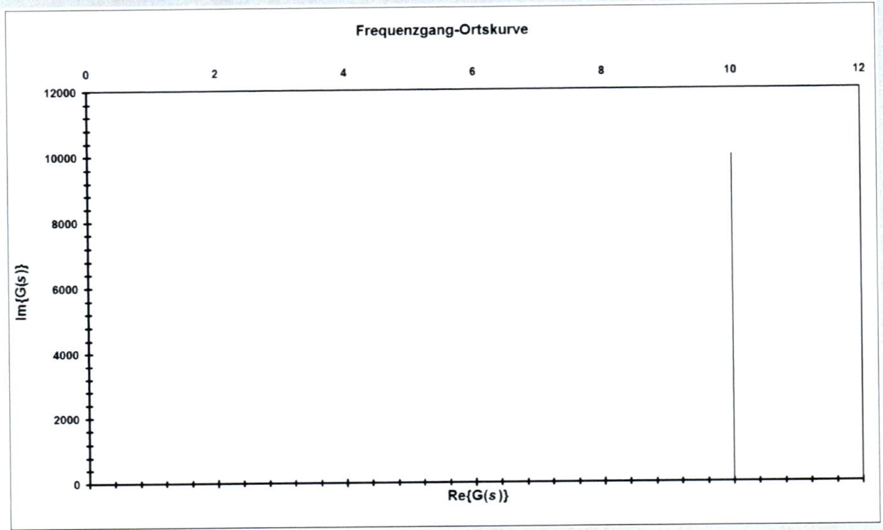

Abb. 22: Impedanz-Ortskurve mit einem Excel-Tool

Für die Admittanz-Ortskurve müssen im Arbeitsblatt „Datentabelle" folgende Koeffizienten eingegeben werden:

$b_2 = 0$, $b_1 = 0$, $b_0 = 1$, $a_2 = 0$, $a_1 = 0{,}001$, $a_0 = 10$

Die Grenzen von ω bleiben auf 0,1 und 10000000.

Als aktuelle Übertragungsfunktion wird angezeigt:

$$G(s) = \frac{+1}{0{,}001 \cdot s + 10}$$

Das Ergebnis ist sofort im Arbeitsblatt „Frequenzgang-Ortskurve" zu sehen.

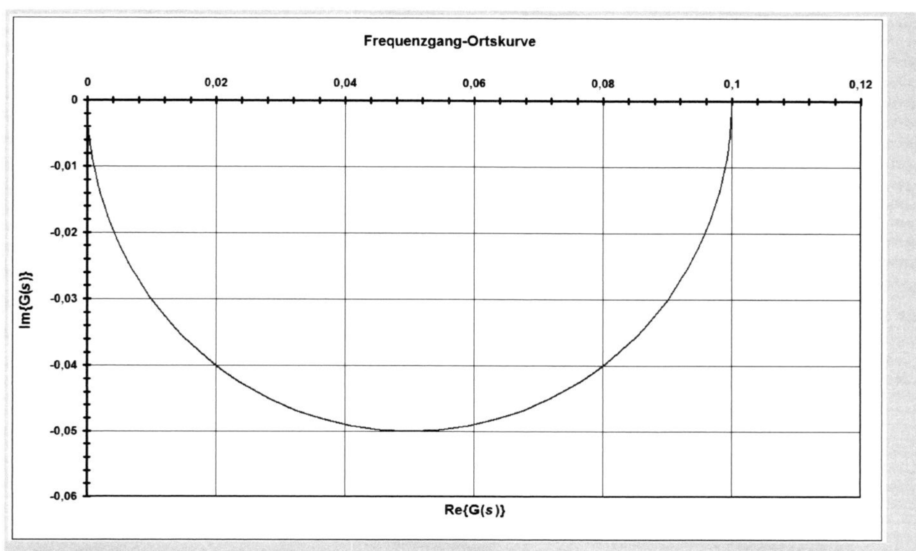

Abb. 23: Admittanz-Ortskurve mit dem Excel-Tool

Beispiel 5

Die Ortskurve von Beispiel 2 wird mit dem Excel-Tool geplottet. Die Gleichung für die Admittanz in Abhängigkeit der Kreisfrequenz war:

$$Y = \frac{1}{0{,}1 + j\left(0{,}001 \cdot \omega - \dfrac{10000}{\omega}\right)} \tag{1.21}$$

Im Excel-Tool wird eine Übertragungsfunktion zweiten Grades verwendet:

$$G(s) = \frac{b_2 \cdot s^2 + b_1 \cdot s + b_0}{a_2 \cdot s^2 + a_1 \cdot s + a_0} \tag{1.22}$$

Gl. (1.21) muss in die Form von Gl. (1.22) umgeformt werden. Einführung des Hauptnenners und Kehrwertbildung ergibt:

$$Y = \frac{\omega}{0{,}1 \cdot \omega + j \cdot 0{,}001 \cdot \omega^2 - j \cdot 10000}$$

Zähler und Nenner werden mit j multipliziert:

$$Y = \frac{j\omega}{0{,}1 j\omega - 0{,}001\omega^2 + 10000}$$

Mit $j\omega = s$ bzw. $-\omega^2 = s^2$ folgt:

$$Y = \frac{s}{0{,}001 \cdot s^2 + 0{,}1 \cdot s + 10000} \tag{1.23}$$

Im Arbeitsblatt „Datentabelle“ werden folgende Koeffizienten eingegeben:

$b_2 = 0$, $b_1 = 1$, $b_0 = 0$, $a_2 = 0{,}001$, $a_1 = 0{,}1$, $a_0 = 10000$

Als aktuelle Übertragungsfunktion wird angezeigt:

$$G(s) = \frac{s}{0{,}001 \cdot s^2 + 0{,}1 \cdot s + 10000}$$

Die Grenzen von ω lassen wir zunächst auf den voreingestellten Werten 0,1 und 200.

Wir betrachten das Arbeitsblatt „Frequenzgang-Ortskurve“:

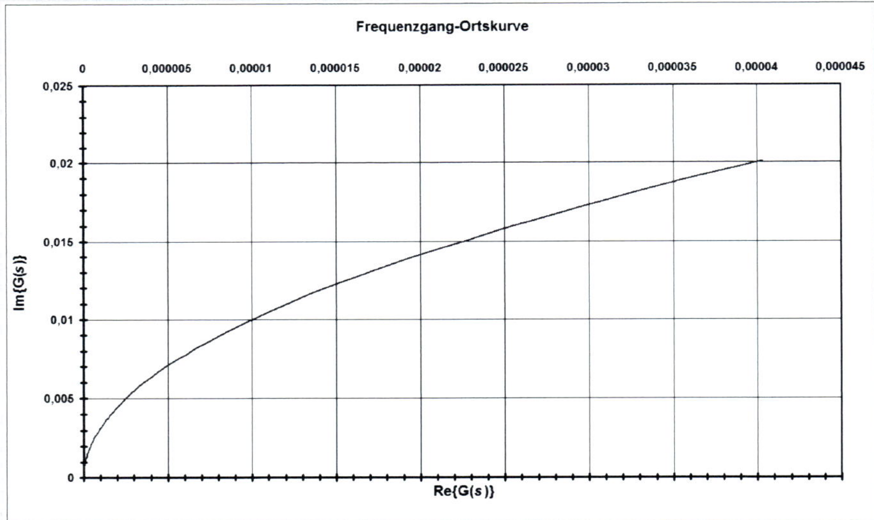

Abb. 24: Teil einer Admittanz-Ortskurve

Wie wir sehen, wird nur ein kleiner Teil der Frequenzgang-Ortskurve geplottet. Wir müssen also im Arbeitsblatt „Datentabelle“ die obere Grenze von ω erhöhen und setzen sie auf 8000. Ergebnis:

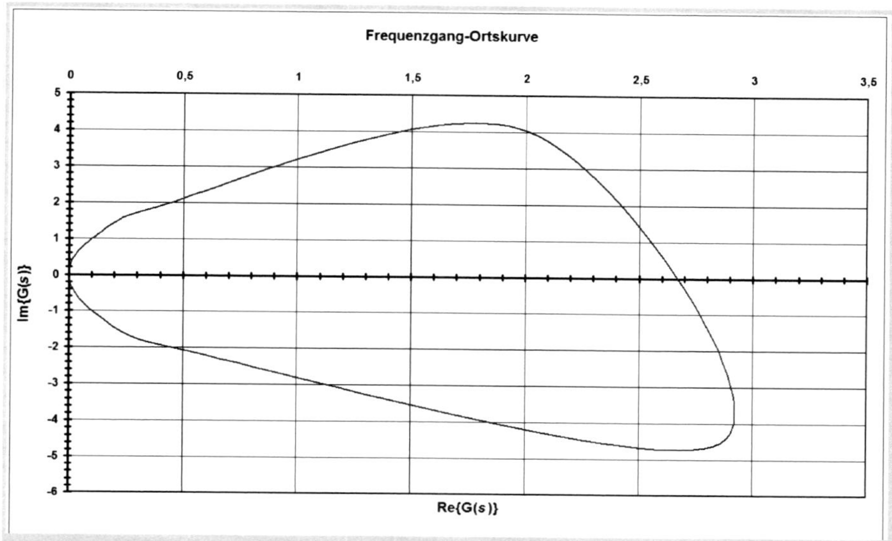

Abb. 25: Unerwartetes Ergebnis der Ortskurve

Dieses Ergebnis ähnelt nur sehr entfernt einem Kreis, den wir entsprechend Beispiel 2 erwarten.

Wir betrachten jetzt in Excel das Arbeitsblatt „Real-,Imaginärteil".

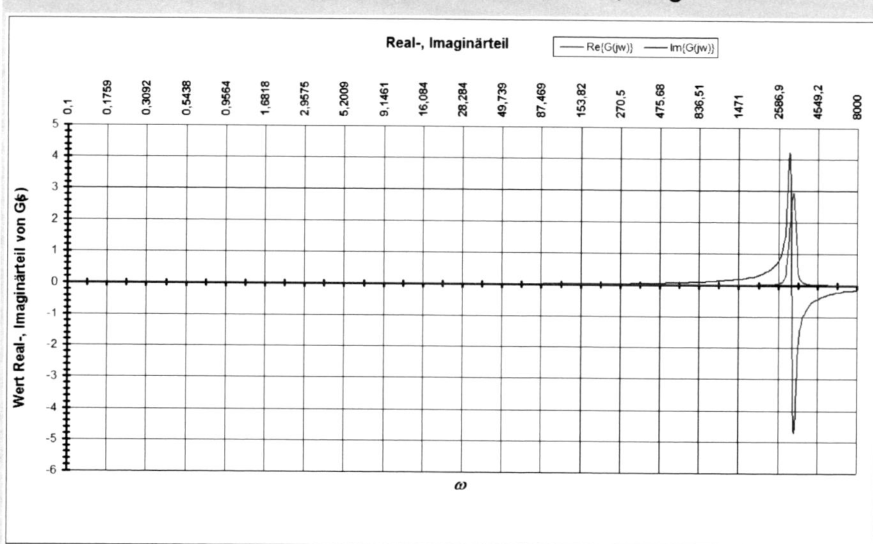

Abb. 26: Darstellung von Real- und Imaginärteil im gewählten Frequenzbereich

Wir sehen, dass die grafisch darzustellenden Größen (Real- und Imaginärteil) an der oberen Grenze des von uns eingestellten Frequenzbereiches liegen. Ab $\omega = 0,1$ ändern sich die Funktionswerte mit steigendem ω in einem weiten Bereich nicht, bis ca. $\omega = 2500$ erreicht ist. Ist die obere Grenze von ca. $\omega = 5000$ erreicht, sind die Änderungen der Funktionswerte ebenfalls nur noch gering. Somit setzen wir die untere Grenze auf $\omega = 2500$ und die obere Grenze auf $\omega = 5000$.

Das Arbeitsblatt „Real-,Imaginärteil" zeigt jetzt:

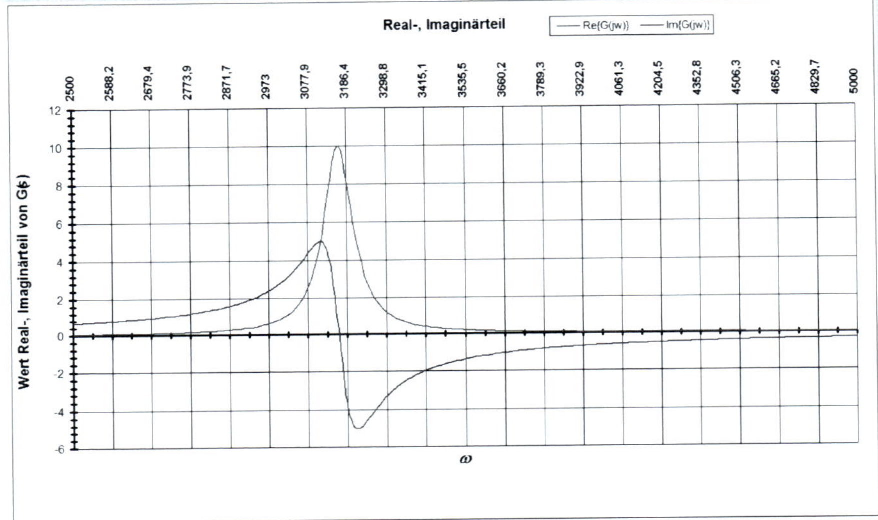

Abb. 27: Real- und Imaginärteil nach Einengung des Frequenzbereiches

Die sich ändernden Funktionswerte liegen jetzt in etwa in der Mitte des Darstellungsbereiches. Nun betrachten wir das Arbeitsblatt „Frequenzgang-Ortskurve":

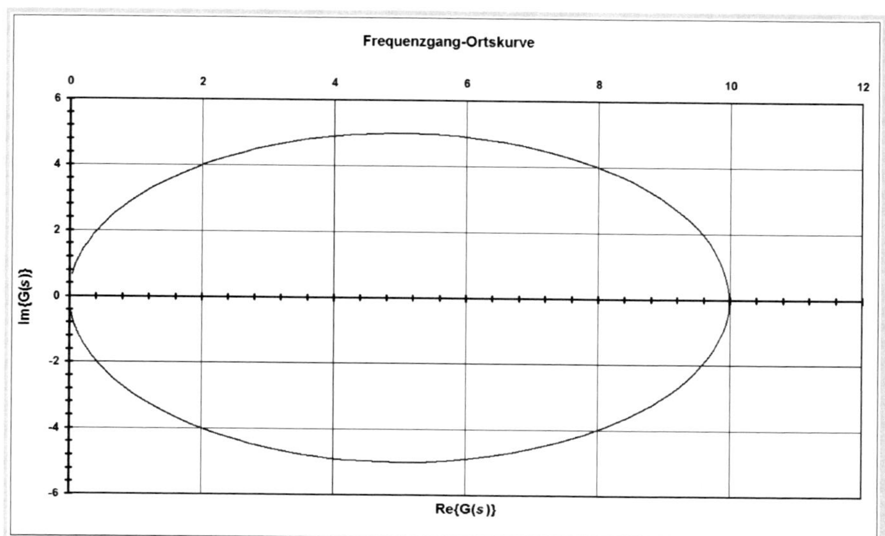

Abb. 28: Endgültige Admittanz-Ortskurve in Excel

Vergleichen wir Abb. 28 mit Abb. 19 so sehen wir, dass die funktionale Abhängigkeit übereinstimmt, hier stellt die Ortskurve nur keinen Kreis dar, sie ist ellipsenförmig. Dies liegt daran, dass in Excel keine Skalierung von Abszisse und Ordinate mit gleichem Maßstab vorgenommen werden kann. Dies wird im Maple-Code mit dem Befehl „scaling=constrained" erzwungen, die Längeneinheiten sind dann in Maple auf beiden Achsen gleich. Diese kleine Beeinträchtigung in Excel ist jedoch hinnehmbar.

Das hier vorgenommene, versuchsweise Herantasten an den eingestellten Frequenzbereich muss übrigens nicht nur in Excel erfolgen, sondern auch in Maple. Ändern wir in Beispiel 2 den Variationsbereich des Parameters ω von

```
complexplot(Y,omega=0..10000,...
```

auf

```
complexplot(Y,omega=0..100000,...
```

so wird auch in Maple kein Kreis geplottet. Die dann erfolgende Ausgabe zeigt das nächste Bild.

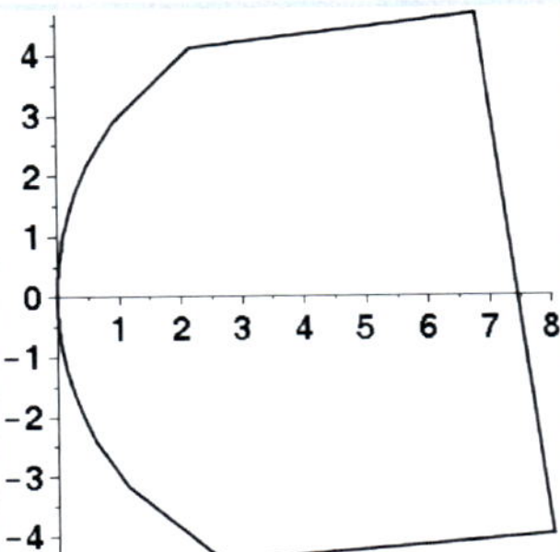

Abb. 29: Auch in Maple muss der Parameterbereich angepasst werden.

Statt Gl. (1.21) in die Form (Gl. (1.23) einer Übertragungsfunktion zweiten Grades (Gl. (1.22) umzuformen, könnte auch allgemein die Gleichung für die Admittanz des Reihenschwingkreises aufgestellt werden.

$$\underline{Z} = R + sL + \frac{1}{sC} = \frac{LC \cdot s^2 + RC \cdot s + 1}{sC} \quad (s = j\omega)$$

$$\underline{Y} = \frac{sC}{LC \cdot s^2 + RC \cdot s + 1}$$

Werden die Werte der Bauelemente $R = 0{,}1\,\Omega$, $L = 1\,\mathrm{mH}$, $C = 0{,}1\,\mathrm{mF}$ eingesetzt, so folgt:

$$\underline{Y} = \frac{10^{-4} \cdot s}{10^{-7} \cdot s^2 + 10^{-5} \cdot s + 1}$$

Diese Gleichung entspricht Gl. (1.23). Um dies zu zeigen, brauchen nur Zähler und Nenner mit 10^4 multipliziert zu werden.

Beispiel 6

Die Ortskurve von Beispiel 3 soll mit dem Excel-Tool geplottet werden. Die Impedanz als Funktion der Kreisfrequenz ist:

$$\underline{Z} = R + \frac{1}{\frac{1}{R + sL} + \frac{1}{R} + sC}$$

Eine weitere Umformung (es wird empfohlen, diese zur Übung auszuführen) ergibt:

$$\underline{Z} = \frac{LR^2C \cdot s^2 + \left[R \cdot \left(L + R^2C\right) + LR\right] \cdot s + 3R^2}{LRC \cdot s^2 + \left(L + R^2C\right) \cdot s + 2R}$$

Die Werte der Bauelemente $R = 1\ \mathrm{k\Omega}$, $L = 6\ \mathrm{mF}$, $C = 2\ \mathrm{nF}$ werden eingesetzt. Mit $\underline{Z} = G(s)$ folgt (man beachte, dass $G(s)$ zur Kennzeichnung der komplexwertigen Funktion hier nicht unterstrichen wird):

$$G(s) = \frac{1{,}2 \cdot 10^{-5} \cdot s^2 + 14 \cdot s + 3 \cdot 10^6}{1{,}2 \cdot 10^{-8} \cdot s^2 + 8 \cdot 10^{-3} \cdot s + 2 \cdot 10^3}$$

Im Arbeitsblatt „Datentabelle“ werden folgende Koeffizienten eingegeben:

$b_2 = 0{,}000012$, $b_1 = 14$, $b_0 = 3000000$, $a_2 = 0{,}000000012$, $a_1 = 0{,}008$, $a_0 = 2000$

Kleine und große Zahlen können auch in wissenschaftlicher Schreibweise in die entsprechenden Zellen eingegeben werden.

Als aktuelle Übertragungsfunktion wird angezeigt:

$$G(s) = \frac{0{,}000012 \cdot s^2 + 14 \cdot s + 3000000}{0{,}000000012 \cdot s^2 + 0{,}008 \cdot s + 2000}$$

Die untere Grenze von ω (Zelle A10) kann auf dem voreingestellten Wert 0,1 bleiben. Die obere Grenze von ω (Zelle A11) wird auf 10000000 gesetzt.

Das Ergebnis ist im Arbeitsblatt „Frequenzgang-Ortskurve“ zu sehen. Die Skalierung der x-Achse beginnt allerdings bei null. Durch einen Doppelklick auf die x-Achse wird unter „Skalierung“ der Haken bei „Minimum“ entfernt und in das zugegörige Feld die Zahl 800 eingegeben. Ebenso verfahren wir mit dem Wert „Maximum“, den wir auf 1800 setzen.

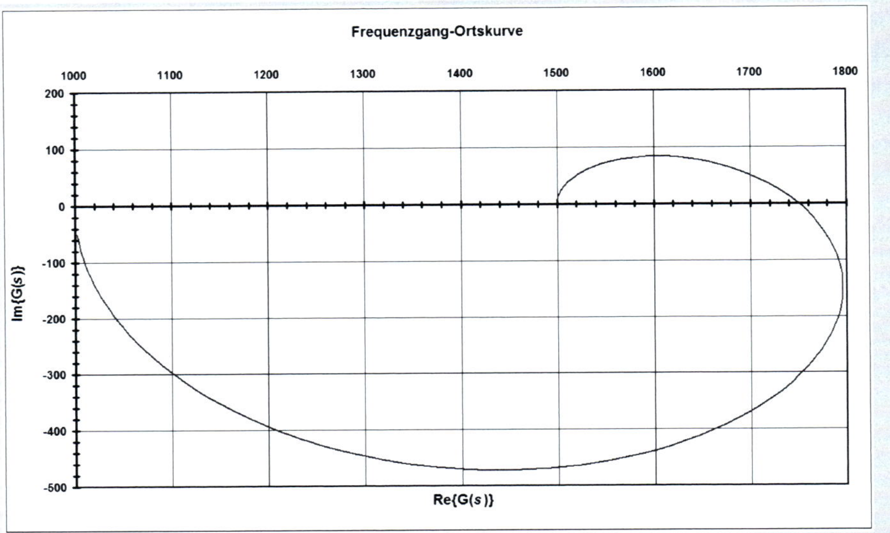

Abb. 30: Impedanz-Ortskurve des Netzwerkes nach Beispiel 3, erstellt mit dem Excel-Tool

Beispiel 7

Mit Hilfe des Excel-Tools soll die Admittanz-Ortskurve des in Abb. 31 gezeigten Netzwerkes gezeichnet werden.

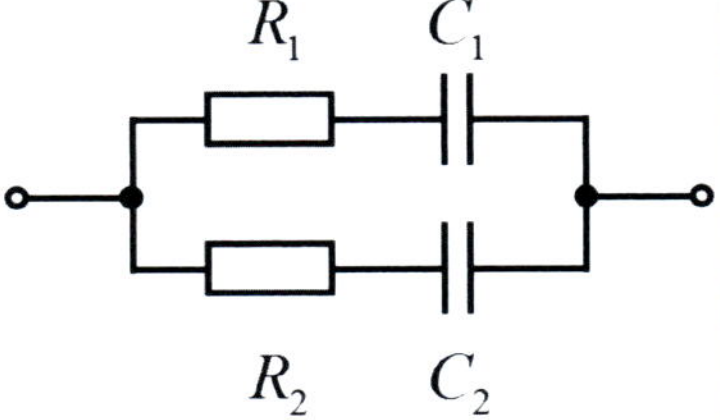

Abb. 31: Parallelschaltung zweier RC-Reihenschaltungen

Lösung:

Es wird wieder die Abkürzung $s = j\omega$ verwendet. Die Admittanzen der beiden Reihenschaltungen sind:

$$Y_1(s) = \frac{1}{R_1 + \frac{1}{sC_1}} = \frac{sC_1}{1 + sR_1C_1}; \; Y_2(s) = \frac{sC_2}{1 + sR_2C_2}$$

Die Gesamtadmittanz ist (es wird zur Übung empfohlen, dies rechnerisch nachzuprüfen):

$$Y(s) = Y_1(s) + Y_2(s) = \frac{\left[C_1 C_2 (R_1 + R_2)\right] \cdot s^2 + (C_1 + C_2) \cdot s}{R_1 R_2 C_1 C_2 \cdot s^2 + (R_1 C_1 + R_2 C_2) \cdot s + 1}$$

Das im Excel-Tool verwendete $G(s)$ entspricht diesem $Y(s)$.

Für die Bauelemente werden folgende Werte angenommen:

$R_1 = 100\ \Omega$, $C_1 = 1\ \mu\text{F}$, $R_2 = 200\ \Omega$, $C_2 = 50\ \mu\text{F}$

Damit ergeben sich für das Arbeitsblatt „Datentabelle" die Koeffizienten:

$b_2 = 1{,}5 \cdot 10^{-8}$, $b_1 = 5{,}1 \cdot 10^{-5}$, $b_0 = 0$, $a_2 = 1 \cdot 10^{-6}$, $a_1 = 0{,}0101$, $a_0 = 1$

Die Eingabe in die zugehörigen Zellen kann in folgender Form erfolgen:

Zelle A1: 1,5E-8 Zelle A2: 5,1E-5 Zelle A3: 0

Zelle A4: 1E-6 Zelle A5: 0,0101 Zelle A6: 1

Als aktuelle Übertragungsfunktion wird angezeigt:

$$G(s) = \frac{0{,}000000015 \cdot s^2 + 0{,}000051 \cdot s}{0{,}000001 \cdot s^2 + 0{,}0101 \cdot s + 1}$$

Die untere Grenze von ω (Zelle A10) wird auf den Wert 5, die obere Grenze von ω (Zelle A11) wird auf 500000 gesetzt.

Im Arbeitsblatt „Frequenzgang-Ortskurve" wird das Ergebnis angezeigt.

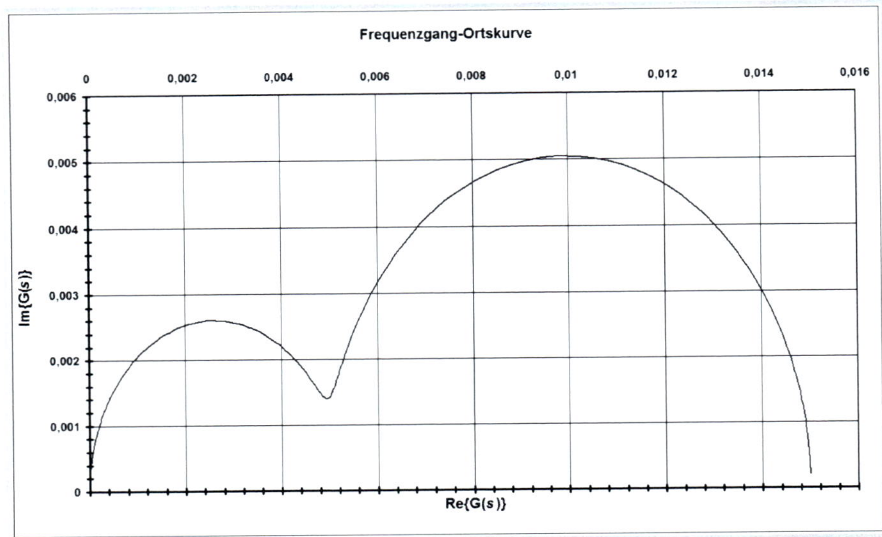

Abb. 32: Admittanz-Ortskurve des Netzwerkes nach Abb. 31

Die Ortskurve setzt sich entsprechend Abb. 16 aus der punktweise Addition von zwei Halbkreisen zusammen.

Die Lage der Punkte für $\omega = 0$ und $\omega = \infty$ in der Ortskurve sind leicht zu bestimmen. Für $\omega = 0$ ist der Leitwert der Schaltung null, der zugehörige Punkt liegt im Ursprung. Für $\omega = \infty$ erhält man die Parallelschaltung der Widerstände R_1 und R_2 mit $0{,}015\ \mathrm{S}$ auf der reellen Achse.

1.4 Zusammenfassung

1. Die Parameterdarstellung einer Kurve in der komplexen Ebene heißt Ortskurve.
2. Ist der Parameter die Frequenz oder die Kreisfrequenz, so wird die Ortskurve als Frequenzgang-Ortskurve (Frequenzgang, Nyquist-Diagramm) bezeichnet.
3. Eine Ortskurve erlaubt es, Betrag und Winkel einer komplexen Größe direkt abzulesen.
4. Ortskurven von Grundschaltungen haben eine einfache Form, es sind Geraden oder Kreise.
5. Die Kehrwertbildung einer komplexen Größe wird Inversion genannt.

6. Beispiel einer Inversionsregel: Die Inversion einer Geraden ergibt einen Kreis und umgekehrt.
7. Bei Schaltungen mit mehreren Bauelementen (mit mehr als einem Energiespeicher) sollte zur Erstellung einer Ortskurve ein Computer benutzt werden.

2 Mehrphasensysteme

2.1 Einleitung und Definitionen

2.1.1 Einphasennetz

Bisher wurden Wechselstromnetze betrachtet, bei denen eine einzige Wechselspannung bezüglich einer Masseleitung vorhanden war. Die einfachste Versorgung eines Verbrauchers mit elektrischer Energie geschieht mittels des Einphasen-Wechselstromnetzes, das kurz als *Einphasennetz* bezeichnet wird. Dieses Netz besteht aus einem Generator, der durch das Rotieren einer Spule in einem homogenen Magnetfeld eine sinusförmige Spannung mit einer Frequenz von 50 Hz liefert, einer zweiadrigen Übertragungsleitung (Doppelleitung) und einem Verbraucher (oder mehreren parallel geschalteten Verbrauchern). Erzeuger und Verbraucher sind also jeweils Zweipole, die mit einem Hin- und einem Rückleiter verbunden sind.

Elektrische Energienetze werden so betrieben, dass am Verbraucher eine möglichst konstante Spannung anliegt. In der Niederspannungsebene bei Privathaushalten beträgt die Spannung zwischen Außenleiter und Neutralleiter 230 V, Abweichungen in der Größenordnung von ±10 % sind zugelassen. Die Norm DIN EN 50160 „Merkmale der Spannung in öffentlichen Elektrizitätsversorgungsnetzen" definiert die wesentlichen Merkmale (z. B. Frequenz, Höhe, Kurvenform) der Netzspannung unter normalen Betriebsbedingungen. Übertragungstechnisch hat das Einphasen-Wechselstromnetz gegenüber einem Mehrphasennetz erhebliche Nachteile, vor allem wegen großen Übertragungsverlusten, so dass diese Netze nur bei Privathaushalten oder Kleinabnehmern Anwendung finden.

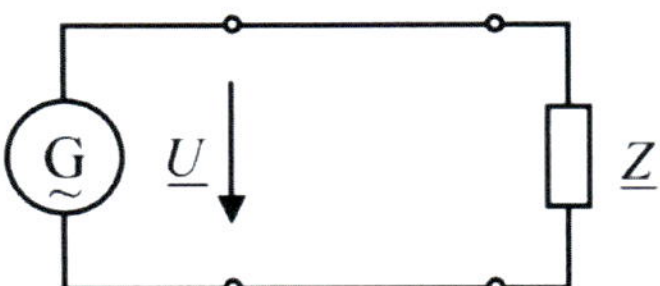

Abb. 33: Einphasennetz mit Generator, Leitung und Verbraucher

2.1.2 Mehrphasennetz

Ein Mehrphasennetz entsteht durch Verknüpfung von mehreren Einphasennetzen in einer Art, dass für alle Netze ein gemeinsamer Leiter existiert. In Abb. 34 ist dies für ein **Zweiphasennetz** dargestellt. Werden bei den Einphasennetzen in Abb. 34 oben ein Leiter von beiden Netzen gemeinsam genutzt, so entsteht das Zweiphasennetz in Abb. 34 unten. Wäre die

Impedanz dieses gemeinsamen Leiters null, so würde auf ihm keine Längsspannung entstehen und beide Systeme wären entkoppelt, würden sich also gegenseitig nicht beeinflussen. In der Praxis trifft dies nicht vollständig zu, so dass bei Mehrphasensystemen immer eine gewisse Verkopplung der Systeme gegeben ist.

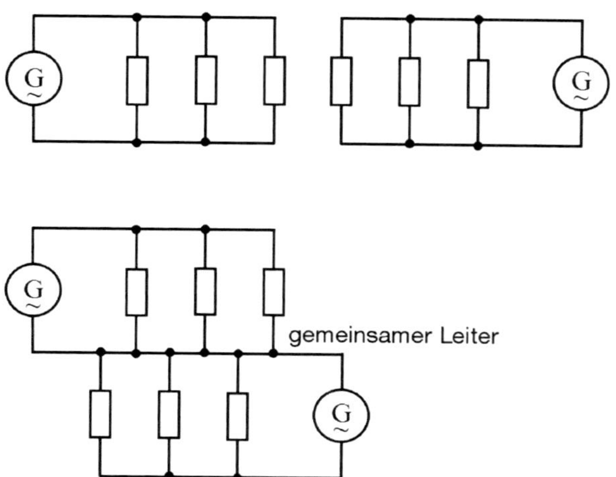

Abb. 34: Zwei Einphasennetze (oben) und ein Zweiphasennetz (unten)

Im Prinzip könnte ein **Dreiphasensystem** so aussehen, wie es Abb. 35 zeigt. Es handelt sich um ein offenes Dreiphasensystem. In einem **offenen Mehrphasensystem** besitzt der Generator $\boldsymbol{m}$ **Stränge**, die ohne Bezug zueinander wie einzelne Wechselspannungsquellen mit verschiedenen Phasenlagen betrachtet werden. Dies wird auch als **nichtverkettetes Mehrphasensystem** bezeichnet. Die Enden der einzelnen Phasenwicklungen des Generators werden getrennt herausgeführt und daran werden die einzelnen Verbraucher mittels selbstständiger Leitungen angeschlossen. Solch ein System benötigt $2 \cdot m$ Leitungen. Für jeden Strang werden beim offenen Dreiphasensystem zwei, also insgesamt sechs Leitungen benötigt.

Um Leitungen einzusparen ist es günstiger, die Masseleitung zusammenzufassen. Dann werden nur $m+1$ (im betrachteten Dreiphasensystem insgesamt vier) Leitungen gebraucht. Dies ist in Abb. 36 dargestellt. Jetzt handelt es sich um ein **verkettetes Mehrphasensystem**, bei dem die Phasenwicklungen des Generators auf bestimmte Art (z. B. in Sternschaltung oder in Ringschaltung) miteinander verbunden sind.

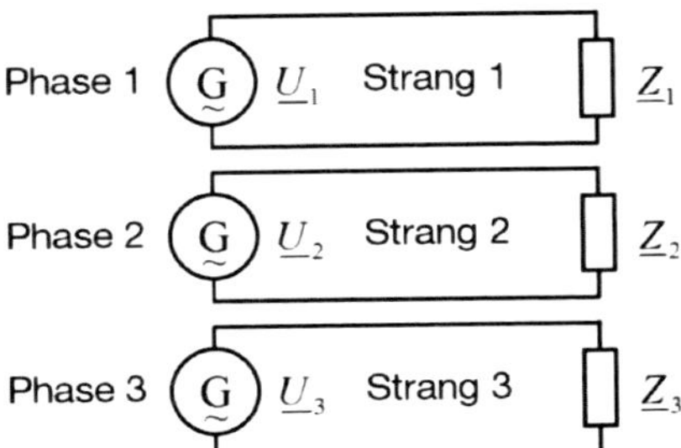

Abb. 35: Prinzipieller Aufbau eines (offenen) Dreiphasensystems mit sechs Leitungen

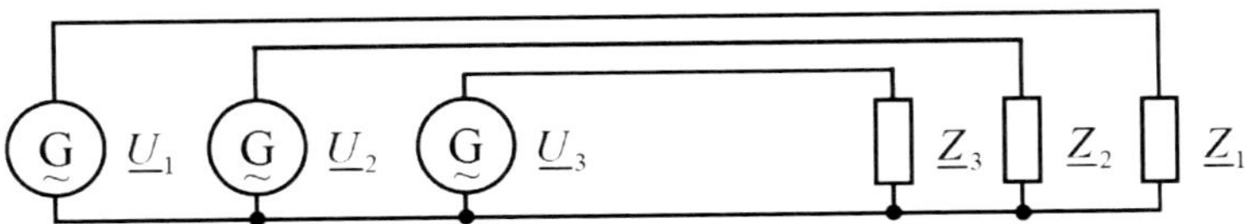

Abb. 36: Dreiphasensystem mit vier Leitungen

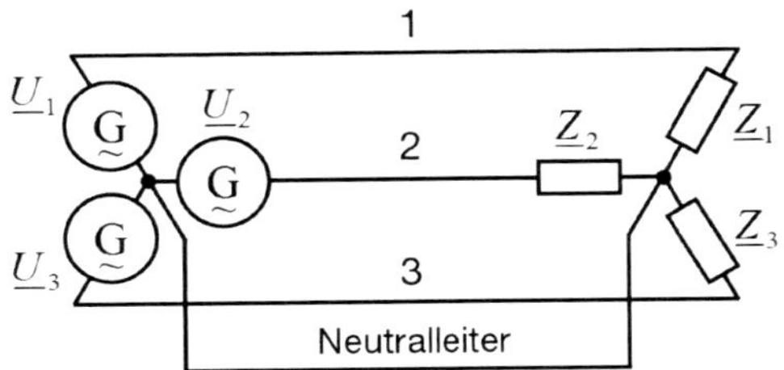

Abb. 37: Dreiphasensystem nach Abb. 36 in anderer, allgemein üblicher Darstellung (Sternschaltung)

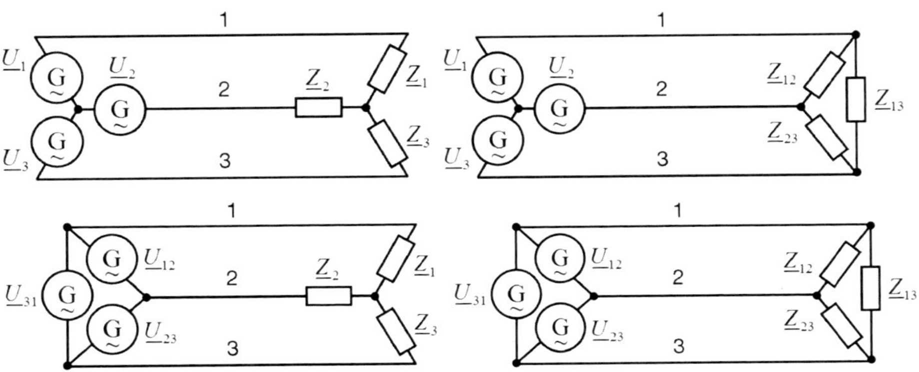

Abb. 38: Dreiphasensysteme die mit noch weniger Leitungen auskommen

2.1.3 Vorteile der Mehrphasensysteme

Mehrphasennetze, bei denen mehrere Leitungen mit mehreren phasenverschobenen Wechselspannungen vorkommen, haben Vorteile gegenüber Einphasennetzen. Das wichtigste Beispiel sind Drehstrom-Netze mit drei „Phasen".

Wegen der Möglichkeit, Wechselspannung mit einem Transformator auf höhere oder kleinere Spannungswerte umzusetzen, wird zur Energieübertragung hauptsächlich Wechselstrom benutzt.[3] In den Kraftwerken wird elektrische Energie meist durch Synchrongeneratoren als Dreiphasenwechselstrom erzeugt. Soll große Leistung (> 1 GW) über eine Entfernung von mehreren 100 Kilometern übertragen werden, so muss die Spannung durch Leistungstransformatoren auf sehr große Werte (einige 100 kV) hochtransformiert werden. Nur dann bleibt die Stromstärke in einem Bereich von kleiner 1 bis 2 kA, der notwendige Leitungsdurchmesser wird nicht zu groß und ist finanziell und technisch realisierbar.

Die meisten Haushalte werden von den Energieversorgungsunternehmen über ein Drehstrom-Kabel mit Elektrizität versorgt. Bei der Übertragung elektrischer Energie über große Entfernungen hat der Drehstrom Vorteile. Mehrphasensysteme kommen gegenüber Einphasennetzen mit weniger Leitern aus, die Investitionskosten sind somit niedriger. Die Übertragungsverluste und damit die Betriebskosten sind geringer als beim Einphasensystem. Dem Endverbraucher stehen außerdem mehrere Spannungen zur Verfügung.

Eine sinusförmige Wechselspannung entsteht durch Rotation einer Leiterschleife in einem Magnetfeld. Wird in technischen Systemen nur eine Wicklung verwendet, so kommt es zu einer stark drehwinkelabhängigen Kraftwirkung auf die rotierende Wicklung. Deshalb werden mehrere Wicklungen verwendet, die im gleichen Winkelabstand zueinander angeordnet sind. Am häufigsten werden drei Wicklungen eingesetzt, die um jeweils 120° versetzt sind. Damit lassen sich Dreiphasensysteme (Drehstromsysteme) aufbauen. In jeder der drei Wicklungen des Generators ($m = 3$) wird eine Wechselspannung erzeugt. Verbindet man die einzelnen Wicklungen mit Verbrauchern, so werden $2 \cdot m$, also sechs Leitungen benötigt (siehe Abschnitt 2.1.2) . Durch Zusammenschaltung zu einem verketteten Mehrphasensystem lässt sich die Anzahl der Leitungen bis auf drei reduzieren.

Wenn alle drei Leiter den gleichen Strom führen, so spricht man von einer „symmetrischen Last". Diese Belastung wird für das Drehstromnetz immer angestrebt. Rechnet man für diesen Fall den zeitlichen Verlauf der elektri-

[3] Zur elektrischen Energieübertragung wird auch die Hochspannungs-Gleichstrom Übertragung (HGÜ) eingesetzt, auf die hier nicht eingegangen wird.

schen Leistung aus, so stellt man fest, dass trotz sinusförmiger Spannungen und Ströme die Leistung zeitlich konstant ist. Es handelt sich um eine reine Gleichleistung ohne jeden Wechselanteil, d. h. ohne jedes Pulsieren. Damit hat der stromerzeugende Generator ein gleichbleibendes Drehmoment über den Drehwinkel und es entstehen praktisch keine Rüttelmomente. Ein Motor, der eine konstante Leistung aufnimmt, hat einen gleichmäßigen Lauf, Vibrationen und dadurch bedingte Geräusche sind gering. Ein Elektromotor läuft „runder", wenn er an ein Drehstrom-Netz angeschlossen wird. Mit Drehstrom können so genannte Drehfeldmaschinen, z. B. Drehstrom-Asynchronmotoren betrieben werden, die ebenfalls kein pulsierendes Drehmoment in ihrer Leistungsabgabe haben. Drehstrom-Asynchronmotoren sind im industriellen Bereich die am weitesten verbreiteten Elektromotoren, weil sie keine Bürsten, d. h. keine schleifenden Kontakte haben und deswegen über Jahre wartungsfrei laufen können. Systeme, in denen die Generatorgesamtleistung und damit auch die Verbrauchergesamtleistung nicht schwankt, bieten somit Vorteile gegenüber dem Einphasen-Wechselstromsystem, in dem alle Leistungen zeitabhängig sind. In der Regel ist der Einsatz von Mehrphasensystemen schon bei energietechnisch kleinen Leistungen ab einigen Kilowatt wirtschaftlich sinnvoll.

Der Vorteil von Drehstrom gegenüber Einphasen-Wechselstrom wird an einem einfachen Beispiel gezeigt. Ein Verbraucher mit dem Widerstand R, z. B. ein elektrischer Heizkörper, wird über eine zweiadrige Leitung an eine Wechselspannungsquelle angeschlossen (Abb. 39 links). Die Wechselspannung ist:

$$u(t) = \sqrt{2} \cdot U \cdot \sin(\omega t) \tag{2.1}$$

Es fließt der Strom:

$$i(t) = \sqrt{2} \cdot I \cdot \sin(\omega t) \tag{2.2}$$

Im Verbraucher wird folgende Wirkleistung umgesetzt:

$$P = U \cdot I = I^2 \cdot R \tag{2.3}$$

Der Querschnitt von Hin- und Rückleiter ist für den Effektivwert des Stromes $I = U/R$ auszulegen.

Die erforderliche Leiterquerschnittsfläche bei konstanter Stromdichte S ist:

$$A_{1\sim} = \frac{I}{S} \tag{2.4}$$

Der Materialverbrauch für die beiden Kupferleiter der Länge l (Distanz Generator zu Verbraucher) ist:

$$m_{1\sim} = \rho_{Cu} \cdot V_{Cu} = \rho_{Cu} \cdot A_{1\sim} \cdot 2 \cdot l \tag{2.5}$$

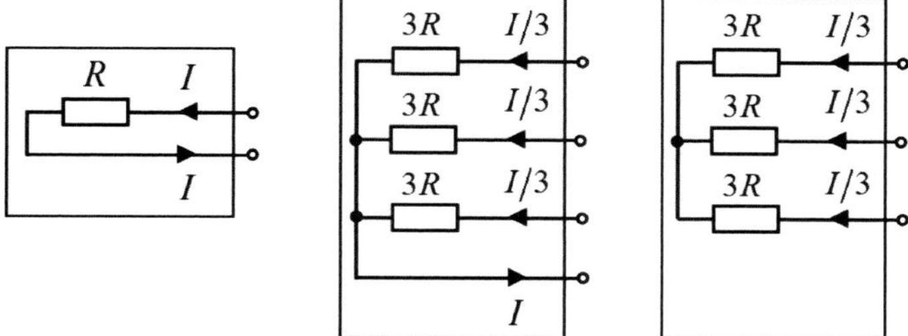

Abb. 39: Speisung eines ohmschen Verbrauchers mit Einphasen-Wechselstrom (links) und mit Drehstrom (Mitte und rechts)

Die gleiche Wirkleistung wird im Verbraucher umgesetzt, wenn der Verbraucher in drei gleiche „Stränge“ mit jeweils dem Widerstandswert $3R$ aufgespalten wird, und alle drei Widerstände jeweils an eine Wechselspannungsquelle mit dem gleichen Wert wie vorher angeschlossen werden (Abb. 39 Mitte). Das System entspricht jetzt der Anordnung in Abb. 36 bzw. Abb. 37. Durch jeden Strang fließt nun ein Drittel des ursprünglichen Stromes:

$$i_1(t) = i_2(t) = i_3(t) = \sqrt{2} \cdot \frac{I}{3} \cdot \sin(\omega t) \tag{2.6}$$

Die im Verbraucher insgesamt umgesetzte Wirkleistung ist genauso groß wie vorher:

$$P = 3 \cdot \left(\frac{I}{3}\right)^2 \cdot 3R = I^2 \cdot R \tag{2.7}$$

Jetzt werden vier Leitungen benötigt. Drei Leitungen sind für den effektiven Strom $I/3$ zu bemessen, sie können also jeweils nur ein Drittel des ursprünglichen Querschnittes besitzen. Der Rückleiter ist allerdings für den vollen Effektivwert I auszulegen.

Unter einem symmetrischen Dreiphasensystem (meist kurz Drehstromsystem genannt) wird ein System von drei sinusförmigen Wechselspannungen oder Wechselströmen gleicher Amplitude und gleicher Frequenz verstanden, die gegeneinander um $(2\pi)/3 = 120°$ phasenverschoben sind. Die drei Spannungen sind:

$$\begin{aligned} u_1(t) &= \sqrt{2} \cdot U \cdot \sin(\omega t) \\ u_2(t) &= \sqrt{2} \cdot U \cdot \sin\left(\omega t - \frac{2\pi}{3}\right) \\ u_3(t) &= \sqrt{2} \cdot U \cdot \sin\left(\omega t - \frac{4\pi}{3}\right) \end{aligned} \tag{2.8}$$

Wird der dreisträngige Verbraucher an ein symmetrisches Dreiphasensystem mit dem gleichen Effektivwert U der Spannung angeschlossen, so liegt ein symmetrisches Drehstromsystem mit dem Effektivwert $I/3$ der drei Strangstöme vor. Die drei Ströme sind:

$$\begin{aligned} i_1(t) &= \sqrt{2} \cdot \frac{I}{3} \cdot \sin(\omega t) \\ i_2(t) &= \sqrt{2} \cdot \frac{I}{3} \cdot \sin\left(\omega t - \frac{2\pi}{3}\right) \\ i_3(t) &= \sqrt{2} \cdot \frac{I}{3} \cdot \sin\left(\omega t - \frac{4\pi}{3}\right) \end{aligned} \tag{2.9}$$

Die Summe der Momentanwerte der drei Strangströme ist zu jedem Zeitpunkt null (der Wert der eckigen Klammer ist bei einem festen Wert von ω für alle Zeitpunkte t gleich null):

$$\sqrt{2} \cdot \frac{I}{3}\left[\sin(\omega t) + \sin\left(\omega t - \frac{2\pi}{3}\right) + \sin\left(\omega t - \frac{4\pi}{3}\right)\right] = 0 \tag{2.10}$$

$$\sqrt{2} \cdot \frac{I}{3}\left[\sin(\omega t) + \sin(\omega t - 120°) + \sin(\omega t + 120°)\right] = 0 \tag{2.11}$$

Dies bedeutet, der Rückleiter führt keinen Strom und kann weggelassen werden (Abb. 39 rechts).

Die erforderliche Leiterquerschnittsfläche beträgt jetzt:

$$A_{3\sim} = \frac{\frac{I}{3}}{S} = \frac{1}{3} \cdot \frac{I}{S} = \frac{1}{3} \cdot A_{1\sim} \tag{2.12}$$

Der Materialverbrauch für die drei Kupferleiter ist:

$$m_{3\sim} = \rho_{Cu} \cdot V_{Cu3\sim} = \rho_{Cu} \cdot \frac{A_{1\sim}}{3} \cdot 3 \cdot l = \rho_{Cu} \cdot A_{1\sim} \cdot l \tag{2.13}$$

Das Verhältnis des Leitermaterialverbrauchs ist somit:

$$\boxed{\frac{m_{3\sim}}{m_{1\sim}} = \frac{1}{2}} \tag{2.14}$$

Bei gleicher Wirkleistung P im Verbraucher und gleichem Effektivwert U der Verbraucherspannung kann *bei Speisung mit Drehstrom die Hälfte des Leitermaterials gegenüber der Speisung mit Einphasen-Wechselstrom eingespart werden.* Durch die Wahl zwischen „Sternschaltung" und „Dreieckschaltung" hat der Verbraucher ferner *zwei verschiedene Spannungen* zur Verfügung.

2.1.4 Besondere Bezeichnungen

Nachfolgend werden wichtige Begriffe der elektrischen Energietechnik definiert und erläutert.

Einphasensystem, Einphasennetz

In Einphasensystemen ist jeder Erzeuger oder Verbraucher ein Zweipol mit je einer Strombahn für Hin- und Rückleiter (Wechselstromtechnik).

Mehrphasensystem, Mehrphasennetz

Ein Mehrphasensystem ist ein Wechselstromsystem mit mehr als zwei Strombahnen. Ein Mehrphasensystem besteht aus den Mehrphasengeneratoren, den belastenden Widerständen und den sie verbindenden Leitungen, ist also die Gesamtheit der Stromkreise.

Phasenzahl

Bei einem Mehrphasensystem werden im Generator gleich mehrere phasenverschobene Sinusspannungen erzeugt und anschließend übertragen. Die Phasenverschiebung erreicht man durch eine räumlich versetzte Anordnung der m spannungserzeugenden Spulen im Generator. Werden mehrere selbstständige und gleich gestaltete Spulen der Anzahl m, die um den gleichen Winkel $\varphi = \frac{2\pi}{m}$ versetzt angeordnet sind, in einem homogenen, zeitlich konstanten Magnetfeld mit der konstanten Winkelgeschwindigkeit ω gedreht, so werden in jeder Wicklung sinusförmige Wechselspannungen mit gleicher Frequenz und gleicher Amplitude induziert, die um den Phasenwinkel $\varphi = \frac{2\pi}{m}$ zueinander phasenverschoben sind.

Diese m Spannungen (m = *Phasenzahl*) können dann sowohl auf Generator- als auch auf Verbraucherseite in verschiedener Weise zusammengeschaltet werden.

Mehrphasensysteme sind grundsätzlich mit beliebiger Phasenzahl m möglich. Technische Bedeutung haben jedoch fast nur Systeme mit Phasenzahlen $m = 3$ oder deren Vielfachen. Bei Kleinmotoren (Kondensatormotoren) werden manchmal Zweiphasensysteme mit zwei um 90° phasenverschobenen Spannungen eingesetzt.

Nichtverkettete Mehrphasensysteme

Werden die Enden der einzelnen Phasenwicklungen des Generators getrennt herausgeführt und mittels selbstständiger Leitungen an die einzelnen Verbraucher angeschlossen, dann ist das Mehrphasensystem *nicht verkettet*. Dies wird *offenes* Mehrphasensystem genannt.

Verkettete Mehrphasensysteme

Bei *verketteten* Mehrphasensystemen sind die Phasenwicklungen des Generators miteinander verbunden, entweder in *Sternschaltung* oder in *Ringschaltung* (*Polygonschaltung*). Die Wechselstromwiderstände (die Verbraucher) können ebenfalls entweder in Sternschaltung oder in Ringschaltung geschaltet sein. Nach DIN 40108 wurde der Begriff „Phase“ durch den Begriff „Strang“ ersetzt und bedeutet die Strombahn, in welcher der Strom einer Phase fließt.

Strang

Die in einer Strombahn liegende einzelne Energiequelle bzw. den einzelnen Verbraucher bezeichnet man als Strang. Ein Strang ist jeweils der Zweig, der bei der Sternschaltung einen Außenpunkt mit dem Mittelpunkt und bei der Ringschaltung zwei Außenpunkte miteinander verbindet. Stränge sind Teile des Systems mit gleichem Schwingungszustand. In den verschiedenen Strängen des Mehrphasensystems haben die elektromagnetischen Größen gleiche Frequenz, aber unterschiedliche Nullphasenwinkel.

Sternschaltung

Die Angabe der Phasenzahl m sagt noch nichts darüber aus, wie die m Spannungen miteinander verknüpft sind. Für diese Verknüpfung der m Generatoren gibt es zwei Möglichkeiten, die *Sternschaltung* und die *Ringschaltung*.

Um eine Sternschaltung eines Mehrphasensystems handelt es sich, wenn sämtliche Stränge jeweils mit einem Ende an einem gemeinsamen Punkt (*Sternpunkt*, *Mittelpunkt*, *Neutralpunkt*) verbunden sind. Dieser Punkt wird mit „ N “ bezeichnet. Am Sternpunkt kann ein für alle Stränge gemeinsamer Rückleiter angeschlossen werden, falls die Summe der Außenleiterströme nicht null ist. Die m Anschlusspunkte der anderen Strangenden heißen *Außenpunkte*.

Zwischen zwei abgehenden Leitungen liegt die Summe der in Reihe geschalteten Einzelspannungen. Damit sich bei der Sternschaltung im Sternpunkt die Summe aller Ströme aufhebt, müssen die Amplituden der Ströme übereinstimmen und die Phasenwinkel einen Unterschied von $360°/m$ aufweisen. Sind diese Forderungen durch die Generatoren erfüllt, so bilden sie ein symmetrisches Spannungssystem.

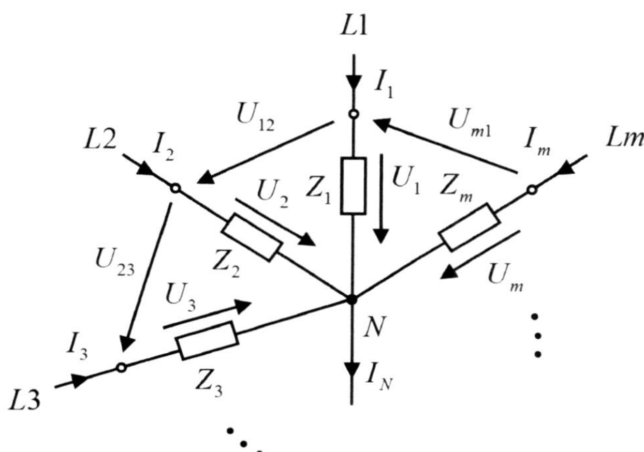

Abb. 40: Stränge in Sternschaltung

In Abb. 40 sind:

$L1$, $L2, \ldots, Lm$: Außenleiter
N : Neutralleiter
I_1, $I_2, \ldots, I_m$: Außenleiterströme (= Strangströme)
I_N : Sternpunktleiterstrom (Mittelleiterstrom, Neutralleiterstrom)
U_{12}, $U_{23}, \ldots, U_{m1}$: Außenleiterspannungen
U_1, $U_2, \ldots, U_m$: Sternspannungen (= Strangspannungen)

Das Schaltzeichen für einen Widerstand in Abb. 40 und Abb. 41 symbolisiert jeweils einen Zweig, der als Strang bezeichnet wird. Bei den Strängen kann es sich z. B. um Generatorwicklungen oder um die Impedanzen von Verbrauchern handeln.

Ringschaltung (Polygonschaltung)

Die spannungserzeugenden Spulen oder die Verbraucher können umlaufend hintereinander in Reihe geschaltet werden. Eine Ring- oder Polygonschaltung eines Mehrphasensystems liegt vor, wenn sämtliche Stränge hintereinander geschaltet einen geschlossenen Ring ergeben. Die m Außenpunkte fallen jetzt zusammen mit den Knoten zwischen je zwei aufeinanderfolgenden Strängen. Einen Sternpunkt gibt es nicht. Für ein Dreiphasensystem (Drehstromsystem) heißt die Ring- oder Polygonschaltung *Dreieckschaltung*.

Zwischen zwei abgehenden Leitungen liegt die Spannung des dazwischen liegenden Zweiges. Damit in der von den Spannungsquellen oder Verbrauchern gebildeten Ringschaltung kein Strom auftritt, muss die Summe aller Spannungen null sein. Dies ist der Fall, wenn die Amplituden und Frequenzen aller Spannungen übereinstimmen und die Spannungen einen Phasenwinkel von $360°/m$ zueinander aufweisen. Sind diese Forderungen durch die Generatoren erfüllt, so bilden sie ein symmetrisches Spannungssystem.

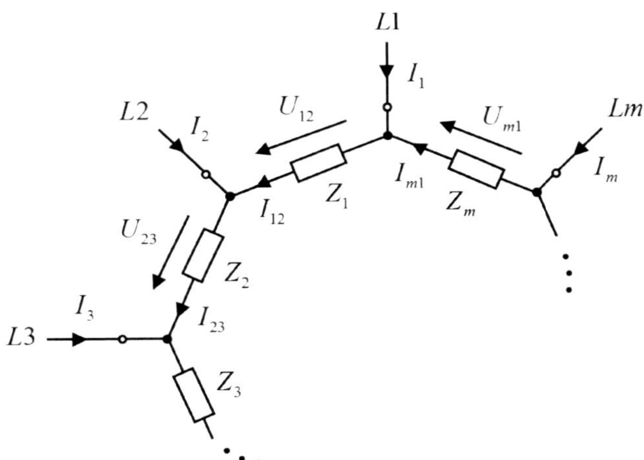

Abb. 41: Stränge in Ringschaltung

In Abb. 41 sind:

$L1, L2, \ldots, Lm$: Außenleiter

$I_1, I_2, \ldots, I_m$: Außenleiterströme

$U_{12}, U_{23}, \ldots, U_{m1}$: Außenleiterspannungen (= Strangspannungen)

$I_{12}, I_{23}, \ldots, I_{m1}$: Strangströme

Symmetrisches Mehrphasensystem

Die Bedingungen, dass ein Mehrphasensystem *symmetrisch* ist, sind:

1. Alle m Spannungen sind dem Betrag nach gleich groß.
2. Die Phasenwinkel zwischen den Teilspannungen sind jeweils $\varphi = (2\pi)/m$.
3. Die Wechselstromwiderstände bzw. komplexen Widerstände in allen Strängen des Verbrauchers sind gleich (symmetrische Belastung).

Bei einem symmetrischen Mehrphasensystem sind also die Amplituden der Stöme in allen Strängen gleich groß.

Dreiphasensystem (Drehstromsystem)

Das Dreiphasensystem ist ein Sonderfall eines Mehrphasensystems und wird auch als Drehstromsystem bezeichnet. Es hat in der elektrischen Energietechnik die größte technische Bedeutung. Bei ihm sind drei Stränge vorhanden. Drehstrom wird umgangssprachlich auch als *Kraftstrom* oder *Starkstrom* bezeichnet.

Leiter

Die Verbindungsleiter der Außenpunkte des Generators und der Außenpunkte des Verbrauchers heißen *Außenleiter*. Sie werden entsprechend einer zyklischen Folge, die der Phasenfolge entspricht, mit $L1, L2, \ldots, Lm$ gekennzeichnet. Im Unterschied dazu gelten für die Anschlüsse von Betriebsmitteln (z. B. von Elektromotoren) bei einem Drehstromsystem die Kennzeichnungen U, V und W.

Zwischen einem Mehrphasengenerator in Sternschaltung und einem Mehrphasenverbraucher in Sternschaltung heißt der Verbindungsleiter zwischen den Sternpunkten *Sternpunktleiter* (*Mittelpunktleiter*) oder *Neutralleiter*. Er wird mit dem Buchstaben N gekennzeichnet. Ein Leitersystem, das die drei Außenleiter und den Mittelpunktleiter enthält, bezeichnet man als *Vierleitersystem*.

Handelt es sich um ein symmetrisches Mehrphasensystem in Sternschaltung, so wird der Mittelleiterstrom zu null und der Mittelleiter kann entfallen. Es liegt dann ein *Dreileitersystem* vor, es sind nur die Außenleiter vorhanden.

Generatorwicklungsstränge bei Drehstrom

Die Wicklungsstränge werden mit U, V und W bezeichnet. Der Anfang eines Wicklungsstrangs wird mit dem Index 1 und das Ende mit dem Index 2 gekennzeichnet.

$U1$ = Anfang Wicklung 1, $U2$ = Ende Wicklung 1

$V1$ = Anfang Wicklung 2, $V2$ = Ende Wicklung 2

$W1$ = Anfang Wicklung 3, $W2$ = Ende Wicklung 3

Die Anschlüsse der Wicklungsstränge sind an eine Klemmenplatte herausgeführt und können unterschiedlich verschaltet werden.

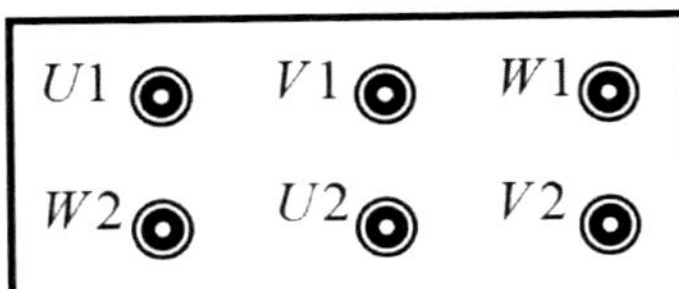

Abb. 42: Klemmenplatte eines Drehspannungsgenerators oder -motors

Spannungen und Ströme des Mehrphasensystems

Alle Angaben von Spannungen und Strömen erfolgen durch Effektivwerte.

Strangspannungen (früher Phasenspannungen genannt) sind die Spannungen an den Klemmen der Stränge, gleichgültig, auf welche Art die Stränge zusammengeschaltet sind. Angabe: $U_{1N}, U_{2N}, \ldots, U_{mN}$ bzw. kurz $U_1, U_2, \ldots, U_m$ bei der Sternschaltung und $U_{12}, U_{23}, \ldots, U_{m1}$ bei der Ringschaltung.

Strangströme (früher Phasenströme genannt) sind die Ströme, die durch die Stränge fließen. Angabe: $I_1, I_2, \ldots, I_m$ bei der Sternschaltung und $I_{12}, I_{23}, \ldots, I_{m1}$ bei der Ringschaltung.

Außenleiterspannungen (Leiterspannungen) sind die Spannungen, die zwischen zwei aufeinanderfolgenden Außenleitern des verketteten Mehrphasensystems bestehen. Angabe: $U_{12}, U_{23}, \ldots, U_{m1}$. *Bei der Ringschaltung ist die Außenleiterspannung gleich der Strangspannung.*

Außenleiterströme (Leiterströme) sind die Ströme, die durch die Außenleiter fließen. Angabe: $I_1, I_2, \ldots, I_m$. Bei einer Stern-Stern-Schaltung (Generator in Sternschaltung und Verbraucher in Sternschaltung) sind die Außenleiterströme gleich den Strangströmen.

Der *Sternpunktleiterstrom* (Mittelleiterstrom, Neutralleiterstrom) ist der Strom in einem Sternpunktleiter. Angabe: I_N.

Die *Sternspannung* ist die Spannung zwischen einem Außenleiter und dem Sternpunkt. Eine Sternspannung kann nur in einem Vierleitersystem abgegriffen werden. Angabe: U_{1N}, $U_{2N}, \ldots, U_{mN}$ oder kurz U_1, $U_2, \ldots, U_m$. *Bei der Sternschaltung ist die Sternspannung gleich der Strangspannung.*

2.2 Zweiphasennetz

In einem Einphasen-Wechselstromnetz ist die Augenblicksleistung eines Verbrauchers:[4]

$$p(t) = U \cdot I \cdot \cos(\varphi_u - \varphi_i) - U \cdot I \cdot \cos(2\,\omega t + \varphi_u + \varphi_i) \tag{2.15}$$

φ_u = Nullphasenwinkel der Spannung, φ_i = Nullphasenwinkel des Stromes

Bei einem Einphasensystem gilt also:

$$\boxed{p(t) \neq \text{konst.}} \tag{2.16}$$

Die Leistung pulsiert. Wie bereits angesprochen, ergeben sich durch die Zeitabhängigkeit der Leistung bei rotierenden elektrischen Maschinen Nachteile.

Das Zweiphasennetz wurde bereits in Abschnitt 2.1.2 erwähnt. Bei der Energieversorgung wird der Zweiphasenstrom nicht verwendet und spielt in der elektrischen Energietechnik nur eine untergeordnete Rolle. Er wird hier kurz behandelt, weil mit ihm (wie mit Systemen mit drei Phasen) eine zeitlich kontstante Leistung übertragen werden kann. Ein Nachteil ist, dass für die Energieübertragung bei einem Zweiphasensystem (so wie beim Drehstrom) drei Leiter benötigt werden, wobei aber die einzelnen Leiter nicht gleichmässig belastet werden. Dadurch werden beim Zweiphasensystem die zur Verfügung stehenden Leiterquerschnitte schlechter ausgenützt als beim Dreiphasensystem.

In Drehfeldmaschinen wird ein in Drehrichtung umlaufendes Magnetfeld (Drehfeld) zur Erzeugung eines verwertbaren mechanischen Drehmomentes genutzt. Das Drehfeld bildet die Grundlage zahlreicher Elektromaschinen (z. B. Asynchronmotor, Synchronmotor).

Kleinmaschinen für den Betrieb an einem Wechselstromnetz (z. B. Zweiphasen-Synchronmotoren) können mit einer zweisträngigen Ständerwicklung ausgeführt werden. Damit ein Drehfeld erzeugt werden kann, müssen die zwei Stränge räumlich um 90° zueinander versetzt und die zugehörigen Ströme zeitlich um denselben Winkel (bzw. um $T/4$) phasenverschoben sein. Bei einem Zweiphasensystem sind die beiden sinusförmigen Wechsel-

[4] Siehe Abschnitt 5, Elektrotechnik für Studierende: Band 3 – Wechselstrom 1, Christiani-Verlag

spannungen um 90° phasenversetzt, wie das Schema zur Erzeugung eines Zweiphasensystems in Abb. 43 zeigt.

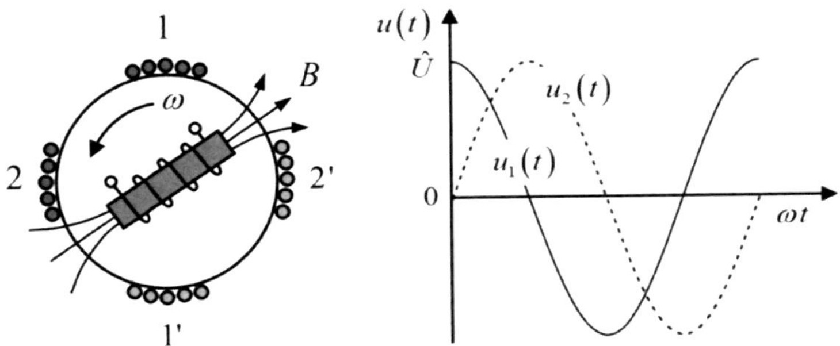

Abb. 43: Erzeugung einer zweiphasigen Wechselspannung

Konstante Leistung im symmetrischen Zweiphasensystem

Das einfachste Mehrphasensystem ist das Zweiphasensystem, Abb. 44 zeigt einen Sonderfall. Die Lastwiderstände haben den gleichen Wert, mit $R_1 = R_2 = R$ liegt eine symmetrische Last vor. Die beiden Generatorspannungen sind $u_1(t) = \hat{U} \cdot \cos(\omega t)$ und $u_2(t) = \hat{U} \cdot \sin(\omega t)$. Ihre Amplituden sind gleich groß ($\hat{U}_1 = \hat{U}_2 = \hat{U}$) und die beiden Spannungen sind gegeneinander um $\pi/2 = 90°$ phasenverschoben. Solch ein System wird als *symmetrisches Zweiphasensystem* bezeichnet.

Da die Punkte A und B in der Schaltung in Abb. 44 kurzgeschlossen sind, liegt am oberen Widerstand die Generatorspannung $u_1(t)$, am unteren $u_2(t)$. Die im oberen Widerstand umgesetzte Leistung ist:

$$p_1(t) = \frac{[u_1(t)]^2}{R} = \frac{\hat{U}^2}{R} \cdot \cos^2(\omega t) \tag{2.17}$$

Die umgesetzte Leistung im unteren Widerstand ist:

$$p_2(t) = \frac{[u_2(t)]^2}{R} = \frac{\hat{U}^2}{R} \cdot \sin^2(\omega t) \tag{2.18}$$

Die vom Generator abgegebene Gesamtleistung (z. B. an einen Motor mit zwei Strängen) ist:

$$p_{ges}(t) = p_1(t) + p_2(t) = \frac{\hat{U}^2}{R} \cdot \left[\underbrace{\cos^2(\omega t) + \sin^2(\omega t)}_{1} \right] \tag{2.19}$$

$$\boxed{p_{ges}(t) = \frac{\hat{U}^2}{R} = \text{konst.}} \tag{2.20}$$

Die an den Verbraucher abgegebene Gesamtleistung ist also zeitlich konstant. Für einen Motor ist dies z. B. für seine Gleichlaufeigenschaften wichtig.

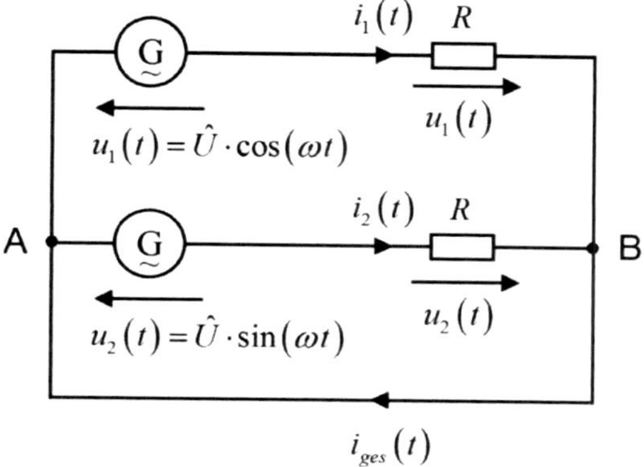

Abb. 44: Schaltung eines Zweiphasensystems

Der gesamte Strom im gemeinsamen Leiter ist:

$$i_{ges} = i_1 + i_2 \tag{2.21}$$

Effektivwerte:

$$I_{ges} = \sqrt{I_1^2 + I_2^2} \tag{2.22}$$

Wegen der symmetrischen Last gilt:

$$\boxed{I_{ges} = \sqrt{2} \cdot I_1 = \sqrt{2} \cdot I_2} \tag{2.23}$$

Zusammenfassung: Beim symmetrischen Zweiphasensystem ist die an den Verbraucher übertragene Leistung konstant. Es werden drei Leiter benötigt. Zwei Leiter werden gleich stark belastet, der dritte Leiter wird stärker belastet.

2.3 Dreiphasennetz

Die größte technische Bedeutung hat das Dreiphasensystem. Der Dreiphasenwechselstrom, auch Drehstrom genannt, ist das für die Erzeugung und Verteilung von Energie genutzte Wechselspannungssystem. Im Folgenden wird deshalb das Drehstromsystem näher betrachtet.

2.3.1 Erzeugung von Drehstrom, Drehstromgenerator

2.3.1.1 Grundprinzip des Drehstromgenerators

Rotiert eine Spule mit konstanter Winkelgeschwindigkeit ω in einem homogenen Magnetfeld, so ändert sich der magnetische Fluss durch die Spule in Abhängigkeit des Drehwinkels α. Die in der rotierenden Spule induzierte Spannung ist:[5]

$$u(t) = \hat{U} \cdot \sin(\omega t) \tag{2.24}$$

$$\hat{U} = N \cdot B \cdot A \cdot \omega \tag{2.25}$$

N = Anzahl der Windungen der Spule

B = magnetische Flussdichte, $[B] = \frac{\mathrm{Vs}}{\mathrm{m}^2} = \mathrm{T}\ (\mathrm{Tesla})$

A = Fläche der Spule, $[A] = \mathrm{m}^2$

Werden in einem Wechselstromgenerator nicht nur eine, sondern drei Spulen im Winkel von 120° versetzt angebracht, so wird in jeder der drei Spulen eine Wechselspannung induziert. Durch den räumlichen Versatz der Wicklungen dieses Spulensystems um $(2\pi)/3 = 120°$ sind die erzeugten Spannungen um je 120° zeitlich gegeneinander phasenverschoben. Die drei Spannungen des Mehrphasengenerators sind:

$$\boxed{\begin{aligned} u_1(t) &= \sqrt{2} \cdot U_{Str} \cdot \sin(\omega t) \\ u_2(t) &= \sqrt{2} \cdot U_{Str} \cdot \sin(\omega t - 120°) \\ u_3(t) &= \sqrt{2} \cdot U_{Str} \cdot \sin(\omega t - 240°) \end{aligned}} \tag{2.26}$$

Jede der Spulen wird als *Wicklungsstrang* oder kurz als Strang bezeichnet. Da alle drei Spulen die gleiche Windungszahl und die gleichen Maße haben, und nacheinander vom gleichen magnetischen Fluss durchsetzt werden, sind die Effektivwerte U_{Str} der drei Strangspannungen gleich groß. Da die drei Spulen auf einer gemeinsamen Antriebswelle befestigt sind und deshalb mit

---

[5] Siehe Abschnitt 2.2, Elektrotechnik für Studierende: Band 3 – Wechselstrom 1, Christiani-Verlag

gleicher Geschwindigkeit rotieren, besitzen die induzierten Spannungen in den drei Wicklungen die gleiche Kreisfrequenz ω.

Abb. 45 links zeigt schematisch den Aufbau eines solchen Mehrphasengenerators. Angedeutet sind die drei jeweils um 120° versetzten Spulen, die sich im Magnetfeld $\vec{B}$ mit der Winkelgeschwindigket ω drehen. Wie bereits erwähnt, werden die drei Wicklungsstränge mit U, V, W bezeichnet. An den jeweiligen Buchstaben wird die Ziffer „1" für den Wicklungsanfang und eine „2" für das Wicklungsende angefügt.

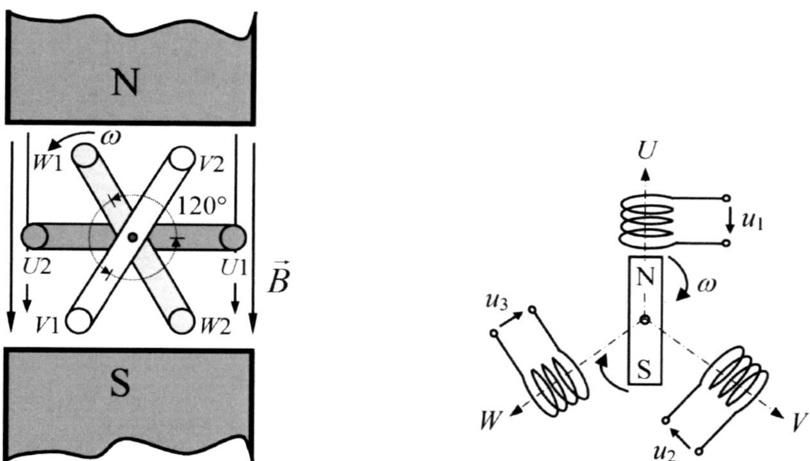

Abb. 45: Zur prinzipiellen Funktionsweise eines Drehstromgenerators (links) und schematische Darstellung des Aufbaus einer Drehstrom-Synchronmaschine (rechts)

In der Praxis werden bei der Realisierung von Wechselstromgeneratoren keine sich drehenden Spulen verwendet. Die Erzeugung von Drehstrom erfolgt fast ausschließlich mit Drehstrom-Synchronmaschinen (DSM), die im generatorischen Betriebsbereich[6] betrieben werden. Drehstrom-Synchronmaschinen sind elektrische Maschinen, die als rotierende Energiewandler mechanische Energie in elektrische Energie umwandeln. In Kraftwerken erfolgt die Erzeugung elektrischer Energie durch riesige Synchrongeneratoren (die Leistung kann $>1\,\mathrm{GW}$ sein), die mechanisch von Dampfturbinen angetrieben werden. Die mechanische Antriebsenergie wird vom Generator mit hohem Wirkungsgrad in elektrische Energie umgewandelt.

[6] Eine DSM kann als Generator oder als Motor betrieben werden.

Den Aufbau einer DSM zeigt Abb. 45 rechts schematisch. Im Zentrum dieser Maschine befindet sich ein drehbarer Magnet, der *Läufer*, *Rotor*, *Polrad* oder auch *Anker*[7] genannt wird. Bei kleineren Generatoren bis einige kW können als Rotor Dauermagnete verwendet werden (permanenterregte Synchronmaschine). Bei anderen Generatoren ist der Rotor ein gleichstromdurchflossener Elektromagnet, der ein magnetisches Gleichfeld erzeugt. Der Rotor wirkt dann wie ein Permanentmagnet. Die Wicklung des Rotors wird über Schleifringe mit Gleichstrom gespeist (elektrisch erregte Synchronmaschine). Um den Rotor herum sind drei feststehende, jeweils räumlich um 120° gegeneinander versetzte Spulen angeordnet. Dieses Wicklungssystem ist im Gehäuse des Generators angebracht und bildet am Umfang des feststehenden Teils den *Ständer* oder *Stator*. Wird der Magnet in Rotation versetzt (z. B. von einem Dieselmotor), so werden die einzelnen Spulen von durch die Drehbewegung zeitveränderlichen Magnetflüssen durchsetzt. Das Magnetfeld dreht sich synchron mit dem Polrad, daher auch die Bezeichnung Synchrongenerator. In den feststehenden Ständerwicklungen U, V, W entstehen nach dem Induktionsgesetz drei um 120° gegeneinander verschobene Sinusspannungen, die wir an den Klemmen der Spulen abnehmen können.

2.3.1.2 Bauformen der Synchronmaschine

Bei der technischen Ausführung der Drehstrom-Synchronmaschine werden verschiedene Bauformen unterschieden. Die wesentlichen Unterschiede im Aufbau gleichstromerregter Synchronmaschinen bestehen in der Konstruktion zur Erzeugung des Erregergleichfeldes. Es gibt Innenpol- und Außenpolmaschinen. Unabhängig vom Typ sind die Hauptteile der Maschinen Ständer und Läufer. Im Folgenden wird nur das grundlegende Prinzip der verschiedenen Aufbauformen und Wirkungsweisen betrachtet.

Schenkelpolmaschine (Innenpolmaschine)

Der Ständer besteht aus einer Tragkonstruktion, hat die Form eines Hohlzylinders und ist zur Herabsetzung der Wirbelströme[8] als Paket von geschichteten und gegeneinander isolierten Eisenblechen ausgeführt. In gleichförmig am Umfang der Ständerbohrung angeordneten Nuten ist die dreiphasige, axial verlaufende Ständerwicklung eingelegt. Die einzelnen Wicklungen

---

[7] Die Bezeichnung Anker hat historische Bedeutung, die Rotoren der ersten elektrischen Maschinen hatten die Form eines doppelten Schiffsankers.

[8] In Metallteilen werden durch Magnetfeldänderungen Spannungen induziert, die durch den niedrigen Widerstand der Metallteile Kurzschlussströme bilden. Die Stromwege liegen dabei nicht genau fest, deshalb spricht man von *Wirbelströmen*. Um die Wärmeverluste durch Wirbelströme möglichst klein zu halten, werden bei Spulen und Transformatoren die Eisenkerne in gegeneinander isolierte Bleche unterteilt.

(Stränge) sind am Ständerumfang gleichmäßig versetzt angeordnet, und zwar bei einem zweipoligen (*Polpaarzahl* $p=1$) Generator, wie in Abb. 46 dargestellt, um räumlich 120°, bei einem vierpoligen ($p=2$) Generator mit sechs Wicklungen um räumlich 60° usw.

Der Läufer wird als *Schenkelpolläufer* bezeichnet. Er besteht im Gegensatz zum Ständer aus massivem Eisen, besitzt *ausgeprägte Einzelpole* und eine Erregerwicklung zur Erzeugung eines magnetischen Gleichfeldes. Die Erregerwicklung ist auf die Schenkel des Läufers gewickelt und wird in der klassischen Technik über zwei Schleifringe (Kohlebürsten) mit Gleichstrom gespeist. Wegen der ausgeprägten Polschuhe und Schenkel besitzen Schenkelpolläufer einen großen Durchmesser.

Rotiert der Läufer mit konstanter Drehzahl (angetrieben von einer Dampfturbine, einer Wasserturbine oder einem Dieselmotor), so rotiert auch das magnetische Feld mit. Die drei Ständerwicklungen werden durch die Drehbewegung von zeitveränderlichen magnetischen Flüssen durchsetzt. Nach dem Induktionsgesetz werden in ihnen Spannungen induziert. Die Ständerwicklungen sind normalerweise innerhalb der Maschine in Stern- oder Dreieckschaltung verschaltet.

Schenkelpolmaschinen werden oft als niedertourige Generatoren mit großem Durchmesser und geringer Länge eingesetzt. Sie sind mit großer Polpaarzahl ausgeführt und laufen mit Drehzahlen von 60 bis 700 Umdrehungen pro Minute.

Vollpolmaschine (Innenpolmaschine)

Vollpolmaschinen besitzen den gleichen Ständeraufbau wie Innenpolmaschinen. Bei der Vollpolmaschine (ebenfalls eine Innenpolmaschine) nennt man den Läufer *Vollpolläufer* oder auch *Walzenläufer*. Der Läufer ist rotationssymmetrisch aufgebaut, schlank und länglich gestreckt. Er besteht aus einer massiven Stahlwalze, in der radial Nuten eingefräst sind. Diese nehmen die Erregerwicklung des Läufers auf, die auf mehrere konzentrisch zur Polachse liegende Spulen verteilt ist. In dieser Bauform werden 2- und 4-polige Maschinen ausgeführt.

Vollpolmaschinen werden mit hohen Drehzahlen betrieben und müssen wegen der auf den Läufer wirkenden Kräfte schlank gebaut werden. Sie eignen sich gut zum Einsatz als Turbogeneratoren. Die Läufer dieser Generatoren werden daher auch *Turboläufer* genannt. Sie sind mit wenigen Polpaaren ausgeführt und laufen bei 50 Hz Netzfrequenz mit bis zu 3000 Umdrehungen pro Minute.

Außenpolmaschine

Im Ständer der Außenpolmaschine befinden sich deutlich ausgebildete Polschuhe und Schenkel, welche die Erregerwicklung tragen. Auf dem Läufer ist die dreisträngige Läuferwicklung untergebracht. Die Enden der Läuferwicklung sind über Schleifringe herausgeführt. Diese Bauform eignet sich nicht für Maschinen mit großer Leistung, da die Ströme über die Schleifringe mit steigender Leistung sehr groß werden. Dadurch steigen die Verluste im Bereich der Schleifringe. Für große Leistungen werden Innenpolmaschinen eingesetzt.

Zusammenfassung der Bauarten

Innenpolmaschine: Die Erregerwicklung zur Erzeugung des Magnetfeldes befindet sich auf dem Rotor. Die Wechselspannung wird in den Spulen im Stator erzeugt. Kurz: Ruhende Leiterschleifen, Magnetfluss rotierend.

Außenpolmaschine: Die Erregerwicklung befindet sich auf dem Stator, die Wechselspannung wird in den Spulen im Rotor erzeugt. Kurz: Ruhender Magnetfluss, Leiterschleifen rotierend.

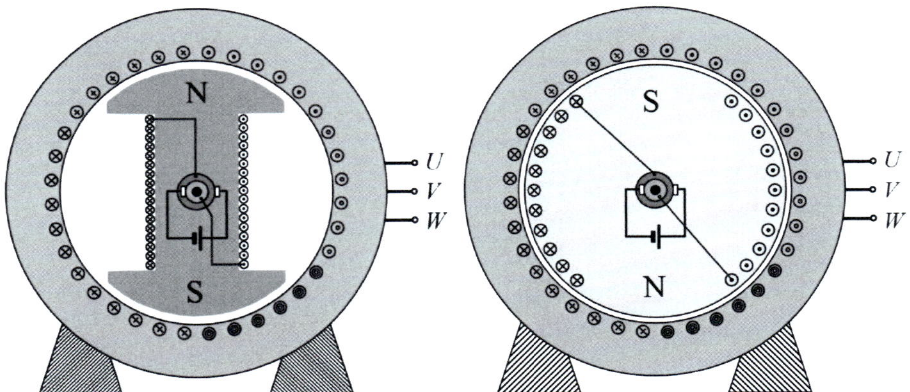

Abb. 46: Drehstrom-Synchrongenerator im Querschnitt, Schema des Aufbaus einer Schenkelpolmaschine (links) und einer Vollpolmaschine (rechts)

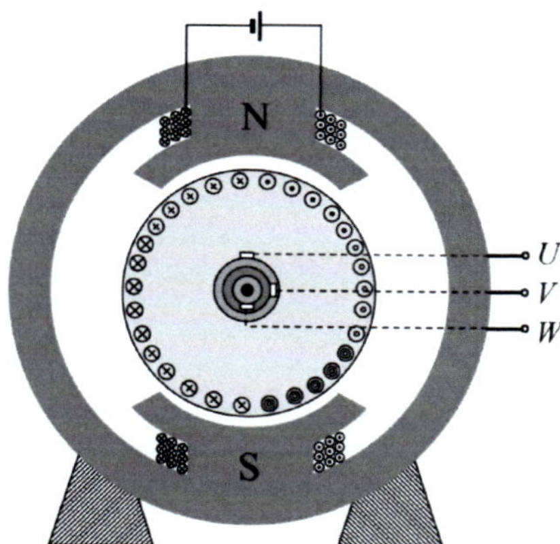

Abb. 47: Drehstrom-Synchrongenerator im Querschnitt, Schema des Aufbaus einer Außenpolmaschine

Anmerkung: Eine Anordnung von drei feststehenden Spulen wie in einem Drehstrom-Synchron*generator* befindet sich auch in einem Drehstrom-Synchron*motor*. Eine Synchronmaschine kann entweder als Generator oder als Motor betrieben werden. Der Ständer eines Synchronmotors besteht aus einem Eisenkern mit der Drehfeldwicklung. Werden die Spulen des Stators mit Spannungen nach Gl. (2.26) beaufschlagt, dann erzeugen die drei phasenverschobenen Ströme drei ebenfalls phasenverschobene Magnetfelder. Das resultierende Magnetfeld dreht sich folglich mit der Winkelgeschwindigkeit ω, es wird als *Drehfeld* bezeichnet. Auf dem Läufer sitzt eine Erregerwicklung, die über Schleifringe mit Gleichstrom gespeist wird. Die Gegenpole des Ständerdrehfeldes ziehen die Pole des Läufers an. Bei einem Synchronmotor hat der Läufer dieselbe Drehzahl wie das Drehfeld, er läuft synchron mit dem Drehfeld. Das beschriebene Drehfeld ist von grundlegender Bedeutung für die Funktion von Drehstrommotoren. Es gab dem Dreiphasensystem die bekannte Bezeichnung Drehstrom. Vertauscht man bei einer Drehstrommaschine zwei Außenleiter, so kehrt sich die Drehrichtung des Drehfeldes und damit auch die Laufrichtung des Motors um.

Anmerkung: Die Klemmenplatte eines Drehstromgenerators bzw. -motors wurde bereits in Abb. 42 gezeigt.

2.3.2 Spannungen und Ströme im Dreiphasennetz

Die in Mehrphasengeneratoren induzierten sinusförmigen Spannungen gleicher Frequenz ($50\ \mathrm{Hz}$) und gleicher Amplitude können im Zeitbereich durch ein Liniendiagramm und im Bildbereich durch ein Zeigerdiagramm dargestellt werden. Abb. 48 links zeigt die drei Strangspannungen nach Gl. (2.26) eines

Drehstromgenerators in einem Liniendiagramm. In dem Diagramm sieht man auch, dass bei punktweiser Addition der drei Kurven die Summe der Augenblickswerte der drei Strangspannungen bzw. -ströme zu jedem Zeitpunkt null ist, wie bereits in Gl. (2.10) festgestellt wurde.

In Exponentialdarstellung sind die drei Strangspannungen als Effektivwertzeiger:

$$\begin{aligned} \underline{U}_1 &= U \\ \underline{U}_2 &= U \cdot e^{-j \cdot 120°} \\ \underline{U}_3 &= U \cdot e^{-j \cdot 240°} \end{aligned} \tag{2.27}$$

Daraus ergibt sich die Zeigerdarstellung der drei Spannungen in Abb. 48 rechts. Auch aus dem Zeigerbild ist durch geometrische Addition der Zeiger ablesbar:

$$\underline{U}_1 + \underline{U}_2 + \underline{U}_3 = 0 \tag{2.28}$$

Werden an jeden der drei Generatorstränge ohmsche Widerstände mit gleichem Widerstandswert geschaltet, so sind die drei Ströme gleich groß und mit der jeweiligen Klemmenspannung in Phase. Für die fließenden Ströme gilt ebenfalls:

$$\underline{I}_1 + \underline{I}_2 + \underline{I}_3 = 0 \tag{2.29}$$

Ein solches Dreiphasen- oder Drehstromsystem heißt *symmetrisch*. Von technischer Bedeutung ist hauptsächlich das symmetrische Drehstromsystem.

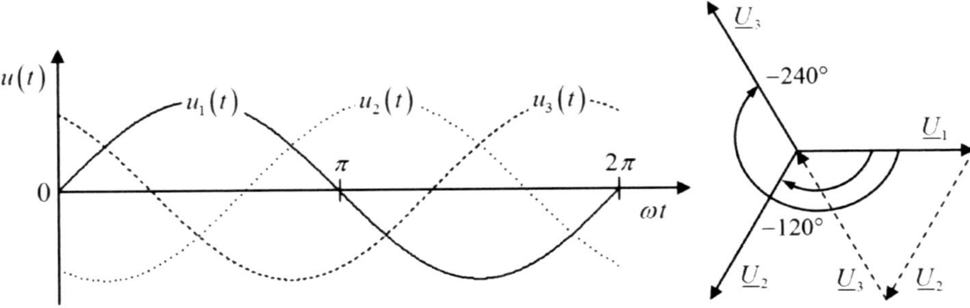

Abb. 48: Liniendiagramm und Zeigerbild der Spannungen im Drehstromnetz

Ist die Reihenfolge der komplexen Spannungs- oder Stromzeiger in der komplexen Ebene rechtssinnig (im Uhrzeigersinn), so liegt ein **Rechtssystem** oder **Mitsystem** vor. Es ist ein symmetrisches Drehstromsystem mit normaler (positiver) Phasenfolge $L1-L2-L3-L1$ bzw. $U-V-W$ (früher $R-S-T$). Ist die Reihenfolge linkssinnig (entgegen dem Uhrzeigersinn), so liegt ein **Linkssystem** oder **Gegensystem** mit negativer Phasenfolge $L1-L3-L2-L1$ vor.

Beispiel 8

Die folgend angegebenen Spannungen bilden ein symmetrisches Rechts- oder Mitsystem.

$$u_1(t)=\hat{U}\cdot\sin(\omega t);\ \underline{u}_1(t)=\hat{U}\cdot e^{j\omega t};\ \underline{U}_1=U=\frac{\hat{U}}{\sqrt{2}}$$

$$u_2(t)=\hat{U}\cdot\sin\left(\omega t-\frac{2}{3}\pi\right);\ \underline{u}_2(t)=\hat{U}\cdot e^{j\omega t}\cdot e^{-j\frac{2}{3}\pi};\ \underline{U}_2=U\cdot e^{-j\frac{2}{3}\pi}$$

$$u_3(t)=\hat{U}\cdot\sin\left(\omega t-\frac{4}{3}\pi\right);\ \underline{u}_3(t)=\hat{U}\cdot e^{j\omega t}\cdot e^{-j\frac{4}{3}\pi};\ \underline{U}_3=U\cdot e^{-j\frac{4}{3}\pi}$$

Beispiel 9

Die angegebenen Ströme bilden ein Links- oder Gegensystem.

$$i_1(t)=\hat{I}\cdot\sin(\omega t);\ \underline{I}_1=I$$

$$i_2(t)=\hat{I}\cdot\sin(\omega t+120°);\ \underline{I}_2=I\cdot e^{j\cdot 120°}$$

$$i_3(t)=\hat{I}\cdot\sin(\omega t+240°);\ \underline{I}_3=I\cdot e^{j\cdot 240°}$$

Tritt in allen drei Leitern jeweils nach Betrag und Phase die gleiche Spannung oder der gleiche Strom auf, so werden diese als symmetrische Nullspannung oder als symmetrischer Nullstrom bezeichnet. Sie bilden das **Nullsystem**. Symmetrische Nullspannungen bzw. Nullströme sind:

$$u_1(t)=u_2(t)=u_3(t)=\hat{U}\cdot\sin(\omega t+\varphi_u) \text{ bzw. } \underline{U}_1=\underline{U}_2=\underline{U}_3=U\cdot e^{j\varphi_u}$$

$$i_1(t)=i_2(t)=i_3(t)=\hat{I}\cdot\sin(\omega t+\varphi_i) \text{ bzw. } \underline{I}_1=\underline{I}_2=\underline{I}_3=I\cdot e^{j\varphi_i}$$

2.3.3 Methode der symmetrischen Komponenten[9]

Im normalen Betrieb eines (symmetrischen) Drehstromsystems ist nur das Mitsystem aktiv und alle Spannungen und Ströme des Gegen- und Nullsystems sind null. Ein symmetrisches dreisträngiges Netzwerk kann aber auch unsymmetrisch betrieben werden, z. B. durch Speisung mit unsymmetrischen Spannungen oder durch einphasige Belastung zwischen zwei Strängen. In einem unsymmetrischen Dreiphasensystem haben die Strangspannungen unterschiedliche Beträge und verschiedene, von $120°$ abweichende, gegenseitige Phasenverschiebungen. Die geometrische Summe der Strangspannungen ist dann nicht null. Somit sind in der Regel auch die Außenleiterspannungen bezüglich Betrag und Phasenlage voneinander verschieden, ihre geometrische Summe ist allerdings stets null.

Wird eine Drehstromwicklung durch unsymmetrische Strangströme gespeist, so läßt sich das entsprechende umlaufende Magnetfeld in ein mit- und ein gegensinniges Kreisfeld zerlegen. Führt man die unsymmetrischen und unbekannten Betriebszustände auf symmetrische zurück, so erzielt man eine Vereinfachung der Berechnung. Hierzu eignet sich die *Methode der symmetrischen Komponenten*: Ein unsymmetrisches Dreiphasensystem wird in drei symmetrische Teilsysteme zerlegt, ein Nullsystem, ein Mitsystem und ein Gegensystem. Das Netzwerk wird berechnet und die Ergebnisse werden überlagert. Voraussetzungen sind: Die drei Ströme bzw. Spannungen besitzen die gleiche Frequenz und sind zeitlich sinusförmig, Phasenlage und Betrag können dagegen beliebig sein. Wegen der Überlagerung der Ergebnisse muss Linearität gelten.

Die Zerlegung eines Drehstromsystems in symmetrische Komponenten (Null-, Mit- und Gegensystem) erfolgt mit Hilfe der komplexen Rechnung. Man definiert den **Drehoperator** $\underline{a}$, der einen Faktor mit dem Betrag eins darstellt und eine Drehung eines komplexen Zeigers um $120°$ im Gegenuhrzeigersinn bewirkt:

$$\boxed{\underline{a} = e^{j120°}} \tag{2.30}$$

Es gilt:

$$\underline{a}^2 = \underline{a}^* = e^{j240°} = e^{-j120°}\;;\; \underline{a}^3 = 1\;;\; \underline{a}^4 = \underline{a}\;;\; 1 + \underline{a} + \underline{a}^2 = 1 + \underline{a}^2 + \underline{a}^4 = 0 \tag{2.31}$$

[9] Charles LeGeyt Fortescue (1876 – 1936), kanadischer Elektrotechniker, veröffentlichte im Jahre 1918 diese Methode.

$\underline{I}_1$, $\underline{I}_2$ und $\underline{I}_3$ sind die Außenleiterströme eines unsymmetrischen Dreiphasensystems **in Sternschaltung mit Mittelleiter** (siehe Abschnitt 2.4.1.3). Durch die vorliegende Verkettung sind die Strangströme gleich den Außenleiterströmen. Jeder der Ströme wird in drei symmetrische Komponenten zerlegt:

$$\boxed{\begin{aligned}\underline{I}_1 &= \underline{I}_{10} + \underline{I}_{1m} + \underline{I}_{1g} \\ \underline{I}_2 &= \underline{I}_{20} + \underline{I}_{2m} + \underline{I}_{2g} \\ \underline{I}_3 &= \underline{I}_{30} + \underline{I}_{3m} + \underline{I}_{3g}\end{aligned}} \qquad (2.32)$$

Die Komponenten mit dem Index 0 sind die **Nullkomponenten**, sie bilden das Nullsystem, das aus drei Zeigern gleichen Betrages und gleicher Phasenlage besteht. Daher ist:

$$\boxed{\underline{I}_{10} = \underline{I}_{20} = \underline{I}_{30}} \qquad (2.33)$$

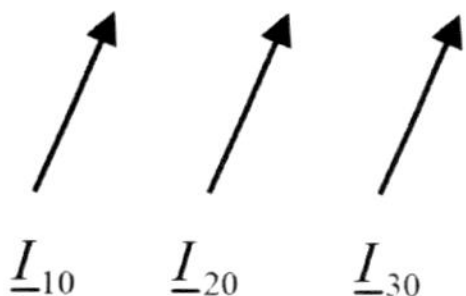

Abb. 49: Gleichphasiges Nullsystem

Das Nullsystem und ist ein dreifaches Einphasensystem mit betrags- und phasengleichen Spannungen und Strömen in allen drei Leitern. Nullströme können sich daher nur über Sternpunktverbindungen schliessen und sind immer null, wenn keine solche Rückleitung existiert.

Die Komponenten mit dem Index m sind die **Mitkomponenten**, sie bilden das Mitsystem, das ein symmetrisches Dreiphasensystem der Phasenfolge $L1 - L2 - L3 - L1$ darstellt.

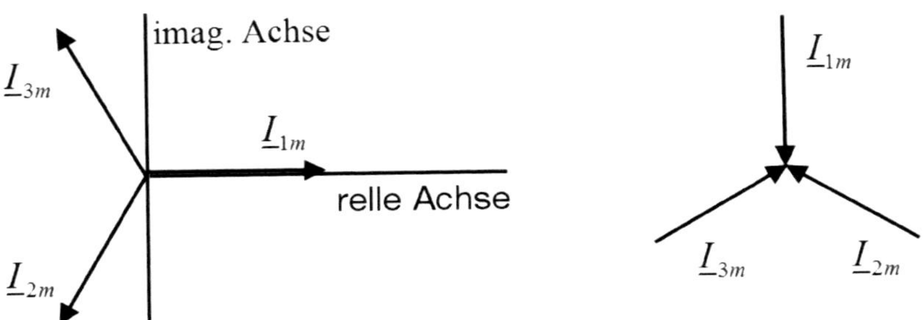

Abb. 50: Zwei unterschiedliche Zeigerdarstellungen der Mitkomponenten mit positiver Phasenfolge (rechtsdrehend)

Die Mitkomponenten können in folgender Form geschrieben werden:

$$\boxed{\begin{array}{l} \underline{I}_{1m} \\ \underline{I}_{2m} = \underline{a}^2 \cdot \underline{I}_{1m} \\ \underline{I}_{3m} = \underline{a} \cdot \underline{I}_{1m} \end{array}} \tag{2.34}$$

Die Komponenten mit dem Index g sind die **Gegenkomponenten**, sie bilden das Gegensystem, ein symmetrisches Dreiphasensystem mit der Phasenfolge $L1 - L3 - L2 - L1$.

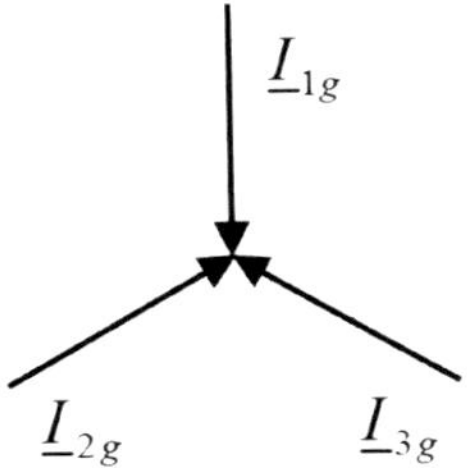

Abb. 51: Zeigerdarstellung der Gegenkomponenten mit negativer Phasenfolge (linksdrehend)

Die Gegenkomponenten können in folgender Form geschrieben werden:

$$\boxed{\begin{array}{l} \underline{I}_{1g} \\ \underline{I}_{2g} = \underline{a} \cdot \underline{I}_{1g} \\ \underline{I}_{3g} = \underline{a}^2 \cdot \underline{I}_{1g} \end{array}} \tag{2.35}$$

Durch Einsetzen der Beziehungen in den Gleichungen (2.34) und (2.35) in Gl. (2.32) erhält man für die **Hauptzeiger**:

$$\begin{aligned} \underline{I}_1 &= \underline{I}_{10} + \underline{I}_{1m} + \underline{I}_{1g} \\ \underline{I}_2 &= \underline{I}_{10} + \underline{a}^2 \cdot \underline{I}_{1m} + \underline{a} \cdot \underline{I}_{1g} \\ \underline{I}_3 &= \underline{I}_{10} + \underline{a} \cdot \underline{I}_{1m} + \underline{a}^2 \cdot \underline{I}_{1g} \end{aligned} \tag{2.36}$$

In diese Anteile kann jedes beliebige unsymmetrische Drehstromsystem zerlegt und dadurch eindeutig bestimmt werden. Sind die Komponenten bekannt, so können mit Hilfe der Gl. (2.36) die zugehörigen Hauptzeiger analytisch oder grafisch ermittelt werden. Eine Nullkomponente wird dabei nur dann auftreten, wenn ein Mittelpunktsleiter vorhanden ist, über den der Summenstrom zurückfließen kann.

$$\underline{I}_{10} + \underline{I}_{20} + \underline{I}_{30} = 3 \cdot \underline{I}_{10} = \underline{I}_1 + \underline{I}_2 + \underline{I}_3 = \underline{I}_N \tag{2.37}$$

Gl. (2.36) in Matrizenschreibweise:

$$\begin{pmatrix} \underline{I}_1 \\ \underline{I}_2 \\ \underline{I}_3 \end{pmatrix} = \begin{pmatrix} 1 & 1 & 1 \\ 1 & \underline{a}^2 & \underline{a} \\ 1 & \underline{a} & \underline{a}^2 \end{pmatrix} \begin{pmatrix} \underline{I}_{10} \\ \underline{I}_{1m} \\ \underline{I}_{1g} \end{pmatrix} \tag{2.38}$$

Sind bei bekannten Hauptzeigern die Komponenten zu ermitteln, so muss Gl. (2.38) nach den Komponenten $\underline{I}_{10}$, $\underline{I}_{1m}$ und $\underline{I}_{1g}$ aufgelöst werden. Dies kann durch Addition der drei Gleichungen in (2.36) und Ausnutzung der Beziehungen in Gl. (2.31) oder durch Auflösung der Matrizengleichung (2.38) erfolgen. Hier wird nur das Ergebnis angegeben:

$$\begin{pmatrix} \underline{I}_{10} \\ \underline{I}_{1m} \\ \underline{I}_{1g} \end{pmatrix} = \frac{1}{3} \begin{pmatrix} 1 & 1 & 1 \\ 1 & \underline{a} & \underline{a}^2 \\ 1 & \underline{a}^2 & \underline{a} \end{pmatrix} \begin{pmatrix} \underline{I}_1 \\ \underline{I}_2 \\ \underline{I}_3 \end{pmatrix} \tag{2.39}$$

Somit gilt für die **Komponenten**:

$$\begin{aligned} I_{10} &= \frac{1}{3} \cdot (\underline{I}_1 + \underline{I}_2 + \underline{I}_3) \\ \underline{I}_{1m} &= \frac{1}{3} \cdot \left(\underline{I}_1 + \underline{a} \cdot \underline{I}_2 + \underline{a}^2 \cdot \underline{I}_3\right) \\ \underline{I}_{1g} &= \frac{1}{3} \cdot \left(\underline{I}_1 + \underline{a}^2 \cdot \underline{I}_2 + \underline{a} \cdot \underline{I}_3\right) \end{aligned} \tag{2.40}$$

Mit Hilfe dieser Gleichungen lassen sich die Komponenten berechnen. Die Berechnung der Leiterströme (Hauptzeiger) erfolgt für jede der drei Komponenten getrennt. Das unsymmetrische System $\underline{I}_1$, $\underline{I}_2$, $\underline{I}_3$ wird nach der Zerlegungsvorschrift Gl. (2.40) in drei symmetrische Systeme mit $\underline{I}_{10}$, $\underline{I}_{1m}$, $\underline{I}_{1g}$, $\underline{I}_{20}$, $\underline{I}_{2m}$, $\underline{I}_{2g}$ und $\underline{I}_{30}$, $\underline{I}_{3m}$, $\underline{I}_{3g}$ zerlegt. Die drei Systeme werden berechnet und dann durch Überlagerung der drei Einzelergebnisse (Summation der Komponenten) die tatsächlichen Ströme ermittelt.

Die für die Ströme angegebenen Beziehungen gelten analog für die Spannungen. Das Formelzeichen I ist dann lediglich durch U zu ersetzen, die Indizierung bleibt gleich.

Physikalische Bedeutung der symmetrischen Komponenten:

1. Das Mitsystem hat in Drehfeldmaschinen ein in Drehrichtung umlaufendes Magnetfeld zur Folge und erzeugt somit ein nutzbares Drehmoment.
2. Das Gegensystem erzeugt im Generator Schieflast und in einem Induktionsmotor Bremsmomente.
3. Das Nullsystem beeinflusst benachbarte Leitungen wegen der Gleichphasigkeit von Strömen (induktiv) bzw. Spannungen (kapazitiv) besonders stark. Es trägt nicht zu einem Drehfeld oder einem Drehmoment bei.

2.4 Drehstromsystem

2.4.1 Ströme und Spannungen, Leiternamen, Verkettung

Wie bereits erwähnt hat das symmetrische Dreiphasensystem, auch Drehstromsystem genannt, die größte technische Bedeutung. Mit ihm lassen sich auf einfache Art Drehfelder erzeugen, wie sie z. B. bei Wechselstrommotoren benötigt werden. Da historisch bei der Einführung des Dreiphasensystems ein Rechtslauf von Motoren bevorzugt wurde, entschied man sich für das symmetrische Mitsystem (Rechtssystem).

Die drei Wicklungen des Drehstromgenerators werden als Stränge U, V, W bezeichnet. Ebenso setzt sich ein Drehstromverbraucher aus drei Verbrauchersträngen zusammen. Wichtig sind die beiden üblichen Verkettungsschaltungen, die *Sternschaltung* und die *Dreieckschaltung*.

Sowohl die Spannungsquellen als auch die Verbraucher können in Sternschaltung oder in Dreieckschaltung geschaltet (verkettet) sein. Die in einem

Drehstromsystem auftretenden Leiter, Ströme, Spannungen und die Arten der Verkettung werden im Folgenden besprochen.

2.4.1.1 Generator in Sternschaltung

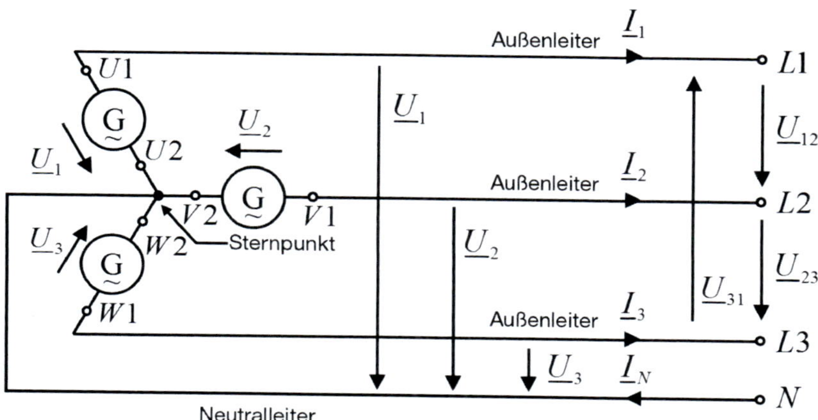

Abb. 52: Sternschaltung eines Drehstromgenerators mit den Leiterbezeichnungen und den verschiedenen auftretenden Spannungen und Strömen

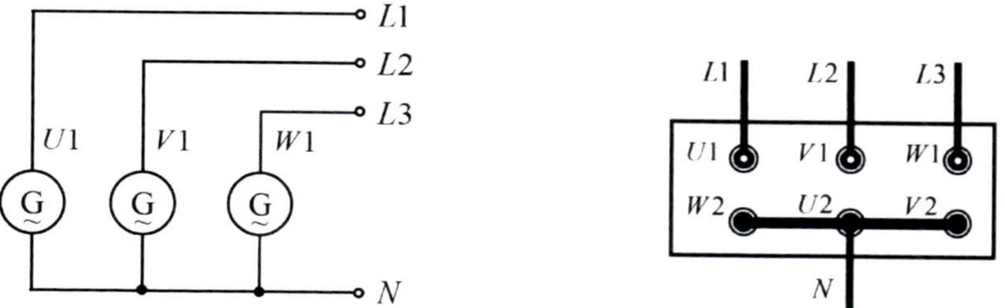

Abb. 53: Sternschaltung eines Drehstromgenerators, Struktur anders gezeichnet (links), zu einer Sternschaltung gehöriges Klemmenbrett (rechts)

Die drei äußeren Verbindungsleitungen zwischen Generator und Verbraucher heißen *Außenleiter* oder kurz *Leiter* $L1$, $L2$, $L3$ (früher R, S, T). Es sind die gegenüber Erde und Neutralleiter N spannungsführenden Leiter. Die Außenleiter sind an die *Außenpunkte* $U1$, $V1$, $W1$ angeschlossen. Der Schaltungspunkt, in dem die drei Stränge des Generators bzw. des Verbrauchers zusammengeführt werden, heißt jeweils *Sternpunkt*. Der die beiden Sternpunkte verbindende Leiter heißt *Neutralleiter* N. Der Neutralleiter wird nur dann gebraucht, wenn sowohl die drei Spannungsquellen des Generators als auch die drei Verbraucherimpedanzen in Stern geschaltet sind und ihre Sternpunkte verbunden werden sollen. Auf diese Weise entsteht das *Vierleiter-Drehstromnetz*, das zur *Energieverteilung* (in der Niederspannungsebene) dient. Bei einem Dreileitersystem sind nur die drei Außenleiter vorhanden.

Die Spannungen $\underline{U}_1$, $\underline{U}_2$ und $\underline{U}_3$ heißen *Strangspannungen*. Bei Verwechslungsgefahr können sie auch mit $\underline{U}_{1N}$, $\underline{U}_{2N}$ und $\underline{U}_{3N}$ bezeichnet werden. Bei der Sternschaltung liegt eine Strangspannung zwischen einem Außenpunkt und dem Sternpunkt. Sind die Strangspannungen symmetrisch, so wird der Effektivwert einer Strangspannung auch *Sternspannung* genannt. Die Spannungen $\underline{U}_{12}$, $\underline{U}_{23}$ und $\underline{U}_{31}$ werden als *Außenleiterspannungen* oder kurz als *Leiterspannungen* (früher Leiter-Leiter-Spannungen oder verkettete Spannungen) bezeichnet. Die Ströme $\underline{I}_1$, $\underline{I}_2$, $\underline{I}_3$ und $\underline{I}_N$ werden *Außenleiterströme* genannt. In einer Sternschaltung von Generator oder Verbraucher ist der Außenleiterstrom gleich dem Strangstrom, der zum Sternpunkt führt. Der Strom $\underline{I}_N$ stellt den Strom des Neutralleiters dar.

Allgemein werden Ströme durch die Impedanzen als *Strangströme*, Spannungen an den Impedanzen als *Strangspannungen* bezeichnet.

Die drei Strangspannungen wurden unter Berücksichtigung ihrer zeitlichen Aufeinanderfolge der Phasen als komplexe Größen bereits unter Gl. (2.27) angegeben. Hier zur Wiederholung:

$$\boxed{\begin{aligned} &\underline{U}_1 = U \cdot e^{j \cdot 0^\circ} = U \\ &\underline{U}_2 = U \cdot e^{-j \cdot 120^\circ} = U \cdot \left(-\frac{1}{2} - j \cdot \frac{\sqrt{3}}{2} \right) \\ &\underline{U}_3 = U \cdot e^{-j \cdot 240^\circ} = U \cdot e^{+j \cdot 120^\circ} = U \cdot \left(-\frac{1}{2} + j \cdot \frac{\sqrt{3}}{2} \right) \end{aligned}} \tag{2.41}$$

Eine Sternspannung kann nur in einem Vierleitersystem gemessen werden.

Sowohl im Vier- als auch im Dreileitersystem können drei Spannungen zwischen je zwei Außenleitern abgegriffen werden. Für die Außenleiterspannungen gilt:

$$\boxed{\underline{U}_{12} = \underline{U}_1 - \underline{U}_2} \tag{2.42}$$

$$\boxed{\underline{U}_{23} = \underline{U}_2 - \underline{U}_3} \tag{2.43}$$

$$\boxed{\underline{U}_{31} = \underline{U}_3 - \underline{U}_1} \tag{2.44}$$

Die Leiterspannungen in Exponentialform:

$$\underline{U}_{12} = \underline{U}_1 - \underline{U}_2 = U\left(1 + \frac{1}{2} + j \cdot \frac{\sqrt{3}}{2}\right) = \sqrt{3} \cdot U\left(\frac{\sqrt{3}}{2} + j \cdot \frac{1}{2}\right) = \sqrt{3} \cdot U \cdot e^{j \cdot 30^\circ} \quad (2.45)$$

$$\underline{U}_{23} = \underline{U}_2 - \underline{U}_3 = U\left(-j \cdot \frac{\sqrt{3}}{2} - j \cdot \frac{\sqrt{3}}{2}\right) = \sqrt{3} \cdot U(-j) = \sqrt{3} \cdot U \cdot e^{-j \cdot 90^\circ} \quad (2.46)$$

$$\underline{U}_{31} = \underline{U}_3 - \underline{U}_1 = U\left(-\frac{3}{2} + j \cdot \frac{\sqrt{3}}{2}\right) = \sqrt{3} \cdot U\left(-\frac{\sqrt{3}}{2} + j \cdot \frac{1}{2}\right) = \sqrt{3} \cdot U \cdot e^{j \cdot 150^\circ} \quad (2.47)$$

Die Leiterspannungen zusammengefasst:

$$\boxed{\begin{aligned} \underline{U}_{12} &= \sqrt{3} \cdot U \cdot e^{j \cdot 30^\circ} \\ \underline{U}_{23} &= \sqrt{3} \cdot U \cdot e^{-j \cdot 90^\circ} \\ \underline{U}_{31} &= \sqrt{3} \cdot U \cdot e^{j \cdot 150^\circ} \end{aligned}} \quad (2.48)$$

Wir können jetzt das Zeigerbild der Strangspannungen (Abb. 48 rechts) mit den Zeigern der Leiterspannungen ergänzen.

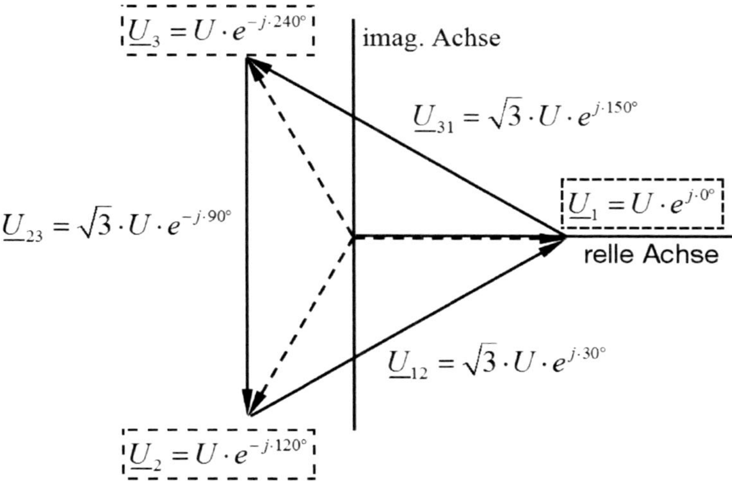

Abb. 54: Zeigerbild des Drehstromsystems mit symmetrischen Strang- und Leiterspannungen

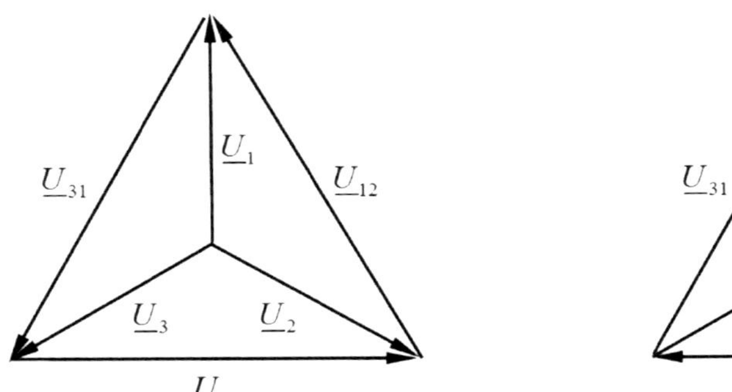

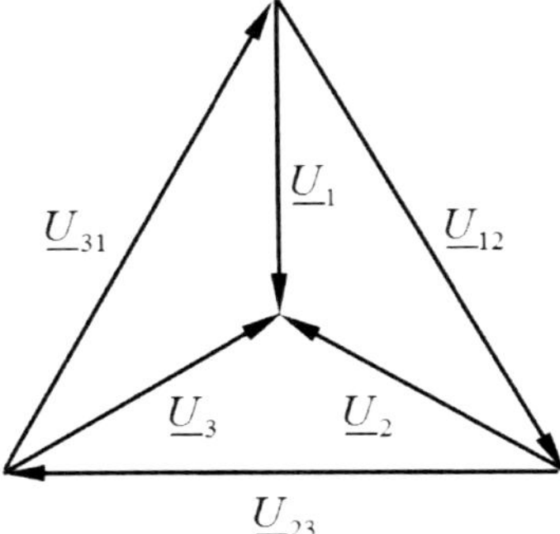

Abb. 55: Andere gebräuchliche Darstellungsformen der Strang- und Leiterspannungen

Aus den Zeigerbildern ist ersichtlich:

$$\underline{U}_1 + \underline{U}_2 + \underline{U}_3 = 0 \text{ bzw. } u_1(t) + u_2(t) + u_3(t) = 0 \tag{2.49}$$

$$\underline{U}_{12} + \underline{U}_{23} + \underline{U}_{31} = 0 \text{ bzw. } u_{12}(t) + u_{23}(t) + u_{31}(t) = 0 \tag{2.50}$$

Der Betrag der Strangspannung (Sternspannung, Mittelpunktspannung) wird häufig mit U_Y oder U_{Str} bezeichnet. Der Index „Y“ symbolisiert die Sternschaltung. Für Strangströme gelten die gleichen Indizes. Wegen der Symmetrie ist der Effektivwert der drei Strangspannungen gleich groß: $U_Y = U$.

Der Betrag der Leiterspannung wird auch *Dreieckspannung* genannt und mit U_Δ oder U_L abgekürzt. Leiterströme werden mit I_Δ oder I_L bezeichnet. Somit ist:

$$U_{12} = U_{23} = U_{31} = U_\Delta \tag{2.51}$$

Das Verhältnis zwischen U_Δ und U_Y ist somit:

$$\boxed{U_\Delta = \sqrt{3} \cdot U_Y} \text{ oder } \boxed{U_L = \sqrt{3} \cdot U_{Str}} \tag{2.52}$$

Außenleiterspannung = $\sqrt{3}\cdot$ Strangspannung

Bei der Sternschaltung des Drehstromgenerators sind die Außenleiterspannungen um den Faktor $\sqrt{3} = 1{,}732$ größer als die Strangspannungen.

Dieses Verhältnis zwischen Außenleiter- und Strangspannung kann auch mittels des Zeigerbildes hergeleitet werden. Wir entnehmen dem Zeigerbild in Abb. 55 rechts ein Teildreieck und bilden dazu ein Hilfsdreieck mit anderen Bezeichnungen der Seiten und Winkel.

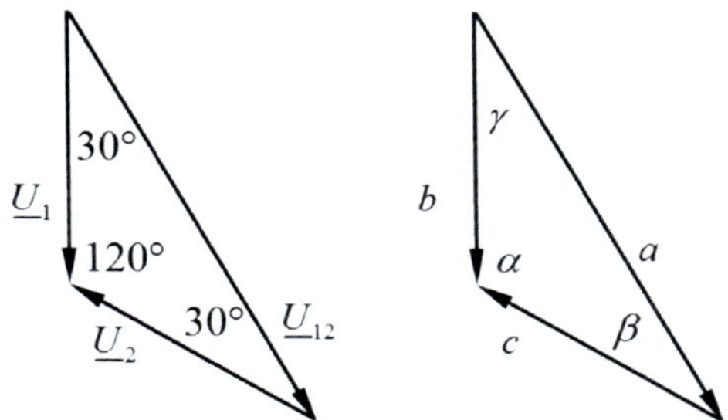

Abb. 56: Ausschnitt des Zeigerbildes der Strang- und Leiterspannungen (links) und Hilfsdreieck (rechts)

Die Werte der spitzen Winkel mit 30° folgen daraus, dass das Dreieck gleichschenklig und die Summe der Innenwinkel 180° ist. Der Kosinussatz der ebenen Trigonometrie lautet (Benutzung des Hilfsdreiecks):

$$c^2 = a^2 + b^2 - 2 \cdot a \cdot b \cdot \cos(\gamma) \tag{2.53}$$

Mit $b = c$ folgt:

$$a = 2 \cdot b \cdot \cos(\gamma) \tag{2.54}$$

Für den Betrag der Außenleiterspannung U_{12} folgt somit aus den Beträgen der Strangspannungen $U_1 = U_2 = U_Y$:

$$U_{12} = 2 \cdot U_Y \cdot \cos(30°) = 2 \cdot U_Y \cdot \frac{\sqrt{3}}{2} \tag{2.55}$$

$$\boxed{U_{12} = \sqrt{3} \cdot U_Y} \tag{2.56}$$

Wegen der Symmetrie erhält man für U_{23} und U_{31} das gleiche Ergebnis.

2.4.1.2 Generator in Dreieckschaltung

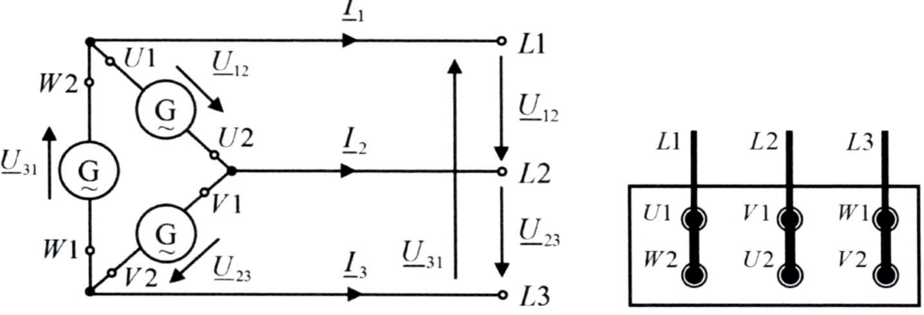

Abb. 57: Dreieckschaltung eines Drehstromgenerators (links) und zugehöriges Klemmenbrett (rechts)

Die Dreieckschaltung eines Drehstromgenerators mit den auftretenden Spannungen und Strömen zeigt Abb. 57. Die Stränge des Generators sind hintereinander zu einem geschlossenen Stromkreis in Dreieck geschaltet. Einen Mittelleiter gibt es nicht. Generator und Verbraucher sind nur über die drei Außenleiter $L1$, $L2$, $L3$ verbunden.

Bei der Dreieckschaltung des Drehstromgenerators sind die Außenleiterspannungen gleich den Strangspannungen.

Sie sind dem Betrage nach gleich groß und gegeneinander um 120° phasenverschoben. Mit diesem *Dreileiter-Drehstromnetz* erfolgt die *Fernübertragung der elektrischen Energie* bei sehr hohen Spannungen (220 kV und 380 kV).

2.4.1.3 Verbraucher in Sternschaltung mit Mittelleiter

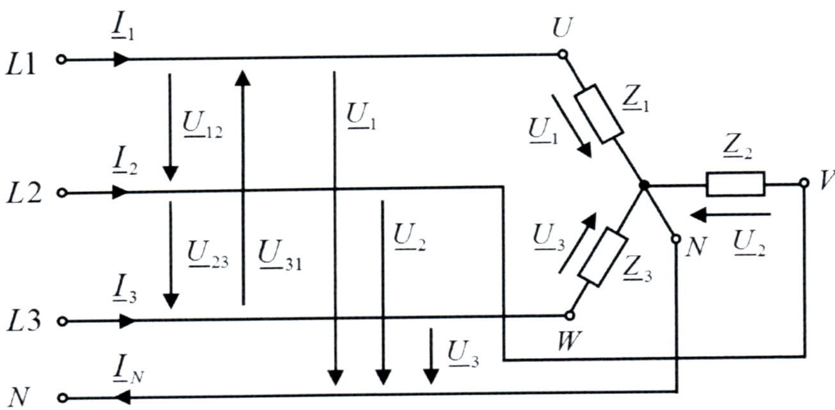

Abb. 58: Verbraucher in Sternschaltung mit Spannungen und Strömen (Vierleitersystem)

Die Sternschaltung eines Drehstromverbrauchers mit Mittelleiter zeigt Abb. 58. An den Widerständen eines Drehstromverbrauchers in Sternschaltung mit Mittelleiter liegen oft die Strangspannungen des Generators in Sternschaltung.

$$\underline{U}_1 = U \cdot e^{j \cdot 0°} = U$$
$$\underline{U}_2 = U \cdot e^{-j \cdot 120°}$$
$$\underline{U}_3 = U \cdot e^{-j \cdot 240°} = U \cdot e^{+j \cdot 120°} \tag{2.57}$$

Die drei Stränge des Verbrauchers sind in Stern geschaltet, ein Ende der Stränge ist jeweils mit dem Sternpunkt N verbunden. Die Leiterströme $\underline{I}_1$, $\underline{I}_2$ und $\underline{I}_3$ fließen zum Verbraucher hin, der Strom $\underline{I}_N$ im Neutralleiter fließt vom Verbraucher weg.

Die Außenleiterströme sind:

$$\boxed{\underline{I}_1 = \frac{\underline{U}_1}{\underline{Z}_1};\ \underline{I}_2 = \frac{\underline{U}_2}{\underline{Z}_2};\ \underline{I}_3 = \frac{\underline{U}_3}{\underline{Z}_3}} \qquad (2.58)$$

Die Knotenregel für den Sternpunkt des Verbrauchers ergibt, dass die Summe der Leiterströme gleich dem Strom im Neutralleiter ist.

$$\boxed{\underline{I}_1 + \underline{I}_2 + \underline{I}_3 = \underline{I}_N} \qquad (2.59)$$

Beim symmetrischen Dreiphasensystem ist $\underline{Z}_1 = \underline{Z}_2 = \underline{Z}_3 = \underline{Z}$ und $\underline{I}_N = 0$ (siehe Gl. (2.29)).

$$\boxed{\underline{I}_1 + \underline{I}_2 + \underline{I}_3 = \underline{I}_N = 0} \qquad (2.60)$$

Der Mittelleiter kann bei symmetrischer Belastung entfallen.

Bei ungleichmäßiger Belastung eines Drehstromsystems fließen Ausgleichsströme durch den Neutralleiter. In einem Drehstromsystem liegt dann unsymmetrische Belastung vor, wenn die einzelnen Strangwiderstände verschieden sind. Auch bei unsymmetrischer Last kann der Neutralleiterstrom $\underline{I}_N = 0$ sein. Aus $\underline{I}_N = 0$ darf man nicht folgern, dass die Belastung symmetrisch ist.

Die Leiterströme durchfließen auch die Verbraucherstränge. Bei der Sternverkettung gilt demzufolge: **Leiterströme = Strangströme**

Wie beim Generator in Sternschaltung liegen die Strangspannungen jeweils zwischen einem Außenpunkt und dem Sternpunkt, die Leiterspannungen liegen zwischen den Leitern. Für den Zusammenhang zwischen Leiter- und den Strangspannungen gilt also auch hier:

Außenleiterspannung = $\sqrt{3}$ · Strangspannung

Bei der Sternschaltung des Drehstromverbrauchers sind die Außenleiterspannungen um den Faktor $\sqrt{3} = 1{,}732$ größer als die Strangspannungen.

Beispiel 10

An einem $400\ \mathrm{V} / 230\ \mathrm{V}$-Drehstromnetz (Vierleitersystem, Sternschaltung mit Mittelleiter) wird der Außenleiter $L1$ mit $R_1 = 27\ \Omega$, der Außenleiter $L2$ mit $R_2 = 11\ \Omega$ und der Außenleiter $L3$ mit $R_3 = 18\ \Omega$ belastet. Zu bestimmen sind die symmetrischen Komponenten der Außenleiterströme $\underline{I}_1$, $\underline{I}_2$ und $\underline{I}_3$.

Lösung:

Die Strangspannungen sind mit $U = 230\ \mathrm{V}$ nach Gl. (2.57):

$$\underline{U}_1 = U \cdot e^{j\,0^\circ} = U$$

$$\underline{U}_2 = U \cdot e^{-j\,120^\circ}$$

$$\underline{U}_3 = U \cdot e^{-j\,240^\circ} = U \cdot e^{+j\,120^\circ}$$

Die Außenleiterströme sind nach Gl. (2.58):

$$\underline{I}_1 = \frac{\underline{U}_1}{\underline{Z}_1};\ \underline{I}_2 = \frac{\underline{U}_2}{\underline{Z}_2};\ \underline{I}_3 = \frac{\underline{U}_3}{\underline{Z}_3};\ \underline{I}_1 = \frac{\underline{U}_1}{R_1} = \frac{230\ \mathrm{V}}{27\ \Omega} = 8{,}52\ \mathrm{A}$$

$$\underline{I}_2 = \frac{\underline{U}_2}{R_2} = \frac{230\ \mathrm{V} \cdot e^{-j\,120^\circ}}{11\ \Omega} = 20{,}91\ \mathrm{A} \cdot e^{-j\,120^\circ};$$

$$\underline{I}_3 = \frac{\underline{U}_3}{R_3} = \frac{230\ \mathrm{V} \cdot e^{-j\,240^\circ}}{18\ \Omega} = 12{,}78\ \mathrm{A} \cdot e^{-j\,240^\circ}$$

Die symmetrischen Komponenten der Außenleiterströme werden nach Gl. (2.40) berechnet.

$$\underline{I}_{10} = \frac{1}{3} \cdot \left(\underline{I}_1 + \underline{I}_2 + \underline{I}_3\right);\ \underline{I}_{10} = \frac{1}{3} \cdot \left(8{,}52\ \mathrm{A} + 20{,}91\ \mathrm{A} \cdot e^{-j\,120^\circ} + 12{,}78\ \mathrm{A} \cdot e^{-j\,240^\circ}\right)$$

$$\underline{\underline{\underline{I}_{10} = \left(-2{,}8 - j \cdot 2{,}4\right)\ \mathrm{A} = 3{,}63\ \mathrm{A} \cdot e^{-j\,139{,}8^\circ}}}}$$

$$\underline{I}_{1m} = \frac{1}{3} \cdot \left(\underline{I}_1 + \underline{a} \cdot \underline{I}_2 + \underline{a}^2 \cdot \underline{I}_3\right)$$

$$\underline{I}_{1m} = \frac{1}{3} \cdot \left(8{,}52\ \mathrm{A} + e^{j\,120^\circ} \cdot 20{,}91\ \mathrm{A} \cdot e^{-j\,120^\circ} + e^{j\,240^\circ} \cdot 12{,}78\ \mathrm{A} \cdot e^{-j\,240^\circ}\right);$$

$$\underline{\underline{\underline{I}_{1m} = 14{,}1\ \mathrm{A}}}$$

$$\underline{I}_{1g} = \frac{1}{3} \cdot \left(\underline{I}_1 + \underline{a}^2 \cdot \underline{I}_2 + \underline{a} \cdot \underline{I}_3 \right)$$

$$\underline{I}_{1g} = \frac{1}{3} \cdot \left(8{,}52\ \mathrm{A} + e^{j\,240^\circ} \cdot 20{,}91\ \mathrm{A} \cdot e^{-j\,120^\circ} + e^{j\,120^\circ} \cdot 12{,}78\ \mathrm{A} \cdot e^{-j\,240^\circ} \right)$$

$$\underline{I}_{1g} = (-2{,}8 + j \cdot 2{,}4)\ \mathrm{A} = 3{,}63\ \mathrm{A} \cdot e^{j\,139{,}8^\circ}$$

Probe: Die Summe der drei symmetrischen Komponenten muss nach Gl. (2.32) den Außenleiterstrom ergeben.

$\underline{I}_1 = \underline{I}_{10} + \underline{I}_{1m} + \underline{I}_{1g}$; $\underline{I}_1 = 3{,}63\ \mathrm{A} \cdot e^{-j\,139{,}8^\circ} + 14{,}1\ \mathrm{A} + 3{,}63\ \mathrm{A} \cdot e^{j\,139{,}8^\circ}$

$\underline{I}_1 = 8{,}55\ \mathrm{A}$. Das Ergebnis stimmt bis auf einen kleinen Rundungsfehler mit dem oben berechneten Wert $\underline{I}_1 = 8{,}52\ \mathrm{A}$ überein.

Nach Gl. (2.33) ist: $\underline{I}_{20} = \underline{I}_{10} = 3{,}63\ \mathrm{A} \cdot e^{-j\,139{,}8^\circ}$

Nach Gl. (2.34) ist: $\underline{I}_{2m} = \underline{a}^2 \cdot \underline{I}_{1m}$; $\underline{I}_{2m} = e^{j\,240^\circ} \cdot 14{,}1\ \mathrm{A}$; $\underline{I}_{2m} = 14{,}1\ \mathrm{A} \cdot e^{-j\,120^\circ}$

Nach Gl. (2.35) ist: $\underline{I}_{2g} = \underline{a} \cdot \underline{I}_{1g}$; $\underline{I}_{2g} = e^{j\,120^\circ} \cdot 3{,}63\ \mathrm{A} \cdot e^{j\,139{,}8^\circ}$;

$\underline{I}_{2g} = 3{,}63\ \mathrm{A} \cdot e^{-j\,100{,}2^\circ}$

Probe: $\underline{I}_2 = \underline{I}_{20} + \underline{I}_{2m} + \underline{I}_{2g}$;

$\underline{I}_2 = 3{,}63\ \mathrm{A} \cdot e^{-j\,139{,}8^\circ} + 14{,}1\ \mathrm{A} \cdot e^{-j\,120^\circ} + 3{,}63\ \mathrm{A} \cdot e^{-j\,100{,}2^\circ}$;

$\underline{I}_2 = 20{,}9\ \mathrm{A} \cdot e^{-j\,120^\circ}$ i.O.

$\underline{I}_{30} = \underline{I}_{10} = 3{,}63\ \mathrm{A} \cdot e^{-j\,139{,}8^\circ}$; $\underline{I}_{3m} = \underline{a} \cdot \underline{I}_{1m}$; $\underline{I}_{3m} = 14{,}1\ \mathrm{A} \cdot e^{j\,120^\circ}$

$\underline{I}_{3g} = \underline{a}^2 \cdot \underline{I}_{1g}$; $\underline{I}_{3g} = e^{-j\,120^\circ} \cdot 3{,}63\ \mathrm{A} \cdot e^{j\,139{,}8^\circ}$; $\underline{I}_{3g} = 3{,}63\ \mathrm{A} \cdot e^{j\,19{,}8^\circ}$

Probe: $\underline{I}_3 = \underline{I}_{30} + \underline{I}_{3m} + \underline{I}_{3g}$;

$\underline{I}_3 = 3{,}63\ \mathrm{A} \cdot e^{-j\,139{,}8^\circ} + 14{,}1\ \mathrm{A} \cdot e^{j\,120^\circ} + 3{,}63\ \mathrm{A} \cdot e^{j\,19{,}8^\circ}$;

$\underline{I}_3 = 12{,}8\ \mathrm{A} \cdot e^{j\,120^\circ}$ i.O.

Der Strom im Neutralleiter ist nach Gl. (2.59):

$\underline{I}_N = \underline{I}_1 + \underline{I}_2 + \underline{I}_3$; $\underline{I}_N = 8{,}52\ \text{A} + 20{,}91\ \text{A} \cdot e^{-j\,120°} + 12{,}78\ \text{A} \cdot e^{-j\,240°}$;

$\underline{I}_N = 10{,}9\ \text{A} \cdot e^{-j\,139{,}8°}$

Die Summe der Nullkomponenten ist gleich diesem Strom im Neutralleiter:

$\underline{I}_N = 3 \cdot \underline{I}_{10} = 3 \cdot 3{,}63\ \text{A} \cdot e^{-j\,139{,}8°} = 10{,}9 \cdot e^{-j\,139{,}8°}$

Beispiel 11

An ein $400\ \text{V} / 230\ \text{V}$-Drehstromnetz (Vierleitersystem, Last in Sternschaltung mit Mittelleiter) ist ein unsymmetrischer Verbraucher nach Abb. 59 angeschlossen. Zu bestimmen sind die komplexen Außenleiterströme $\underline{I}_1$, $\underline{I}_2$, $\underline{I}_3$ und der komplexe Mittelleiterstrom $\underline{I}_N$ in Exponentialform. Für die Bauelemente gelten folgende Werte: $R_1 = 330\ \Omega$, $R_2 = 220\ \Omega$, $R_3 = 150\ \Omega$, $L = 0{,}8\ \text{H}$, $C = 9{,}0\ \mu\text{F}$.

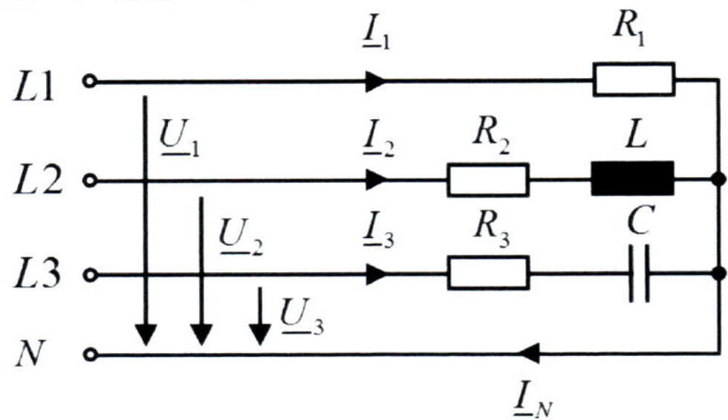

Abb. 59: Beispiel für eine unsymmetrische Last in Sternschaltung mit angeschlossenem Mittelleiter

Lösung:

An den komplexen Widerständen der Stränge liegen nach Gl. (2.57) die Spannungen:

$\underline{U}_1 = 230\ \text{V}$

$\underline{U}_2 = 230\ \text{V} \cdot e^{-j \cdot 120°}$

$\underline{U}_3 = 230\ \text{V} \cdot e^{-j \cdot 240°} = 230\ \text{V} \cdot e^{+j \cdot 120°}$

Die Strangwiderstände sind:

$\underline{Z}_1 = R_1 = 330\ \Omega$

$$\underline{Z}_2 = R_2 + j\omega L = (220 + j \cdot 2 \cdot \pi \cdot 50 \cdot 0{,}8)\ \Omega = 334{,}0\ \Omega \cdot e^{j \cdot \arctan\left(\frac{80\pi}{220}\right)}$$
$$= 334{,}0\ \Omega \cdot e^{j \cdot 48{,}8^\circ}$$

$$\underline{Z}_3 = R_3 + \frac{1}{j\omega C} = \left(150 + \frac{1}{j \cdot 2 \cdot \pi \cdot 50 \cdot 9{,}0 \cdot 10^{-6}}\right)\Omega = (150 - j \cdot 353{,}7)\ \Omega$$

$$\underline{Z}_3 = 384{,}2\ \Omega \cdot e^{-j \cdot \arctan\left(\frac{353{,}7}{150}\right)} = 384{,}2\ \Omega \cdot e^{-j \cdot 67^\circ}$$

Die Außenleiterströme sind:

$$\underline{I}_1 = \frac{\underline{U}_1}{\underline{Z}_1} = \frac{230\ \text{V}}{330\ \Omega} = \underline{\underline{0{,}7\ \text{A}}};$$

$$\underline{I}_2 = \frac{\underline{U}_2}{\underline{Z}_2} = \frac{230\ \text{V} \cdot e^{-j \cdot 120^\circ}}{334{,}0\ \Omega \cdot e^{j \cdot 48{,}8^\circ}} = 0{,}69\ \text{A} \cdot e^{-j \cdot 168{,}8^\circ} = \underline{\underline{0{,}69\ \text{A} \cdot e^{j \cdot 191{,}2^\circ}}}$$

$$\underline{I}_3 = \frac{\underline{U}_3}{\underline{Z}_3} = \frac{230\ \text{V} \cdot e^{j \cdot 120^\circ}}{384{,}2\ \Omega \cdot e^{-j \cdot 67^\circ}} = \underline{\underline{0{,}6\ \text{A} \cdot e^{j \cdot 187^\circ}}};\ \underline{I}_N = \underline{I}_1 + \underline{I}_2 + \underline{I}_3$$

$$\underline{I}_N = (-0{,}57 - j \cdot 0{,}2)\ \text{A} = 0{,}6\ \text{A} \cdot e^{-j \cdot 160{,}1^\circ} = \underline{\underline{0{,}6\ \text{A} \cdot e^{j \cdot 199{,}9^\circ}}}$$

Beispiel 12

Bei einem Vierleiter-Drehstromnetz mit der Außenleiterspannung $U = 400\ \text{V}$ sind zwei einphasige Verbraucher angeschlossen. Der induktive Verbraucher an $L1 - N$ nimmt bei dem Leistungsfaktor $\cos(\varphi_1) = 0{,}82$ die Wirkleistung $P_1 = 2{,}0\ \text{kW}$ auf. Der kapazitive Verbraucher an $L2 - N$ nimmt bei $\cos(\varphi_2) = 0{,}76$ die Wirkleistung $P_2 = 1{,}8\ \text{kW}$ auf. Wie groß sind die Außenleiterströme I_1 und I_2? Welchen Wert hat der Neutralleiterstrom I_N?

Lösung:

Am Verbraucher 1 liegt die Sternspannung $\underline{U}_1 = 230\ \text{V}$. Am Verbraucher 2 liegt die Sternspannung $\underline{U}_2 = 230\ \text{V} \cdot e^{-j \cdot 120^\circ}$. Der von Verbraucher 1 aufgenommene und in Leiter 1 fließende Strom ist somit:

$$I_1 = \frac{P_1}{U_1 \cdot \cos(\varphi_1)} = \frac{2{,}0\ \text{kW}}{230\ \text{V} \cdot 0{,}82} = \underline{\underline{10{,}6\ \text{A}}}$$

Der durch Verbraucher 2 und in Leiter 2 fließende Strom ist:

$$I_2 = \frac{P_2}{U_2 \cdot \cos(\varphi_2)} = \frac{1{,}8\ \text{kW}}{230\ \text{V} \cdot 0{,}76} = \underline{\underline{10{,}3\ \text{A}}}$$

$\underline{I}_1$ eilt der Spannung $\underline{U}_1$ nach (der Verbraucher ist induktiv), und zwar um $\arccos(0{,}82) = 34{,}9°$.

Der Winkel von $\underline{U}_1$ ist null. Der Winkel von $\underline{I}_1$ ist somit $\varphi_{i1} = -34{,}9°$.

$\underline{I}_2$ eilt der Spannung $\underline{U}_2$ voraus (der Verbraucher ist kapazitiv), und zwar um $\arccos(0{,}76) = 40{,}5°$.

Der Winkel von $\underline{U}_2$ ist $-120°$. Der Winkel von $\underline{I}_2$ ist somit $\varphi_{i2} = -120° + 40{,}5° = -79{,}5°$.

In komplexer Schreibweise sind die beiden Ströme:

$$\underline{I}_1 = 10{,}6\ \text{A} \cdot \left(\cos(-34{,}9°) + j \cdot \sin(-34{,}9°)\right) = (8{,}69 - j \cdot 6{,}07)\ \text{A}$$

$$\underline{I}_1 = 10{,}3\ \text{A} \cdot \left(\cos(-79{,}5°) + j \cdot \sin(-79{,}5°)\right) = (1{,}88 - j \cdot 10{,}13)\ \text{A}$$

$$\underline{I}_N = \underline{I}_1 + \underline{I}_2 = (10{,}57 - j \cdot 16{,}20)\ \text{A}\ ;\ I_N = \sqrt{10{,}57^2 + 16{,}2^2}\ \text{A}\ ;\ \underline{\underline{I_N = 19{,}3\ \text{A}}}$$

2.4.1.4 Verbraucher in Sternschaltung ohne Mittelleiter

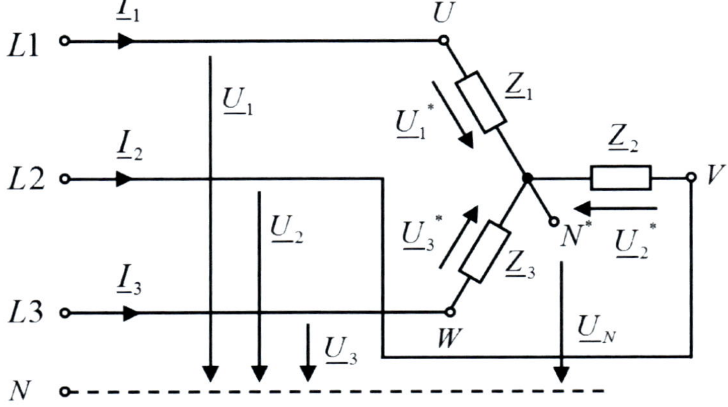

Abb. 60: Verbraucher in Sternschaltung mit Spannungen und Strömen (Dreileitersystem)

Der Verbrauchersternpunkt N^* ist *nicht* mit dem Mittelleiter N des Drehstromnetzes verbunden. Bei unsymmetrischer Belastung (die Verbraucherwiderstände $\underline{Z}_1$, $\underline{Z}_2$ und $\underline{Z}_3$ haben unterschiedliche Werte) besteht zwischen den Punkten N^* und N eine Spannung $\underline{U}_N \neq 0\ \mathrm{V}$. Mit den Leitwerten

$$\underline{Y}_1 = \frac{1}{\underline{Z}_1},\ \underline{Y}_2 = \frac{1}{\underline{Z}_2},\ \underline{Y}_3 = \frac{1}{\underline{Z}_3}$$

gilt für die Ströme $\underline{I}_1$, $\underline{I}_2$ und $\underline{I}_3$:

$$\begin{aligned} \underline{I}_1 &= \underline{U}_1^* \cdot \underline{Y}_1 = (\underline{U}_1 - \underline{U}_N) \cdot \underline{Y}_1 \\ \underline{I}_2 &= \underline{U}_2^* \cdot \underline{Y}_2 = (\underline{U}_2 - \underline{U}_N) \cdot \underline{Y}_2 \\ \underline{I}_3 &= \underline{U}_3^* \cdot \underline{Y}_3 = (\underline{U}_3 - \underline{U}_N) \cdot \underline{Y}_3 \end{aligned} \tag{2.61}$$

Die Außenleiterströme eines Drehstromverbrauchers in Sternschaltung ohne Mittelleiter sind somit:

$$\boxed{\begin{aligned} \underline{I}_1 &= (\underline{U}_1 - \underline{U}_N) \cdot \underline{Y}_1 \\ \underline{I}_2 &= (\underline{U}_2 - \underline{U}_N) \cdot \underline{Y}_2 \\ \underline{I}_3 &= (\underline{U}_3 - \underline{U}_N) \cdot \underline{Y}_3 \end{aligned}} \tag{2.62}$$

Nach der Knotenregel muss die Summe der Ströme gleich null sein.

$$(\underline{U}_1 - \underline{U}_N) \cdot \underline{Y}_1 + (\underline{U}_2 - \underline{U}_N) \cdot \underline{Y}_2 + (\underline{U}_3 - \underline{U}_N) \cdot \underline{Y}_3 = 0 \tag{2.63}$$

Nach U_N aufgelöst ergibt sich:

$$\boxed{U_N = \frac{\underline{U}_1 \cdot \underline{Y}_1 + \underline{U}_2 \cdot \underline{Y}_2 + \underline{U}_3 \cdot \underline{Y}_3}{\underline{Y}_1 + \underline{Y}_2 + \underline{Y}_3}} \tag{2.64}$$

Für die Spannungen $\underline{U}_1$, $\underline{U}_2$ und $\underline{U}_3$ können die in Gl. (2.57) angegebenen Ausdrücke eingesetzt werden. Nach Berechnung von U_N können die Außenleiterströme nach Gl. (2.62) bestimmt werden.

Bei symmetrischer Belastung ergibt sich für den Strom in jedem Außenleiter:

$$\boxed{\underline{I} = \frac{U_{Str}}{\underline{Z}} = \frac{U_L}{\sqrt{3} \cdot \underline{Z}}} \tag{2.65}$$

Beispiel 13

Bei einem Dreileitersystem (Drehstromnetz ohne Mittelleiter) mit der Außenleiterspannung $U = 400\ \text{V}$ sind drei Verbraucherwiderstände $R_1 = 270\ \Omega$, $R_2 = 220\ \Omega$ und $R_3 = 470\ \Omega$ in Sternschaltung angeschlossen. Zu bestimmen sind die Außenleiterströme I_1, I_2, I_3.

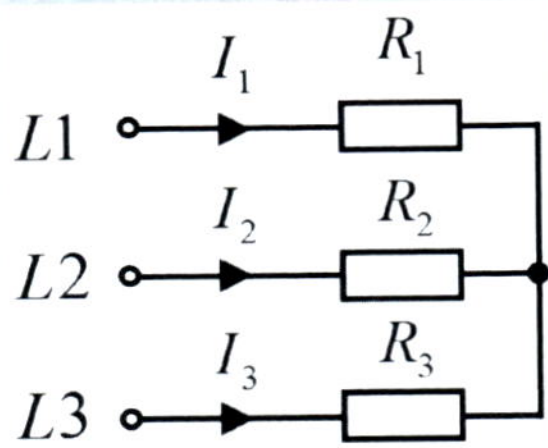

Abb. 61: Unsymmetrischer Drehstromverbraucher in Sternschaltung ohne Mittelleiter

Lösung:

Die Leitwerte der Verbraucherwiderstände sind:

$$Y_1 = \frac{1}{R_1} = 3{,}70\ \text{mS}\,;\ Y_2 = \frac{1}{R_2} = 4{,}55\ \text{mS}\,;\ Y_3 = \frac{1}{R_3} = 2{,}13\ \text{mS}$$

Die Strangspannungen sind mit $U = 230\ \text{V}$ nach Gl. (2.57):

$$\underline{U}_1 = U \cdot e^{j\,0^\circ} = U$$

$$\underline{U}_2 = U \cdot e^{-j\,120^\circ}$$

$$\underline{U}_3 = U \cdot e^{-j\,240^\circ} = U \cdot e^{+j\,120^\circ}$$

Nach Gl. (2.64) ist die Spannung U_N:

$$U_N = \frac{\underline{U}_1 \cdot \underline{Y}_1 + \underline{U}_2 \cdot \underline{Y}_2 + \underline{U}_3 \cdot \underline{Y}_3}{\underline{Y}_1 + \underline{Y}_2 + \underline{Y}_3}$$

$$U_N = \frac{230\ \text{V} \cdot \left(3{,}70\ \text{mS} + e^{-j120^\circ} \cdot 4{,}55\ \text{mS} + e^{-j240^\circ} \cdot 2{,}13\ \text{mS}\right)}{10{,}38\ \text{mS}}$$

$$U_N = \left(7{,}98 - j \cdot 46{,}44\right)\ \text{V}$$

Nach Gl. (2.62) sind die Außenleiterströme:

$$\underline{I}_1 = (\underline{U}_1 - \underline{U}_N) \cdot \underline{Y}_1$$
$$\underline{I}_2 = (\underline{U}_2 - \underline{U}_N) \cdot \underline{Y}_2$$
$$\underline{I}_3 = (\underline{U}_3 - \underline{U}_N) \cdot \underline{Y}_3$$

$$\underline{I}_1 = \left[230\ \text{V} - (7{,}98 - j \cdot 46{,}44)\ \text{V}\right] \cdot 3{,}70\ \text{mS};\ \underline{\underline{I_1 = 0{,}84\ \text{A}}}$$

$$\underline{I}_2 = \left[230\ \text{V} \cdot (\cos(-120°) + j \cdot \sin(-120°)) - (7{,}98 - j \cdot 46{,}44)\ \text{V}\right] \cdot 4{,}55\ \text{mS};$$
$$\underline{\underline{I_2 = 0{,}89\ \text{A}}}$$

$$\underline{I}_3 = \left[230\ \text{V} \cdot (\cos(-240°) + j \cdot \sin(-240°)) - (7{,}98 - j \cdot 46{,}44)\ \text{V}\right] \cdot 2{,}13\ \text{mS};$$
$$\underline{\underline{I_3 = 0{,}59\ \text{A}}}$$

Beispiel 14

Bei einem Dreileitersystem (Drehstromnetz ohne Mittelleiter) mit der Außenleiterspannung $U = 400$ V sind drei Verbraucherwiderstände mit $R = 60\ \Omega$, $L = 0{,}25$ H in Sternschaltung nach Abb. 62 angeschlossen. Zu bestimmen sind die Außenleiterströme I_1, I_2, I_3.

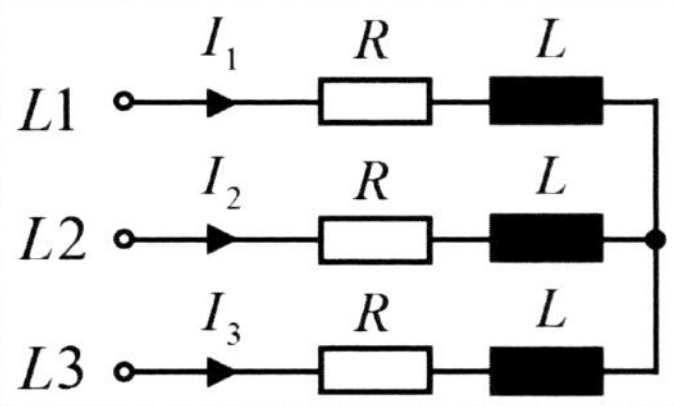

Abb. 62: Symmetrischer Drehstromverbraucher in Sternschaltung ohne Mittelleiter

Lösung:

Die Impedanz eines Stranges ist:

$$\underline{Z} = R + j\omega L = (60 + j \cdot 2 \cdot \pi \cdot 50 \cdot 0{,}25)\ \Omega = (60 + j \cdot 78{,}54)\ \Omega$$

Der Betrag ist:

$$Z = \sqrt{60^2 + 78{,}54^2}\ \Omega = 98{,}84\ \Omega$$

Bei symmetrischer Belastung ist der Strom in jedem Außenleiter nach Gl. (2.65):

$$\underline{I} = \frac{\underline{U}_{Str}}{\underline{Z}} = \frac{\underline{U}_L}{\sqrt{3}\cdot\underline{Z}};\ I_1 = I_2 = I_3 = \frac{400\ \text{V}}{\sqrt{3}\cdot Z} = 2{,}34\ \text{A}$$

2.4.1.5 Verbraucher in Dreieckschaltung

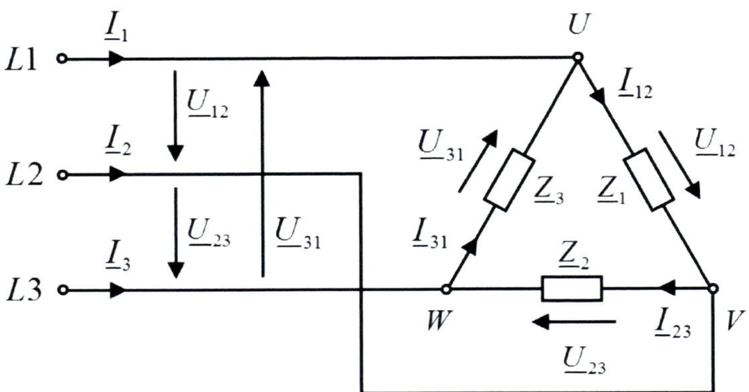

Abb. 63: Verbraucher in Dreieckschaltung mit Spannungen und Strömen

Wie aus Abb. 63 direkt ersichtlich, gilt bei der Dreieckschaltung eines Drehstromverbrauchers für den Zusammenhang zwischen den Leiter- und Strangspannungen:

Außenleiterspannung = Strangspannung

Die Strangströme sind:

$$\underline{I}_{12} = \frac{\underline{U}_{12}}{\underline{Z}_1};\ \underline{I}_{23} = \frac{\underline{U}_{23}}{\underline{Z}_2};\ \underline{I}_{31} = \frac{\underline{U}_{31}}{\underline{Z}_3} \tag{2.66}$$

Die Knotenregel liefert zunächst, dass die Summe der Leiterströme gleich null ist:

$$\underline{I}_1 + \underline{I}_2 + \underline{I}_3 = 0 \tag{2.67}$$

Außerdem gilt für die Leiterströme:

$$I_1 = I_{12} - I_{31} \tag{2.68}$$

$$I_2 = I_{23} - I_{12} \tag{2.69}$$

$$I_3 = I_{31} - I_{23} \tag{2.70}$$

Bei einem symmetrischen Drehstromverbraucher sind sowohl die Strangströme als auch die Leiterströme gleich groß:

$$\boxed{\underline{I}_{12} = \underline{I}_{23} = \underline{I}_{31} = \underline{I}_{Str}} \tag{2.71}$$

$$\boxed{\underline{I}_1 = \underline{I}_2 = \underline{I}_3 = \underline{I}_L} \tag{2.72}$$

Wie die Strang- und Leiterspannungen beim Generator in Sternschaltung (Abschnitt 2.4.1.1) werden jetzt bei der Dreieckschaltung die Strang- und Leiterströme in einem Zeigerbild dargestellt.

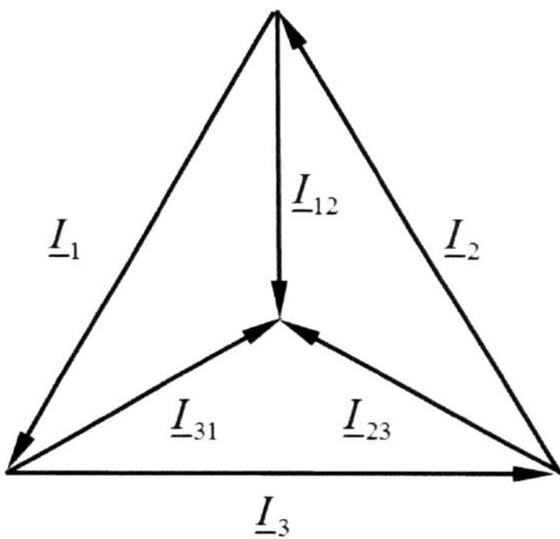

Abb. 64: Zeigerbild der Strang- und Leiterströme bei der Dreieckschaltung

In Analogie zu den Spannungen bei der Sternschaltung kann für die Ströme bei der Dreieckschaltung abgeleitet werden:

$$\boxed{I_L = \sqrt{3} \cdot I_{Str}} \tag{2.73}$$

Leiterstrom = $\sqrt{3}$ · Strangstrom

Bei der Dreieckschaltung des Verbrauchers sind die Außenleiterströme um den Faktor $\sqrt{3} = 1{,}732$ größer als die Strangströme.

Beispiel 15

Die nach Abb. 65 in Dreieck geschalteten Impedanzen sind ohmsch-induktive Verbraucher. Es gilt:

$\underline{Z}_1 = \underline{Z}_2 = \underline{Z}_3 = R + j\omega L$ mit $R = 160\ \Omega$, $L = 0{,}4\ \mathrm{H}$. Das Drehstromnetz hat die Außenleiterspannung $U = 400\ \mathrm{V}$.

a) Wie groß sind die Außenleiterströme I_1, I_2, I_3?

b) Wie groß ist der Leistungsfaktor $\cos(\varphi)$ der Schaltung?

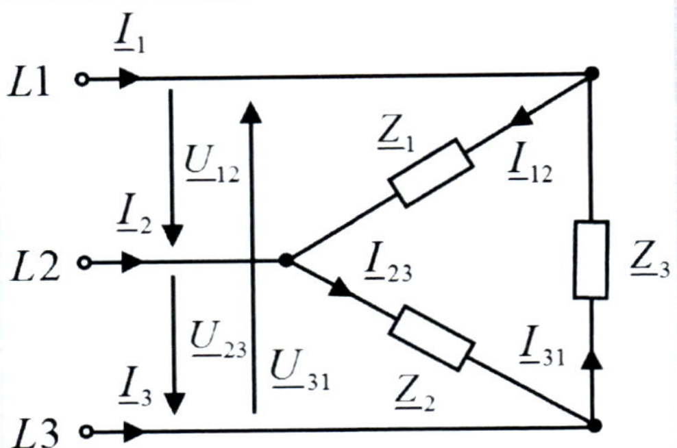

Abb. 65: Drehstromverbraucher in Dreieckschaltung

Lösung:

a) Die gegebene Dreieckschaltung ist ein symmetrischer Drehstromverbraucher. Sowohl die Strangströme als auch die Leiterströme sind nach Gl. (2.71) bzw. Gl. (2.72) gleich groß.

$$\underline{I}_{12} = \underline{I}_{23} = \underline{I}_{31} = \underline{I}_{Str} \; ; \; \underline{I}_1 = \underline{I}_2 = \underline{I}_3 = \underline{I}_L$$

Es genügt, nur einen der drei Stränge zu betrachten. Jeder Strang hat die Impedanz:

$$\underline{Z} = R + j\omega L = \left(160 + j \cdot 2 \cdot \pi \cdot 50 \cdot 0{,}4\right)\ \Omega = \left(160 + j \cdot 125{,}66\right)\ \Omega$$

Der Betrag jeder Strangimpedanz ist: $Z = \sqrt{160^2 + 125{,}66^2}\ \Omega = 203{,}5\ \Omega$.

Die Außenleiterspannung ist gleich der Strangspannung. In jedem Strang fließt der Strom:

$$I_{Str} = \frac{400\text{ V}}{203{,}5\ \Omega} = 1{,}966\text{ A}$$

Bei symmetrischer Last gilt für die Ströme bei der Dreieckschaltung nach Gl. (2.73):

$$I_L = \sqrt{3} \cdot I_{Str}$$

Somit sind die Außenleiterströme: $\underline{\underline{I_1 = I_2 = I_3 = 3{,}41\text{ A}}}$

b) Wir wählen die Außenleiterspannung $\underline{U}_{12}$ mit dem Betrag $U_{12} = 400\text{ V}$ als Bezugsgröße und setzen sie reell an. Der komplexe Strangstrom ist:

$$\underline{I}_{Str} = \frac{\underline{U}_{12}}{\underline{Z}} = \frac{400\ \text{V}}{(160 + j \cdot 125{,}66)\ \Omega} = (1{,}546 - j \cdot 1{,}214)\ \text{A} = 1{,}97\ \text{A} \cdot \text{e}^{-j \cdot 38{,}1°}$$

Der Leistungsfaktor der Schaltung ist: $\underline{\underline{\cos(\varphi) = \cos(38{,}1°) = 0{,}78}}$

Der Leistungsfaktor kann auch aus dem Verhältnis von Wirkleistung zu Scheinleistung bzw. aus dem Verhältnis von Wirkwiderstand zu Scheinwiderstand berechnet werden.

$$\cos(\varphi) = \frac{R}{\sqrt{R^2 + X_L{}^2}} = \frac{160\ \Omega}{\sqrt{(160\ \Omega)^2 + (125{,}66\ \Omega)^2}} = \underline{\underline{0{,}78}}$$

2.4.1.6 Drehstrom-Niederspannungsnetz

Im öffentlichen Stromversorgungsnetz wird der Neutralleiter sowohl an der Spannungsquelle (am Verteilertransformator) als auch am Hausanschlusskasten geerdet. In der Niederspannungsebene des Drehstromsystems beträgt die Nennspannung zwischen Leiter und Neutralleiter bzw. Erde 230 V (Sternspannung), die Nennspannung zwischen Außenleiter und Außenleiter beträgt 400 Volt. Die Charakterisierung des Niederspannungsnetzes des europäischen Verbundsystems erfolgt in der Form "3 N ~ 50 Hz 400 V": Drei Phasen mit Neutralleiter (Vierleiternetz), Wechselspannung, Frequenz 50 Hz, Effektivwert der Außenleiterspannung 400 V. Von der genormten Nennspannung darf nur geringfügig abgewichen werden. Dies ist in der Norm DIN EN 50160 geregelt.

Wird für ein Drehstromsystem nur eine Spannung angegeben, so handelt es sich stets um den Effektivwert der Außenleiterspannungen. Eine 400 V-Leitung bedeutet zum Beispiel, dass der Effektivwert der Spannung zwischen zwei Außenleitern 400 V beträgt.

Die Angabe einer Stromstärke ohne weitere Hinweise ist die Angabe der Stromstärke des Außenleiters.

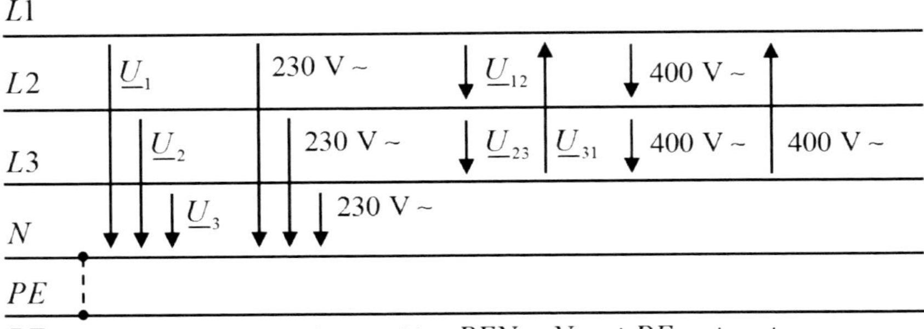

PE = Schutzerde (protection earth) $PEN = N$ und PE verbunden

Abb. 66: Das 400 V-Drehstromsystem

Beim Drehstrom-Niederspannungsnetz des europäischen Verbundnetzes gelten die nachfolgend angegebenen Effektivwerte.

Strangspannungen: $U_1 = U_2 = U_3 = U = U_Y = U_{Str} = 230\text{ V}$ (zum Betrieb einphasiger Verbraucher wie z. B. Bügeleisen)

Leiterspannungen: $U_{12} = U_{23} = U_{31} = \sqrt{3} \cdot U = U_\Delta = U_L = 400\text{ V}$ (zum Betrieb dreiphasiger Verbraucher wie z. B. Küchenherd)

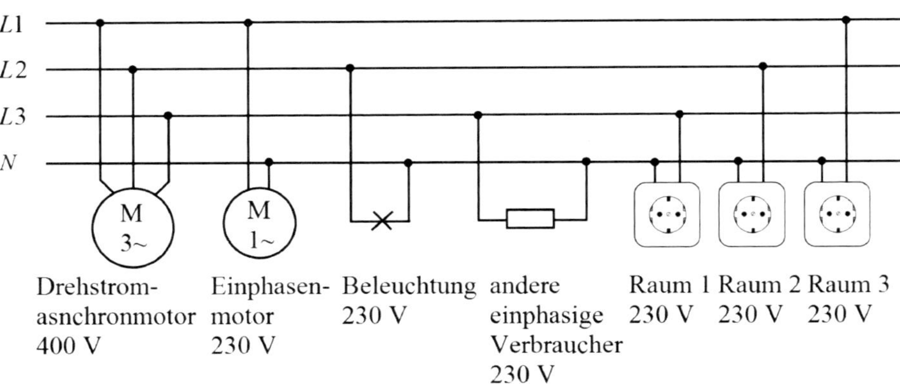

Abb. 67: Drei- und Einphasen-Verbraucher am Drehstrom-Niederspannungsnetz, Verteilung der Räume mit ihren Steckdosen auf unterschiedliche Phasen

Kennzeichnung der Leitungen durch Farben

Für die PEN -Leitung wird die Farbe „grün-gelb“ verwendet. Trennt man den gemeinsamen PEN -Leiter in einen separaten PE -Leiter und separaten N -Leiter auf, so erhält man ein Fünfleitersystem. Für die PE -Leitung verwendet man die Farbe „grün-gelb“ und für die N-Leitung die Farbe „blau“. Häufig ist $L1$ in „braun“, $L2$ in „schwarz“ und $L3$ in „grau“ ausgeführt.

Energieversorgung von Haushalten, Leiter, Neutralleiter, Schutzerde

Eine Steckdose im Haushalt hat drei Pole (Anschlussklemmen): Leiter L, Neutral(leiter) N und Schutzerde PE. Die Schutzerde ist an die einander gegenüberliegenden Metallspangen angeschlossen. Sie verbindet das Metallgehäuse eines Gerätes mit dem Erdpotenzial. Ebenfalls an die Schutzerde angeschlossen sind Fundamenterder, Wasserleitungen, Badewanne, Heizung usw. Durch diese Erdung kann zwischen metallenen Gerätegehäusen und anderen leitenden Gegenständen im Haushalt keine gefährliche Spannung entstehen. Die Schutzerde ist im Hausanschlusskasten mit dem Neutralleiter verbunden. Zwischen Schutzleiter und einem Pol der Steckdose (üblicherweise der linke Steckerpol) ist daher keine Spannung vorhanden. Der andere Pol, der Leiter, führt Spannung gegenüber dem Neutralleiter und gegenüber Schutzerde. Fasst man den Leiter an, so bekommt man einen elektrischen Schlag, da ein Strom durch den Körper zur Erde fließt. Die verschiedenen Energieversorgungsnetze (TN-Netz, TT-Netz) werden hier nicht besprochen.

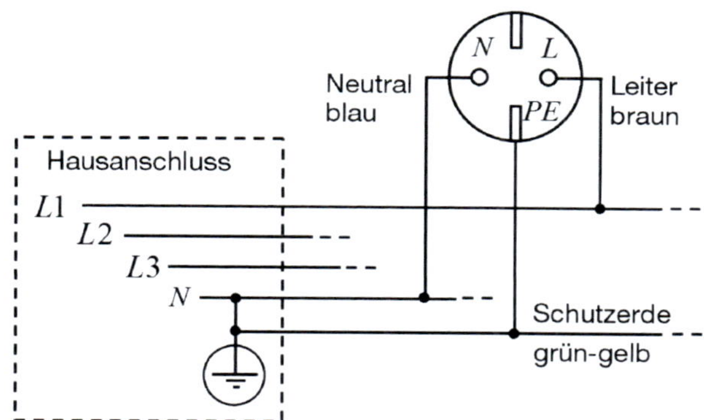

Abb. 68: 230 V-Steckdose mit ihren Anschlüssen

2.4.2 Leistung bei Drehstrom

Die in *einem* Strang eines Drehstromverbrauchers umgesetzte Wirkleistung ist:

$$\boxed{P_{Str} = U_{Str} \cdot I_{Str} \cdot \cos(\varphi)} \tag{2.74}$$

$\varphi = \varphi_{ui} = \varphi_u - \varphi_i$ (Phasenverschiebungswinkel zwischen Strangspannung und Strangstrom)

$\cos(\varphi)$ wird als **Leistungsfaktor** bezeichnet.

Somit ist die *gesamte* in einem *symmetrischen* Drehstromverbraucher umgesetzte Wirkleistung in Abhängigkeit der Stranggrößen:

$$\boxed{P_{ges} = 3 \cdot P_{Str} = 3 \cdot U_{Str} \cdot I_{Str} \cdot \cos(\varphi)} \qquad (2.75)$$

In der Praxis können die Stranggrößen oft nicht gemessen werden, sondern nur die Leitergrößen. Die Drehstromleistung wird deshalb üblicherweise durch die Leitergrößen ausgedrückt.

Bei der Sternschaltung gilt:

$$U_{Str} = \frac{U_L}{\sqrt{3}} \text{ und } I_{str} = I_L \qquad (2.76)$$

Gl. (2.76) in Gl. (2.75) eingesetzt ergibt:

$$P_{ges} = 3 \cdot \frac{U_L}{\sqrt{3}} \cdot I_L \cdot \cos(\varphi) = \sqrt{3} \cdot U_L \cdot I_L \cdot \cos(\varphi) \qquad (2.77)$$

Bei der Dreieckschaltung gilt:

$$U_{Str} = U_L \text{ und } I_{Str} = \frac{I_L}{\sqrt{3}} \qquad (2.78)$$

Gl. (2.78) in Gl. (2.75) eingesetzt ergibt:

$$P_{ges} = 3 \cdot U_L \cdot \frac{I_L}{\sqrt{3}} \cdot \cos(\varphi) = \sqrt{3} \cdot U_L \cdot I_L \cdot \cos(\varphi) \qquad (2.79)$$

Die beiden Ergebnisse Gl. (2.77) und Gl. (2.79) stimmen überein.

Unabhängig von der Art der Schaltung erhalten wir mit Leitergrößen für die **Drehstrom-Wirkleistung**:

$$\boxed{P_{ges} = \sqrt{3} \cdot U \cdot I \cdot \cos(\varphi) = S \cdot \cos(\varphi)} \quad [P] = \mathrm{W\ (Watt)} \qquad (2.80)$$

Der Index „ L “ für die Leitergrößen wird gewöhnlich weggelassen.

Wie vom Einphasenwechselstrom bekannt gilt für die gesamte **Drehstrom-Blindleistung**:

$$\boxed{Q_{ges} = \sqrt{3} \cdot U \cdot I \cdot \sin(\varphi) = S \cdot \sin(\varphi)} \quad [Q] = \mathrm{var} \qquad (2.81)$$

Analog ist die gesamte **Drehstrom-Scheinleistung**:

$$\boxed{S_{ges} = \sqrt{3} \cdot U \cdot I = \sqrt{P^2 + Q^2}} \quad [S] = \mathrm{VA} \qquad (2.82)$$

Man beachte, dass für die Formeln (2.80), (2.81) und (2.82) ein symmetrisches Netz und symmetrische Belastung vorausgesetzt sind. In diesen drei Leistungsgleichungen bedeuten:

U = Dreieckspannung des Drehstromnetzes = Spannung der Außenleiter

I = Strom in einem Außenleiter des Drehstromnetzes

φ = Phasenverschiebungswinkel der *Strang*spannung gegen den *Strang*strom

Sowohl für die Stern- als auch für Dreieckschaltung ergeben sich jeweils die gleichen Formeln für die gesamte Wirk-, Blind- und Scheinleistung.

Es muss jedoch zwischen den Leistungsformeln und den daraus folgenden Werten unterschieden werden. **Die Drehstromleistung nimmt bei einem Verbraucher je nach Anschlussart (Stern- oder Dreieckschaltung) zahlenmäßig unterschiedliche Werte an!** Wird ein und derselbe (symmetrische) Drehstromverbraucher statt in Sternschaltung in Dreieckschaltung an das Dreiphasennetz angeschlossen, so liegt an den Strängen im Fall der Dreieckschaltung eine um den Faktor $\sqrt{3}$ höhere Spannung als bei der Sternschaltung. Genauso verhalten sich auch die Ströme. Aufgrund der generellen Beziehung $P = I^2 \cdot R = U^2/R$ erhöht sich die Leistung um den Faktor drei, da $\left(\sqrt{3}\right)^2 = 3$.

In Dreieckschaltung ist die Leistungsaufnahme dreimal größer als in Sternschaltung.

$$\boxed{S_\Delta = 3 \cdot S_Y} \quad \boxed{P_\Delta = 3 \cdot P_Y} \quad \boxed{Q_\Delta = 3 \cdot Q_Y} \tag{2.83}$$

Um dieselbe Leistung zu erzielen, müssen umgekehrt die Strangwiderstände in der Dreieckschaltung einen um den Faktor drei größeren Wert haben als in der Sternschaltung.

Bei *un*symmetrischer Beschaltung muss die Gesamtscheinleistung durch die Addition der komplexen Werte der Scheinleistungen der Stränge berechnet werden.

Die Zusammenhänge zwischen Außenleiter- und Stranggrößen und die Formeln für die Leistungsberechnungen sind in der folgenden Tabelle zusammengefasst.

Tabelle 1: Übersicht der Strang-, Außenleiter- und Leistungsgrößen		
Größe	**Sternschaltung**	**Dreieckschaltung**
Strang-spannung	$U_{Str}=\frac{U_L}{\sqrt{3}}$	$U_{Str}=U_L$
Strang-strom	$I_{Str}=I_L=\frac{U_{Str}}{Z_{Str}}=\frac{1}{\sqrt{3}}\cdot\frac{U_L}{Z_{Str}}$	$I_{Str}=\frac{U_{Str}}{Z_{Str}}=\frac{U_L}{Z_{Str}}=\frac{I_L}{\sqrt{3}}$
Strang-schein-leistung	$S_{Str}=U_{Str}\cdot I_{Str}=\frac{1}{\sqrt{3}}\cdot U_L\cdot I_L$ $S_{Str}=\frac{1}{3}\cdot\frac{(U_L)^2}{Z_{Str}}=(I_L)^2\cdot Z_{Str}$	$S_{Str}=U_{Str}\cdot I_{Str}=\frac{1}{\sqrt{3}}\cdot U_L\cdot I_L$ $S_{Str}=\frac{(U_L)^2}{Z_{Str}}=\frac{1}{3}\cdot(I_L)^2\cdot Z_{Str}$
Strangwirk-leistung	$P_{Str}=U_{Str}\cdot I_{Str}\cdot\cos(\varphi_{Str})$ $P_{Str}=\frac{1}{\sqrt{3}}\cdot U_L\cdot I_L\cdot\cos(\varphi_{Str})$ $P_{Str}=\frac{1}{3}\cdot\frac{(U_L)^2}{Z_{Str}}\cdot\cos(\varphi_{Str})$ $P_{Str}=(I_L)^2\cdot Z_{Str}\cdot\cos(\varphi_{Str})$	$P_{Str}=U_{Str}\cdot I_{Str}\cdot\cos(\varphi_{Str})$ $P_{Str}=\frac{1}{\sqrt{3}}\cdot U_L\cdot I_L\cdot\cos(\varphi_{Str})$ $P_{Str}=\frac{(U_L)^2}{Z_{Str}}\cdot\cos(\varphi_{Str})$ $P_{Str}=\frac{1}{3}\cdot(I_L)^2\cdot Z_{Str}\cdot\cos(\varphi_{Str})$
Strang-blind-leistung	$Q_{Str}=U_{Str}\cdot I_{Str}\cdot\sin(\varphi_{Str})$ $Q_{Str}=\frac{1}{\sqrt{3}}\cdot U_L\cdot I_L\cdot\sin(\varphi_{Str})$ $Q_{Str}=\frac{1}{3}\cdot\frac{(U_L)^2}{Z_{Str}}\cdot\sin(\varphi_{Str})$ $Q_{Str}=(I_L)^2\cdot Z_{Str}\cdot\sin(\varphi_{Str})$	$Q_{Str}=U_{Str}\cdot I_{Str}\cdot\sin(\varphi_{Str})$ $Q_{Str}=\frac{1}{\sqrt{3}}\cdot U_L\cdot I_L\cdot\sin(\varphi_{Str})$ $Q_{Str}=\frac{(U_L)^2}{Z_{Str}}\cdot\sin(\varphi_{Str})$ $Q_{Str}=\frac{1}{3}\cdot(I_L)^2\cdot Z_{Str}\cdot\sin(\varphi_{Str})$
Gesamt-schein-leistung	$S_{ges}=3\cdot S_{Str}=3\cdot U_{Str}\cdot I_{Str}$ $=\sqrt{3}\cdot U_L\cdot I_L$ $S_{ges}=\frac{(U_L)^2}{Z_{Str}}=3\cdot(I_L)^2\cdot Z_{Str}$	$S_{ges}=3\cdot S_{Str}=3\cdot U_{Str}\cdot I_{Str}$ $=\sqrt{3}\cdot U_L\cdot I_L$ $S_{ges}=3\cdot\frac{(U_L)^2}{Z_{Str}}=(I_L)^2\cdot Z_{Str}$

Größe	**Sternschaltung**	**Dreieckschaltung**
Gesamt-wirk-leistung	$P_{ges} = 3 \cdot P_{Str}$ $= 3 \cdot U_{Str} \cdot I_{Str} \cdot \cos(\varphi_{Str})$ $P_{ges} = \sqrt{3} \cdot U_L \cdot I_L \cdot \cos(\varphi_{Str})$ $P_{ges} = S_{ges} \cdot \cos(\varphi_{Str})$ $P_{ges} = \frac{(U_L)^2}{Z_{Str}} \cdot \cos(\varphi_{Str})$ $P_{ges} = 3 \cdot (I_L)^2 \cdot Z_{Str} \cdot \cos(\varphi_{Str})$	$P_{ges} = 3 \cdot P_{Str}$ $= 3 \cdot U_{Str} \cdot I_{Str} \cdot \cos(\varphi_{Str})$ $P_{ges} = \sqrt{3} \cdot U_L \cdot I_L \cdot \cos(\varphi_{Str})$ $P_{ges} = S_{ges} \cdot \cos(\varphi_{Str})$ $P_{ges} = 3 \cdot \frac{(U_L)^2}{Z_{Str}} \cdot \cos(\varphi_{Str})$ $P_{ges} = (I_L)^2 \cdot Z_{Str} \cdot \cos(\varphi_{Str})$
Gesamt-blind-leistung	$Q_{ges} = 3 \cdot Q_{Str}$ $= 3 \cdot U_{Str} \cdot I_{Str} \cdot \sin(\varphi_{Str})$ $Q_{ges} = \sqrt{3} \cdot U_L \cdot I_L \cdot \sin(\varphi_{Str})$ $Q_{ges} = S_{ges} \cdot \sin(\varphi_{Str})$ $Q_{ges} = \frac{(U_L)^2}{Z_{Str}} \cdot \sin(\varphi_{Str})$ $Q_{ges} = 3 \cdot (I_L)^2 \cdot Z_{Str} \cdot \sin(\varphi_{Str})$	$Q_{ges} = 3 \cdot Q_{Str}$ $= 3 \cdot U_{Str} \cdot I_{Str} \cdot \sin(\varphi_{Str})$ $Q_{ges} = \sqrt{3} \cdot U_L \cdot I_L \cdot \sin(\varphi_{Str})$ $Q_{ges} = S_{ges} \cdot \sin(\varphi_{Str})$ $Q_{ges} = 3 \cdot \frac{(U_L)^2}{Z_{Str}} \cdot \sin(\varphi_{Str})$ $Q_{ges} = (I_L)^2 \cdot Z_{Str} \cdot \sin(\varphi_{Str})$

Augenblicksleistung bei Drehstrom

Die Augenblicksleistung eines Zweipols ist bei einphasigem Wechselstrom:[10]

$$p(t) = U \cdot I \cdot \cos(\varphi) - U \cdot I \cdot \cos(2\omega t + \varphi_u + \varphi_i) \tag{2.84}$$

Die Phasenverschiebung ist: $\varphi = \varphi_u - \varphi_i$

Gl. (2.84) abgekürzt geschrieben:

$$p(t) = P - p_{\sim}(t) \tag{2.85}$$

Die Augenblicksleistung setzt sich aus zwei Anteilen zusammen. Der zeitlich unabhängige Teil ist ein konstanter Wert, der außer von den Effektivwerten U und I der Spannung und des Stromes nur vom Phasenverschiebungswinkel $\varphi = \varphi_u - \varphi_i$ zwischen diesen beiden Größen abhängt. Dieser Durchschnittswert oder zeitlich konstante Mittelwert der Leistung ist die Wirkleistung P.

$$P = U \cdot I \cdot \cos(\varphi) \tag{2.86}$$

Der zeitlich abhängige Wechselanteil

$$p_{\sim}(t) = U \cdot I \cdot \cos(2\omega t + \varphi_u + \varphi_i) \tag{2.87}$$

schwingt sinusförmig mit der doppelten Frequenz des Wechselstroms um die Wirkleistung P herum. Dieser Anteil liefert also im Mittel keinen Beitrag zur Leistung, der Mittelwert des Wechselanteils ist null.

Die Gleichungen der drei Strangspannungen sind:

$$\begin{aligned} u_1(t) &= \sqrt{2} \cdot U_{Str} \cdot \sin(\omega t) \\ u_2(t) &= \sqrt{2} \cdot U_{Str} \cdot \sin(\omega t - 120°) \\ u_3(t) &= \sqrt{2} \cdot U_{Str} \cdot \sin(\omega t - 240°) \end{aligned} \tag{2.88}$$

Für die Augenblickswerte der Leistung in den drei Strängen gilt somit:

$$\begin{aligned} p_1(t) &= P_{Str} - U_{Str} \cdot I_{Str} \cdot \cos(2\omega t + \varphi_u + \varphi_i) \\ p_2(t) &= P_{Str} - U_{Str} \cdot I_{Str} \cdot \cos(2\omega t + \varphi_u + \varphi_i - 120°) \\ p_3(t) &= P_{Str} - U_{Str} \cdot I_{Str} \cdot \cos(2\omega t + \varphi_u + \varphi_i - 240°) \end{aligned} \tag{2.89}$$

---

[10] Siehe Abschnitt 5.1, Elektrotechnik für Studierende: Band 3 – Wechselstrom 1, Christiani-Verlag

Der Augenblickswert der gesamten Drehstromleistung ist die Summe der Augenblickswerte der Leistung in den drei Strängen:

$$p_{3\sim}(t) = p_1(t) + p_2(t) + p_3(t) \tag{2.90}$$

$$p_{3\sim}(t) = 3 \cdot P_{Str} - U_{Str} \cdot I_{Str} \cdot \begin{bmatrix} \cos(2\omega t + \varphi_u + \varphi_i) \\ +\cos(2\omega t + \varphi_u + \varphi_i - 120°) \\ +\cos(2\omega t + \varphi_u + \varphi_i - 240°) \end{bmatrix} \tag{2.91}$$

Der Wert der eckigen Klammer ist in jedem Zeitpunkt gleich null, siehe Gl. (2.11). Somit folgt für die Drehstromleistung:

$$\boxed{p_{3\sim}(t) = P = 3 \cdot P_{Str} = 3 \cdot U_{Str} \cdot I_{Str} \cdot \cos(\varphi)} \tag{2.92}$$

Dieser Ausdruck ist unabhängig von der Zeit. Es findet also ein gleichmäßiger Leistungsfluss vom Generator zum Verbraucher statt. Ein Verbraucher, der das Dreiphasennetz symmetrisch belastet, entnimmt eine konstante Wirkleistung. Daraus folgt, dass auch der Generator eine konstante Leistung abgibt und die Turbine, die den Generator antreibt, mit konstantem Drehmoment belastet wird. Dies wurde bereits in Abschnitt 2.1.3 als ein Vorteil von Mehrphasensystemen genannt.

Im symmetrischen Drehstromsystem ist die Momentanleistung des Gesamtsystems konstant.

Setzten wir in Gl. (2.92) für die Stranggrößen die Werte der Gl. (2.76) oder Gl. (2.78) ein, so erhalten wir die bereits in Gl. (2.80) gefundene Formel für die Drehstrom-Wirkleistung $P = \sqrt{3} \cdot U \cdot I \cdot \cos(\varphi)$ in Abhängigkeit der Leitergrößen.

Beispiel 16

Ein Drehstrommotor besitzt den Leistungsfaktor $\cos(\varphi) = 0{,}85$. Wird er an das $400\ \text{V} / 230\ \text{V}$-Netz in Sternschaltung angeschlossen, so fließt in jedem Leiter ein Strom von $I = 9{,}5\ \text{A}$.

Wie groß sind Scheinleistung S, Wirkleistung P und Blindleistung Q?

Lösung:

$S = \sqrt{3} \cdot U \cdot I$; $S = \sqrt{3} \cdot 400\ \text{V} \cdot 9{,}5\ \text{A}$; $\underline{\underline{S = 6582\ \text{VA}}}$

$$P = \sqrt{3} \cdot U \cdot I \cdot \cos(\varphi) = S \cdot \cos(\varphi); \; \underline{\underline{P = 5595 \text{ W}}}$$

$$Q = \sqrt{3} \cdot U \cdot I \cdot \sin(\varphi) = S \cdot \sin(\arccos(0{,}85)); \; \underline{\underline{Q = 3467 \text{ var}}}$$

Beispiel 17

Ein Elektroherd enthält drei ohmsche Widerstände mit je $50\ \Omega$. Welche Leistung nimmt der Herd aus dem $400\ \text{V} / 230\ \text{V}$-Netz in Sternschaltung und in Dreieckschaltung auf?

Lösung:

Sternschaltung

In Sternschaltung ist die Strangspannung $U_{Str} = \dfrac{U_L}{\sqrt{3}} = \dfrac{400\ \text{V}}{\sqrt{3}} = 230\ \text{V}$.

Der Strangstrom ist gleich dem Leiterstrom $I_{Str} = I_L = \dfrac{U_{Str}}{R} = \dfrac{230\ \text{V}}{50\ \Omega} = 4{,}6\ \text{A}$.

Die Leistung in einem Strang ist: $P_{Str} = U_{Str} \cdot I_{Str} = 230\ \text{V} \cdot 4{,}6\ \text{A} = 1058\ \text{W}$.

Die Gesamtleistung ist: $P_Y = 3 \cdot P_{Str}$; $\underline{\underline{P_Y = 3174\ \text{W}}}$

Dreieckschaltung

In Dreieckschaltung ist die Strangspannung gleich der Leiterspannung: $U_{Str} = U_L = 400\ \text{V}$.

Der Strangstrom beträgt $I_{Str} = \dfrac{U_L}{R} = \dfrac{400\ \text{V}}{50\ \Omega} = 8\ \text{A}$.

Die Leistung in einem Strang ist: $P_{Str} = 400\ \text{V} \cdot 8\ \text{A} = 3200\ \text{W}$.

Die Gesamtleistung ist: $P_\Delta = 3 \cdot P_{Str} = 3 \cdot 3200\ \text{W}$; $\underline{\underline{P_\Delta = 9600\ \text{W}}}$

2.4.3 Blindleistungskompensation

Wie bei einem Einphasensystem kann auch bei einem Drehstromsystem eine Blindleistungskompensation durchgeführt werden. Der Stromfluss durch die Leitungen wird dann um den Blindstrom auf den Wirkanteil reduziert (je nach Grad der Kompensation). Für eine vollständige Blindleistungskompensation muss die induktive Blindleistung durch die gleiche kapazitive Blindleistung kompensiert werden.

$$Q_{ind} = Q_{kap} \tag{2.93}$$

Beim Einphasensystem ergibt sich der Kapazitätswert für eine teilweise Kompensation nach folgender Formel:[11]

$$C = \frac{P \cdot \left[\tan(\varphi) - \tan(\varphi')\right]}{\omega \cdot U^2} \tag{2.94}$$

P = Wirkleistung

φ = Phasenverschiebungswinkel ohne Kompensation

φ' = Phasenverschiebungswinkel mit Kompensation

U = Effektivwert der Spannung am Verbraucher

Bei einem Drehstromsystem muss Gl. (2.94) für jeden Strang angewandt werden. Die Blindleistungskompensation eines Drehstromverbrauchers kann mit drei Kondensatoren erfolgen, die entweder in Stern oder in Dreieck geschaltet sind. Bei einer symmetrischen Sternschaltung des Verbrauchers gilt für den Wert *einer* Kompensationskapazität bei Sternschaltung der Kondensatoren:

$$C_Y = \frac{P_{Str} \cdot \left[\tan(\varphi) - \tan(\varphi')\right]}{\omega \cdot U_{Str}^2} = \frac{\frac{P}{3} \cdot \left[\tan(\varphi) - \tan(\varphi')\right]}{\omega \cdot \left(\frac{U_L}{\sqrt{3}}\right)^2} = \frac{P \cdot \left[\tan(\varphi) - \tan(\varphi')\right]}{\omega \cdot U_L^2} \tag{2.95}$$

P_{Str} = Strangwirkleistung

U_{Str} = Strangspannung

P = Gesamtwirkleistung

U_L = Außenleiterspannung

φ = Phasenverschiebungswinkel zwischen Strangspannung und Strangstrom ohne Kompensation

---

[11] Siehe Abschnitt 5.7, Elektrotechnik für Studierende: Band 3 – Wechselstrom 1, Christiani-Verlag

φ' = Phasenverschiebungswinkel zwischen Strangspannung und Strangstrom mit Kompensation

Für die Sternschaltung der Kondensatoren ist es bedeutungslos, ob der Verbraucher in Stern oder in Dreieck geschaltet ist. Statt der Sternschaltung der Kondensatoren kann auch die dazu äquivalente Dreieckschaltung eingesetzt werden. Wird berücksichtigt, dass alle in Stern geschalteten Verbraucherimpedanzen $\underline{Z}_Y$ und alle in Dreieck geschalteten Verbraucherimpedanzen $\underline{Z}_\Delta$ jeweils untereinander gleich sind, so gilt für die Beziehungen der Impedanzen bzw. Admittanzen entsprechend einer Stern-Dreieck-Transformation:[12]

$$\underline{Z}_\Delta = 3 \cdot \underline{Z}_Y \text{ bzw. } \underline{Y}_Y = 3 \cdot \underline{Y}_\Delta \qquad (2.96)$$

Mit $\underline{Y}_Y = j\omega C_Y$ und $\underline{Y}_\Delta = j\omega C_\Delta$ folgt:

$$\boxed{C_\Delta = \frac{1}{3} C_Y} \qquad (2.97)$$

Bei Dreieckschaltung der Kondensatoren ist für ihre Kapazität nur ein Drittel des Wertes bei Sternschaltung erforderlich. Deshalb wird für die Blindleistungskompensation bei Drehstrom meist die Dreieckschaltung angewandt. Da aber die Außenleiterspannung um den Faktor $\sqrt{3}$ größer ist als die Strangspannung, muss die Spannungsfestigkeit der in Dreieck geschalteten Kondensatoren ebenfalls um den Faktor $\sqrt{3}$ größer sein als bei der Sternschaltung der Kondensatoren. Durch eine etwas geringere Bauteilgröße der Kondensatoren bleibt trotzdem ihre Dreieckschaltung vorteilhaft.

---

[12] Siehe Abschnitt 3.2.6, Elektrotechnik für Studierende: Band 2 – Gleichstrom 1, Christiani-Verlag

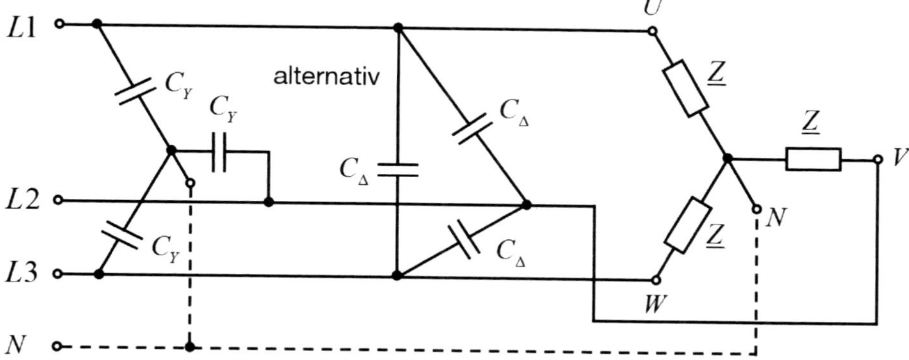

Abb. 69: Blindleistungskompensation eines ohmsch-induktiven Drehstromverbrauchers mit drei Kondensatoren in Sternschaltung und alternativ mit drei Kondensatoren in Dreieckschaltung

Beispiel 18

Im $400\ \text{V} / 230\ \text{V}$-Netz soll die Blindleistungsaufnahme eines Drehstrommotors von $Q_{ind} = 820\ \text{var}$ mit in Stern bzw. in Dreieck geschalteten Kondensatoren vollständig kompensiert werden. Welchen Wert müssen die Kondensatoren jeweils haben?

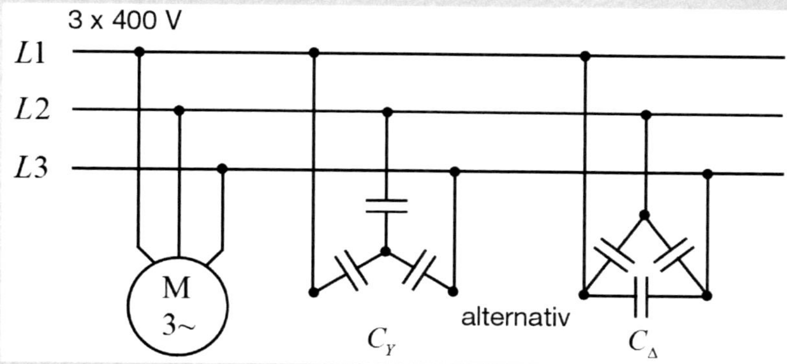

Abb. 70: Blindleistungskompensation eines Drehstrommotors

Lösung:

Für eine vollständige Blindstrom- bzw. Blindleistungskompensation muss gelten: $Q_{ind} = Q_{kap}$. Die kapazitive Blindleistung der in Stern bzw. in Dreieck geschalteten Kondensatoren muss gleich der gesamten induktiven Blindleistung sein. Der Drehstrommotor stellt einen symmetrischen Verbraucher dar, die gesamte Leistung verteilt sich gleichmäßig auf die drei Stränge: $Q_{Str} = \frac{Q_{ind}}{3}$.

Die kapazitive Blindleistung ist: $Q_C = \frac{U_C^2}{X_C} = \omega \cdot C \cdot U_C^2$. Daraus folgt:

$C = \frac{Q_C}{\omega \cdot U_C^2}$ mit U_C = Spannung am Kondensator. Es ist $U_C = U_{Str} = 230\ \text{V}$ bei Sternschaltung und $U_C = U = U_L = 400\ \text{V}$ bei Dreieckschaltung der Kondensatoren.

$$Q_C = Q_{Str} = \frac{Q_{ind}}{3}$$

$$C_Y = \frac{820\ \text{var}}{3 \cdot \omega \cdot U_C^2} = \frac{820\ \text{var}}{3 \cdot 2 \cdot \pi \cdot 50\ \text{s}^{-1} \cdot (230\ \text{V})^2} = 16{,}45 \cdot 10^{-6}\ \text{F} = \underline{\underline{16{,}45\ \mu\text{F}}}$$

$$C_\Delta = \frac{C_Y}{3} = \underline{\underline{5{,}48\ \mu\text{F}}}$$

Beispiel 19

Von einem Drehstrommotor in Dreieckschaltung sind folgende Angaben für den Nennbetrieb bekannt:

$U_N = 400\ \text{V} / 50\ \text{Hz}$, $\cos(\varphi_N) = 0{,}82$, Wirkungsgrad $\eta_N = 0{,}87$, Drehzahl $n_N = 1455\ \text{min}^{-1}$,

$P_N = 7{,}5\ \text{kW}$

a) Welche Wirkleistung P_Δ, Scheinleistung S_Δ und Blindleistung Q_Δ nimmt der Motor im Nennbetrieb vom Drehstromnetz auf?

b) Welchen Scheinwiderstand Z besitzen die Stränge des Motors? Wie groß ist der Strom I_{Str} in den Strängen? Wie groß ist der Strom I_L in den Zuleitungen?

c) Die Blindleistungsaufnahme des Motors soll mit in Dreieck geschalteten Kondensatoren auf $\cos(\varphi') = 0{,}95$ kompensiert werden. Welche Kapazität C_Δ muss jeder der drei Kondensatoren aufweisen?

d) Was sagen die Angaben auf dem Typenschild eines Elektromotors aus? Bestimmen Sie das Nennmoment des gegebenen Drehstrommotors.

Lösung:

a) Der Wirkungsgrad η besagt, dass die vom Drehstromnetz gelieferte elektrische Wirkleistung P_{el} aufgrund der Leistungsverluste im Motor höher ist als die maximal mögliche mechanische Wirkleistung P_{mech}. Die Leistungsangabe eines Motors betrifft immer die mechanische Wellenleistung.

$$P_{el} = \frac{P_{mech}}{\eta};\ P_{\Delta} = \frac{P_N}{\eta_N} = \frac{7{,}5\ \text{kW}}{0{,}87} = \underline{\underline{8620{,}7\ \text{W}}}$$

$$S_{\Delta} = \frac{P_{\Delta}}{\cos(\varphi_N)} = \frac{8620{,}7\ \text{W}}{0{,}82} = \underline{\underline{10513{,}0\ \text{VA}}}$$

$$Q_{\Delta} = S_{\Delta} \cdot \sin(\varphi_N) = 10513\ \text{VA} \cdot \sin\left(\arccos(0{,}82)\right) = \underline{\underline{6017{,}3\ \text{var}}}$$

b) Die Gesamtscheinleistung ist nach Tabelle 1: $S_{\Delta} = 3 \cdot U_{Str} \cdot I_{Str}$. In Dreieckschaltung ist die Strangspannung gleich der Leiterspannung: $U_{Str} = U_L = 400\ \text{V}$. Mit dem Strangwiderstand (Scheinwiderstand Z) folgt:

$$I_{Str} = \frac{U_{Str}}{Z};\ S = \frac{3 \cdot (U_{Str})^2}{Z};\ Z = \frac{3 \cdot (U_{Str})^2}{S};\ Z = \frac{3 \cdot (400\ \text{V})^2}{10513\ \text{VA}} = \underline{\underline{45{,}66\ \Omega}}$$

$$I_{Str} = \frac{U_{Str}}{Z} = \frac{400\ \text{V}}{45{,}66\ \Omega} = \underline{\underline{8{,}76\ \text{A}}};\ I_L = \sqrt{3} \cdot I_{Str} = \underline{\underline{15{,}17\ \text{A}}}$$

c) $$C_{\Delta} = \frac{1}{3} \cdot C_Y = \frac{1}{3} \cdot \frac{P \cdot \left[\tan(\varphi_N) - \tan(\varphi')\right]}{\omega \cdot U_L^2}$$

$$C_{\Delta} = \frac{8620{,}7\ \text{W} \cdot \left[\tan\left(\arccos(0{,}82)\right) - \tan\left(\arccos(0{,}95)\right)\right]}{3 \cdot 2 \cdot \pi \cdot 50\ \text{s}^{-1} \cdot (400\ \text{V})^2};\ \underline{\underline{C_{\Delta} = 21{,}1\ \mu\text{F}}}$$

d) Der Nennbetrieb bezeichnet die Betriebsart elektrischer Maschinen, für die sie im Dauerbetrieb ausgelegt sind. Auf dem Typenschild eines Motors werden Nenndaten für einen Betriebspunkt, den so genannten Bezugspunkt oder Nennpunkt angegeben. Zu diesen Daten gehören z. B. die Nennspannung U_N, der Nennstrom I_N, der Leistungsfaktor $\cos(\varphi) = P/S$, die Nenndrehzahl der Welle n_N oder die mechanische Leistung an der Welle P_N (die Leistungsangabe eines Motors betrifft immer die mechanische Wellenleistung). Ist das prinzipielle Drehzahl-

Drehmomentverhalten eines Motors bekannt, so kann mittels der Typenschildangaben näherungsweise auf alle anderen Betriebspunkte geschlossen werden.

Ein Elektromotor nimmt die elektrische Leistung

$$\boxed{P_{el} = U \cdot I = P_{zu}} \tag{2.98}$$

auf und gibt die mechanische Leistung

$$\boxed{P_{mech} = M \cdot \omega = P_{ab}} \tag{2.99}$$

an seiner Welle ab.

Bei der Wandlung von elektrischer in mechanische Energie geht die Verlustleistung P_V als Wärmeleistung verloren. Das Verhältnis von abgegebener Leistung P_{ab} zu zugeführter Leistung P_{zu} wird als **Wirkungsgrad** η bezeichnet:

$$\boxed{\eta = \frac{\text{abgegebene Wirkleistung}}{\text{zugeführte Wirkleistung}} = \frac{P_{ab}}{P_{zu}}} \tag{2.100}$$

Für die Energie gilt mit $W_{zu} = P_{zu} \cdot t$ und $W_{ab} = P_{ab} \cdot t$ auch:

$$\boxed{\eta = \frac{\text{abgegebene Energie}}{\text{zugeführte Energie}} = \frac{W_{ab}}{W_{zu}}} \tag{2.101}$$

Von P_{zu} müssen die unvermeidlichen Verluste P_V abgezogen werden, um P_{ab} zu erhalten.

$$\boxed{P_{ab} = P_{zu} - P_V} \tag{2.102}$$

Somit ist P_{ab} stets kleiner ist als P_{zu} und der Wirkungsgrad stets kleiner als eins:

$$\boxed{\eta = \frac{M \cdot \omega}{U \cdot I} < 1} \tag{2.103}$$

Statt der Winkelgeschwindigkeit ω in s^{-1} wird bei elektrischen Maschinen die Drehzahl n in Umdrehungen pro Minute ($[n] = \mathrm{min}^{-1}$) angegeben. Die mechanische Leistung beträgt dann:

$$\boxed{P_{mech} = M \cdot \omega = M \cdot 2\pi f = M \cdot 2\pi \frac{n}{60 \frac{\mathrm{s}}{\mathrm{min}}}} \tag{2.104}$$

Das Nennmoment (Nenndrehmoment) ist:

$$\boxed{M = \frac{P_{mech}}{2\pi \cdot \dfrac{n}{60\ \dfrac{\mathrm{s}}{\mathrm{min}}}}} \qquad (2.105)$$

Für den gegebenen Drehstrommotor ergibt sich:

$$M = \frac{7500\ \mathrm{W}}{2\pi \cdot \dfrac{1455\ \mathrm{min}^{-1}}{60\ \dfrac{\mathrm{s}}{\mathrm{min}}}}\text{; mit } [\mathrm{W}] = \frac{\mathrm{Nm}}{\mathrm{s}} \text{ folgt: } \underline{\underline{M = 49{,}2\ \mathrm{Nm}}}$$

2.4.4 Leistungsmessung bei Drehstrom

2.4.4.1 Wirkleistungsmessung

Im Gleichstromkreis ist die Leistung stets durch das Produkt aus Strom und Spannung gegeben, es gilt folgende Beziehung:

$$\boxed{P = U \cdot I} \qquad (2.106)$$

Bei der Leistungsmessung in einem einphasigen Wechselstromsystem gilt für die am Messinstrument angezeigte Wirkleistung P_{Anz}:

$$\boxed{P_{Anz} = U \cdot I \cdot \cos(\varphi)} \qquad (2.107)$$

U, I sind Effektivwerte, φ = Phasenverschiebung zwischen U und I

In der Energietechnik wird oft das so genannte *Wattmeter* zur Leistungsmessung verwendet, es zeigt die Wirkleistung an. Im Gegensatz zum Drehspulinstrument befindet sich in einem Wattmeter kein Permanentmagnet. Statt dessen erzeugt der Messstrom in einer feststehenden Spule (der *Feldspule*) den nötigen magnetischen Fluss, um eine zweiten Spule (die *Drehspule*), die von einem Strom proportional zur Spannung durchflossen wird, auszulenken. Der Innenwiderstand der Drehspule sowie ein in Reihe geschalteter Widerstand R_{V} erzeugen einen der Spannung proportionalen Strom. Die Feldspule führt also den Gesamtstrom, die Drehspule misst die Spannung. Ein solches produktbildendes Messwerk wird als *elektrodynamisches Messwerk* bezeichnet.

Im Schaltzeichen des Wattmeters ist der **dicke Strich** der **Strommesspfad** und der **dünne Strich** der **Spannungsmesspfad**. Der Spannungspfad des Wattmeters kann so beschaltet werden, dass die Messung „stromrichtig“

bzw. „spannungsrichtig“ erfolgt, wobei sich diese Begriffe grundsätzlich auf die Verbraucherseite beziehen.

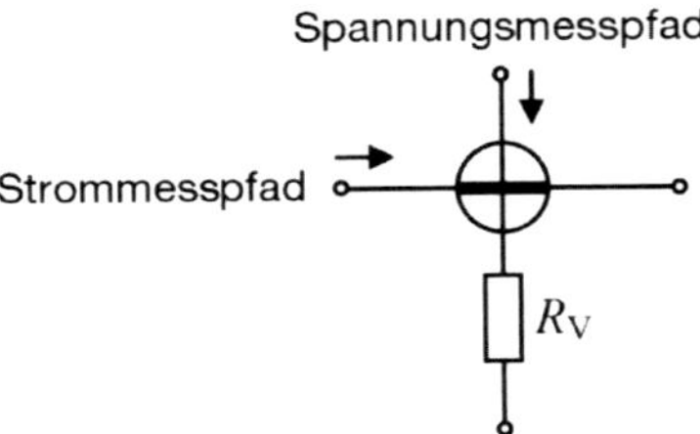

Abb. 71: Schaltzeichen eines Wattmeters mit Benennung der Pfade und Widerstand im Spannungsmesspfad

Die Schaltungen zur Leistungsmessung mit einem Wattmeter zeigt Abb. 72. I_1 ist der Strom durch die Feldspule (Strommesspfad), I_2 ist der Strom durch die Drehspule (Spannungsmesspfad). Links im Bild ist die spannungsrichtige Messung der Lastspannung und rechts die stromrichtige Messung des Laststromes dargestellt.

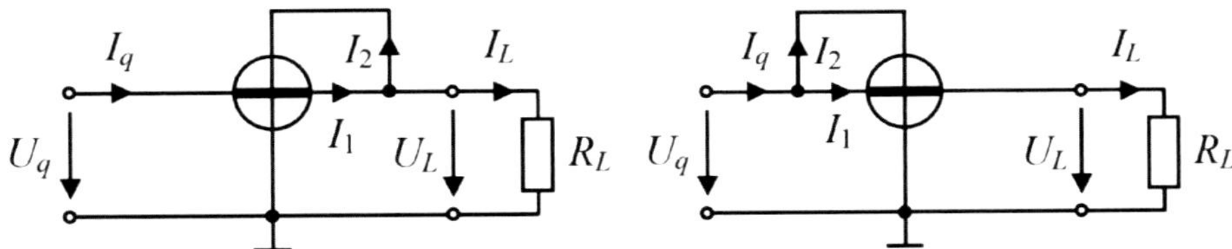

Abb. 72: Leistungsmessung mit einem elektrodynamischen Messwerk, spannungsrichtige Messung (links) und stromrichtige Messung (rechts)

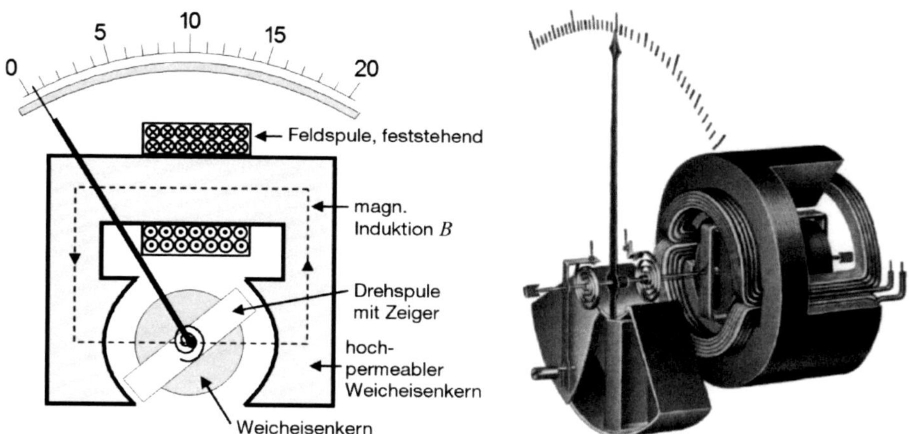

Abb. 73: Prinzipieller Aufbau eines elektrodynamischen Messwerks (links), eisengeschlossenes elektrodynamisches Messwerk mit Luftkammerdämpfung (H&B) (rechts)

Anmerkung: Leistungsmessgeräte können auch auf rein elektronischer Basis mit digitaler Anzeige realisiert werden. In modernen Messgeräten wird die Leistungsmessung über integrierte Multiplizierer (logarithmische Verstärker) durchgeführt. Die Spannungsgröße $u(t)$ kann dabei direkt erfasst werden. Der Strom $i(t)$ wird im Allgemeinen über einen in den Kreis eingefügten Shuntwiderstand gemessen. Aus der Multiplikation des Stromes und der Spannung ergibt sich die Momentanleistung $p(t)$. Über eine zeitliche Integration erhält man die Wirkleistung P.

Vierleitersystem: Symmetrische Last in Sternschaltung, Neutralleiter ist verfügbar

Ist der Drehstromverbraucher in Sternschaltung symmetrisch und der Neutralleiter ist zugänglich (er muss nicht angeschlossen sein), so kann die Drehstrom-Wirkleistung mit nur einem Wattmeter ermittelt werden. Es wird die Leistung in einem Strang gemessen.

$$\boxed{P_{Anz} = P_{Str} = U \cdot I \cdot \cos(\varphi)} \tag{2.108}$$

Die Gesamtleistung ist dann:

$$\boxed{P = 3 \cdot P_{Anz}} \tag{2.109}$$

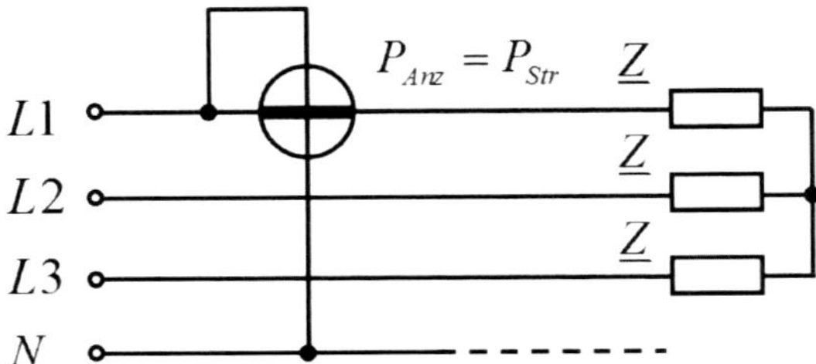

Abb. 74: Leistungsmessung an symmetrischer Drehstromlast in Sternschaltung bei verfügbarem Neutralleiter

Dreileitersystem: Symmetrische Last in Dreieckschaltung

Bei symmetrischer Last in Dreieckschaltung genügt zur Leistungsmessung ebenfalls ein einziges Wattmeter, die Gesamtleistung ist wieder das Dreifache der Strangleistung nach Gl. (2.109).

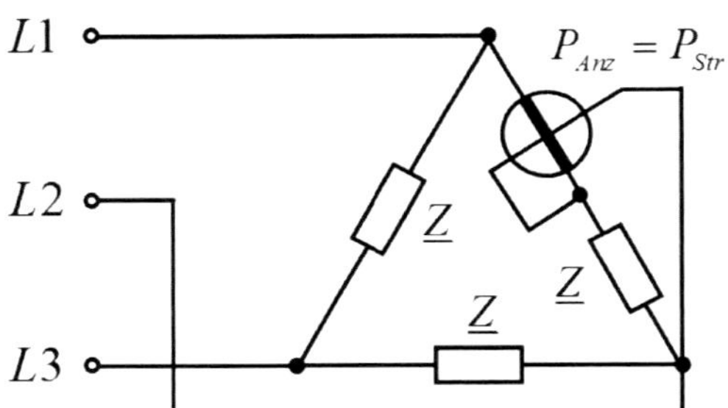

Abb. 75: Leistungsmessung an symmetrischer Drehstromlast in Dreieckschaltung

Vier- oder Dreileitersystem: Unsymmetrische Last in Sternschaltung, Neutralleiter ist angeschlossen oder Sternpunkt ist zugänglich

Bei unsymmetrischer Last in Sternschaltung im Vierleitersystem (N angeschlossen) oder im Dreileitersystem (N nicht angeschlossen) muss die Leistung in jedem Strang einzeln gemessen und zur Ermittlung der Gesamtleistung die Summe gebildet werden. Voraussetzung beim Dreileitersystem ist, dass der Sternpunkt des Verbrauchers zur Verfügung steht.

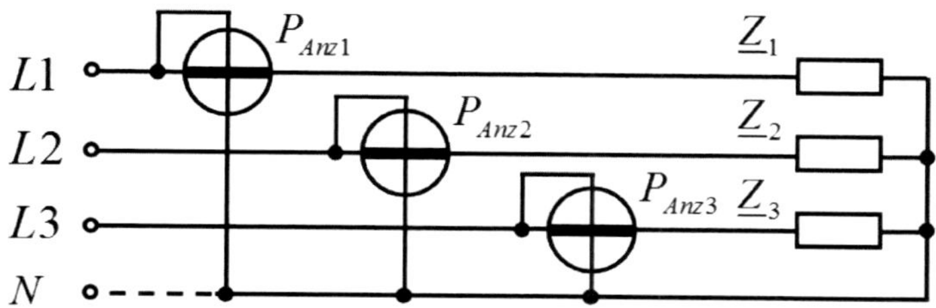

Abb. 76: Leistungsmessung an unsymmetrischer Drehstromlast in Sternschaltung mit angeschlossenem Neutralleiter im Vierleitersystem bzw. bei zugänglichem Sternpunkt im Dreileitersystem

Dreileitersystem: Symmetrische Last in Stern- oder Dreieckschaltung, Sternpunkt ist nicht zugänglich

Ist der Sternpunkt nicht zugänglich, so wird ein künstlicher Sternpunkt gebildet. Er wird über drei gleich große, in Stern geschaltete Widerstände erzeugt. Der Messwerkswiderstand R_M im Spannungspfad ist dabei zu berücksichtigen: $R_V' = R_V + R_M$. Die Gesamtleistung ist wieder $P = 3 \cdot P_{Anz}$.

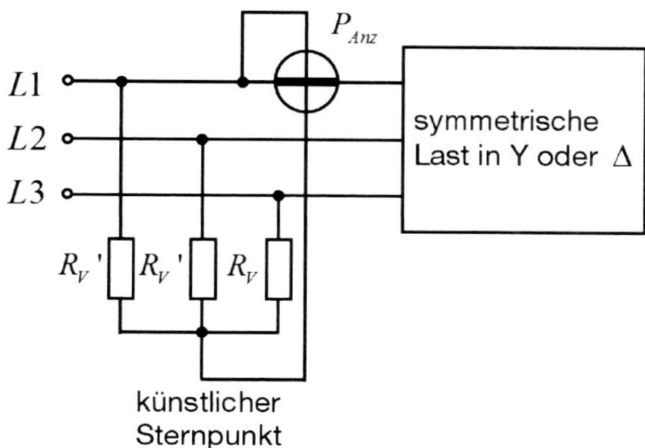

Abb. 77: Leistungsmessung bei symmetrischer Last und künstlichem Sternpunkt

Dreileitersystem: Unsymmetrische Last in Stern- oder Dreieckschaltung, Sternpunkt ist nicht zugänglich

Es wird wieder ein künstlicher Sternpunkt gebildet. Die Leistung in jedem Strang muss einzeln gemessen und zur Ermittlung der Gesamtleistung die Summe gebildet werden.

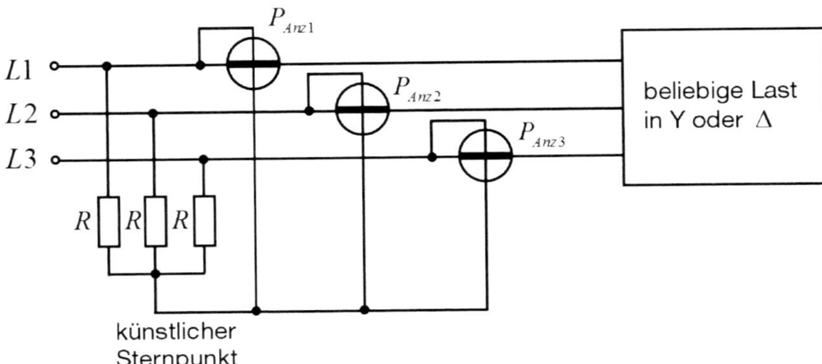

Abb. 78: Leistungsmessung bei beliebiger Last in Stern oder Dreieck und künstlichem Sternpunkt

Dreileitersystem: Symmetrische oder unsymmetrische Last in Stern- oder Dreieckschaltung

Eine wichtige Messschaltung zur Messung der Wirkleistung eines Drehstromverbrauchers ist die in Abb. 79 gezeigte **Aron-Schaltung** (Zwei-Leistungsmesser-Verfahren nach Aron).

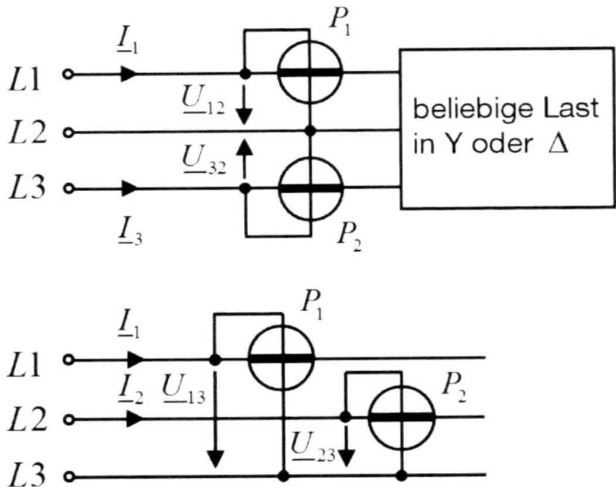

Abb. 79: Aron-Schaltung (oben), ebenfalls mögliche Messschaltung der Wattmeter (unten)

Die komplexe Leistung im Wechselstromkreis ist:

$$\boxed{\underline{S} = P + j \cdot Q = \underline{U} \cdot \underline{I}^* = U \cdot I \cdot e^{j\varphi}} \tag{2.110}$$

$$P = \mathrm{Re}\{\underline{S}\} = U \cdot I \cdot \cos(\varphi) \qquad (2.111)$$

$$Q = \mathrm{Im}\{\underline{S}\} = U \cdot I \cdot \sin(\varphi) \qquad (2.112)$$

$$S = |\underline{S}| = U \cdot I \qquad (2.113)$$

Für die gesamte komplexe Scheinleistung eines Drehstromsystems gilt somit für sämtliche Fälle die Formel:

$$\boxed{\underline{S} = P + j \cdot Q = \underline{U}_{1N} \cdot \underline{I}_1^* + \underline{U}_{2N} \cdot \underline{I}_2^* + \underline{U}_{3N} \cdot \underline{I}_3^*} \qquad (2.114)$$

Dieser Ausdruck für die Scheinleistung kann bei allen Dreileitersystemen mit der Beziehung $\underline{I}_1 + \underline{I}_2 + \underline{I}_3 = 0$ umgeformt werden:

$$\begin{aligned} \underline{S} &= \underline{U}_{1N} \cdot \underline{I}_1^* + \underline{U}_{2N} \cdot \left(-I_1^* - I_3^*\right) + \underline{U}_{3N} \cdot \underline{I}_3^* \\ &= \left(\underline{U}_{1N} - \underline{U}_{2N}\right) \cdot I_1^* + \left(\underline{U}_{3N} - \underline{U}_{2N}\right) \cdot \underline{I}_3^* \end{aligned} \qquad (2.115)$$

Die Differenz zweier Sternspannungen ergibt nach den Gl. (2.42), (2.43) und (2.44) eine Dreieckspannung (Leiterspannung). Somit gilt:

$$\boxed{\underline{S} = \underline{U}_{12} \cdot I_1^* + \underline{U}_{32} \cdot I_3^*} \qquad (2.116)$$

Mit dieser Gleichung lässt sich die gesamte Leistung im Dreileitersystem unabhängig von der Schaltung der Verbraucher berechnen. Die Wirkleistung ist somit:

$$\boxed{P = \mathrm{Re}\left\{\underline{U}_{12} \cdot I_1^*\right\} + \mathrm{Re}\left\{\underline{U}_{32} \cdot I_3^*\right\} = P_1 + P_2} \qquad (2.117)$$

Die Wirkleistung des Drehstromsystems entspricht also der Summe der von den beiden Wattmetern in Abb. 79 angezeigten Werte.

Von den angezeigten Leistungen P_1 und P_2 kann nicht auf die einzelnen Strangwirkleistungen geschlossen werden. Der Neutralleiter darf nicht angeschlossen sein, sonst arbeitet die Aron-Schaltung nicht korrekt.

Die Aron-Schaltung benötigt nur zwei Wattmeter, hat allerdings auch einen Nachteil: Sie zeigt eine negative Leistung an, wenn die Phasenverschiebung einer der beiden Ströme größer als $60°$ wird. Tritt dies auf, so muss entweder der Strom- oder der Spannungspfad umgepolt werden.

Anmerkung: Ist die Last in Abb. 79 oben symmetrisch, so kann auch die aufgenommene Blindleistung berechnet werden:

$$\boxed{Q = \sqrt{3} \cdot (P_2 - P_1)} \qquad (2.118)$$

2.4.4.2 Blindleistungsmessung

Symmetrische Last in Sternschaltung

Unter Ausnutzung der Phasenbeziehungen im Drehstromsystem kann mit einem Wirkleistungsmesser die Blindleistung eines symmetrischen Drehstromverbrauchers in Sternschaltung gemessen werden. Im Strompfad fließt der Strangstrom $\underline{I}_1$. Am Spannungspfad liegt statt der Spannung $\underline{U}_1$ die $90°$ phasenverschobene Leiterspannung $\underline{U}_{23}$. Ohne Phasenverschiebung würde der Strom in Leiter 1 senkrecht auf der Spannung $\underline{U}_{23}$ stehen.

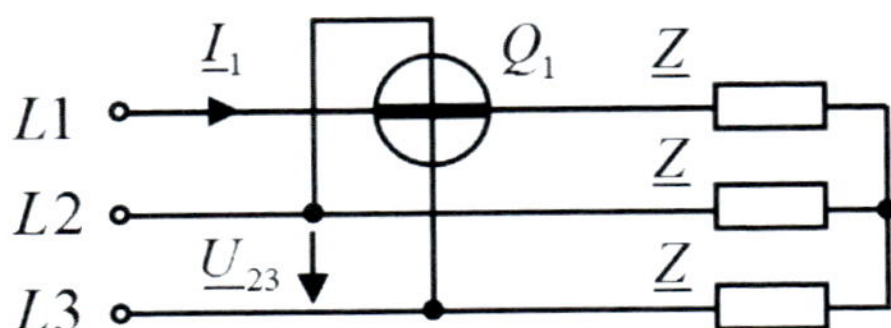

Abb. 80: Messung der Blindleistung

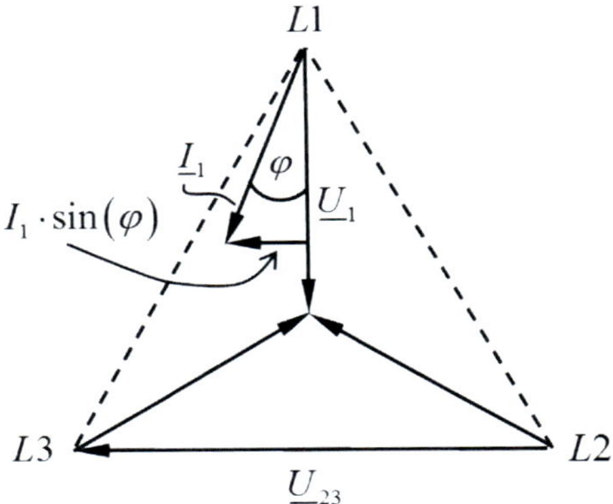

Abb. 81: Zu Strom und Spannung bei der Blindleistungsmessung nach Abb. 80

Die Leiterspannung $\underline{U}_{23}$ bildet bei einer ohmsch-induktiven Last mit dem erfassten Strom $\underline{I}_1$ den Winkel:

$$\varphi_I = 90° - \varphi \tag{2.119}$$

Mit $\cos(90° - \varphi) = \sin(\varphi)$ folgt:

$$\boxed{Q_1 = U_{23} \cdot I_1 \cdot \sin(\varphi)} \tag{2.120}$$

Der Wirkleistungsmesser zeigt somit die Blindleistung an, vgl. Gl. (2.112).

Da die Leiterspannung um den Faktor $\sqrt{3}$ größer ist als die Strangspannung, ist die Anzeige mit dem Wert Q_1 für die Blindleistung um diesen Faktor zu groß, es ist die $\sqrt{3}$-fache Blindleistung des einzelnen Stranges. Mit $Q = 3 \cdot \frac{Q_1}{\sqrt{3}}$ folgt für die gesamte Blindleistung:

$$\boxed{Q = \sqrt{3} \cdot Q_1} \qquad (2.121)$$

Für die Messung wird der Neutralleiter nicht benötigt. Die Schaltung ist deshalb sowohl für Vier- als auch für Dreileitersysteme geeignet.

2.5 Zusammenfassung

1. Die einfachste Versorgung eines Verbrauchers mit elektrischer Energie erfolgt mit dem Einphasen-Wechselstromnetz (Einphasennetz).
2. Das Einphasen-Wechselstromnetz hat bezüglich der Energieübertragung gegenüber einem Mehrphasennetz erhebliche Nachteile.
3. In einem offenen Mehrphasensystem werden die Stränge des Generators ohne Bezug zueinander wie einzelne Wechselspannungsquellen mit verschiedenen Phasenlagen betrachtet (nichtverkettetes Mehrphasensystem).
4. In einem verketteten Mehrphasensystem sind die Phasenwicklungen des Generators miteinander verbunden (z. B. in Sternschaltung oder in Ringschaltung). Die Verbraucher können ebenfalls entweder in Sternschaltung oder in Ringschaltung geschaltet sein.
5. Das Drehstromnetz ist das wichtigste Mehrphasensystem.
6. Die in einer Strombahn liegende einzelne Energiequelle bzw. den einzelnen Verbraucher bezeichnet man als Strang.
7. Die Verbindungsleiter der Außenpunkte des Generators und der Außenpunkte des Verbrauchers heißen Außenleiter ($L1,\ L2, \ldots,\ Lm$).
8. Es gibt Drei- und Vierleitersysteme.
9. In einem Drehstromgenerator sind drei Spulen im Winkel von 120° versetzt angebracht. Die erzeugten Spannungen sind um je 120° zeitlich gegeneinander phasenverschoben.
10. Ausführungen der Drehstrom-Synchronmaschine sind Innen- und Außenpolmaschine.

11. Innenpolmaschine (Schenkelpolmaschine und Vollpolmaschine): Die Erregerwicklung zur Erzeugung des Magnetfeldes befindet sich auf dem Rotor. Die Wechselspannung wird in den Spulen im Stator erzeugt.
12. Außenpolmaschine: Die Erregerwicklung befindet sich auf dem Stator, die Wechselspannung wird in den Spulen im Rotor erzeugt.
13. Die Strangspannungen sind im Drehstromnetz: $\underline{U}_1 = U$, $\underline{U}_2 = U \cdot e^{-j \cdot 120°}$, $\underline{U}_3 = U \cdot e^{-j \cdot 240°}$.
14. Zur Vereinfachung der Berechnung wird mit der Methode der symmetrischen Komponenten ein unsymmetrisches Dreiphasensystem in drei symmetrische Teilsysteme zerlegt, ein Nullsystem, ein Mitsystem und ein Gegensystem.
15. Bei der Sternschaltung des Drehstromgenerators sind die Außenleiterspannungen um den Faktor $\sqrt{3}$ größer als die Strangspannungen.
16. Bei der Dreieckschaltung des Drehstromgenerators sind die Außenleiterspannungen gleich den Strangspannungen.
17. Beim Verbraucher in Sternschaltung kann der Mittelleiter bei symmetrischer Belastung entfallen. Es gilt: Leiterströme = Strangströme und Außenleiterspannung = $\sqrt{3}$ mal Strangspannung.
18. Beim Verbraucher in Sternschaltung ohne Mittelleiter und symmetrischer Last gilt für den Strom in jedem Außenleiter: $\underline{I} = \frac{\underline{U}_{Str}}{\underline{Z}} = \frac{\underline{U}_L}{\sqrt{3} \cdot \underline{Z}}$.
19. Bei der Dreieckschaltung eines Drehstromverbrauchers gilt für den Zusammenhang zwischen den Leiter- und Strangspannungen: Außenleiterspannung = Strangspannung. Ist der Drehstromverbraucher symmetrisch, so sind die Strangströme und die Leiterströme gleich groß. $\underline{I}_{12} = \underline{I}_{23} = \underline{I}_{31} = \underline{I}_{Str}$ und $\underline{I}_1 = \underline{I}_2 = \underline{I}_3 = \underline{I}_L$.
20. Bei der Dreieckschaltung des Verbrauchers gilt: $I_L = \sqrt{3} \cdot I_{Str}$ (Leiterstrom = $\sqrt{3}$ mal Strangstrom).
21. Beim Drehstrom-Niederspannungsnetz des europäischen Verbundnetzes gelten die nachfolgend angegebenen Effektivwerte. Strangspannungen: $U_1 = U_2 = U_3 = U = U_Y = U_{Str} = 230\ \mathrm{V}$ (zum Betrieb einphasiger Verbraucher).
22. Leiterspannungen: $U_{12} = U_{23} = U_{31} = \sqrt{3} \cdot U = U_\Delta = U_L = 400\ \mathrm{V}$ (zum Betrieb dreiphasiger Verbraucher).

23. Die Wirkleistung in einem Strang eines Drehstromverbrauchers ist $P_{Str} = U_{Str} \cdot I_{Str} \cdot \cos(\varphi)$.

24. Unabhängig von der Art der Schaltung ist mit Leitergrößen die Drehstrom-Wirkleistung:

    $$P_{ges} = \sqrt{3} \cdot U \cdot I \cdot \cos(\varphi) = S \cdot \cos(\varphi).$$

25. Für die gesamte Drehstrom-Blindleistung gilt:
    $Q_{ges} = \sqrt{3} \cdot U \cdot I \cdot \sin(\varphi) = S \cdot \sin(\varphi)$.

26. Die gesamte Drehstrom-Scheinleistung ist: $S_{ges} = \sqrt{3} \cdot U \cdot I = \sqrt{P^2 + Q^2}$.

27. In Dreieckschaltung ist die Leistungsaufnahme dreimal größer als in Sternschaltung.

28. Im symmetrischen Drehstromsystem ist die Momentanleistung des Gesamtsystems konstant.

29. Für eine Blindleistungskompensation ist bei Dreieckschaltung der Kondensatoren für ihre Kapazität nur ein Drittel des Wertes bei Sternschaltung erforderlich.

30. Ein Wattmeter hat einen Strommesspfad und einen Spannungsmesspfad.

31. Die Aron-Schaltung dient zur Messung der Wirkleistung eines Drehstromverbrauchers mit zwei Leistungsmessern.

3 Transformatoren und Übertrager

3.1 Aufgaben und Einsatzbereiche

Der Transformator (auch kurz Trafo genannt) ist ein sehr wichtiges Schaltungselement in der Wechselstromtechnik mit einem weiten Einsatzbereich. Er findet Anwendung als **Umspanner** in der elektrischen **Energietechnik** zur Verbindung von Netzen mit unterschiedlichen Spannungsebenen. Ein Hauptanwendungsgebiet von Transformatoren ist somit die Erhöhung oder Verringerung von Wechselspannungen. Mit Hilfe eines Transformators wird Wechsel- oder Drehstromleistung gegebener Spannung und Frequenz (z. B. 50 Hz) in solche höherer oder niedrigerer Spannung bei gleichbleibender Frequenz umgewandelt. Die in Kraftwerken der Energieversorgungsunternehmen erzeugte elektrische Energie wird durch Transformatoren auf Spannungsebenen (bis zu 380 kV) umgewandelt, die einen rationellen Transport über weite Entfernungen ermöglichen. Für die Stromversorgung sind Transformatoren unverzichtbar, da elektrische Energie nur mittels Hochspannungsleitungen über weite Entfernungen wirtschaftlich sinnvoll transportiert werden kann. Um die Leistung $U \cdot I$ (Scheinleistung) mit geringen Leitungsverlusten $P_L = I^2 \cdot R_L$ (R_L = Leitungswiderstand) über eine größere Entfernung zu übertragen, muss U möglichst groß sein. Hierfür folgt die Begründung.

Die von einer Quelle (Generator) einem gesamten Stromkreis aus Leitung und Verbraucher zugeführte Leistung ist:

$$\boxed{P_{zu} = U_G \cdot I} \tag{3.1}$$

U_G = Generatorspannung, I = Strom im Stromkreis

Durch den Leitungswiderstand fällt an der Übertragungsleitung die Spannung U_L ab. Die Spannung am Verbraucher ist $U_G - U_L$. Die vom Verbraucher abgebbare (nutzbare) Leistung ist somit:

$$\boxed{P_{ab} = (U_G - U_L) \cdot I} \tag{3.2}$$

Für den Wirkungsgrad folgt:

$$\eta = \frac{P_{ab}}{P_{zu}} = \frac{(U_G - U_L) \cdot I}{U_G \cdot I} \tag{3.3}$$

Mit $U_L = R_L \cdot I$ folgt:

$$\boxed{\eta = 1 - \frac{R_L \cdot I}{U_G}} \quad (\eta < 1) \tag{3.4}$$

Der Wirkungsgrad ist umso höher, je größer U_G ist.[13]

Der Wirkungsgrad des Umspanners soll natürlich ebenfalls möglichst hoch sein. Im unteren Spannungsbereich werden Einphasen-Transformatoren in großer Stückzahl verwendet, um für die dortigen Anwendungen die erforderlichen Spannungen zu erzeugen. Netztransformatoren befinden sich in nahezu allen Stromversorgungen elektronischer Geräte, sie sind vor der Gleichrichtung am einphasigen Niederspannungsnetz angeschlossen. – Alle Transformatoren sind elektrische Geräte, da sie keine beweglichen Teile enthalten. Obwohl Transformatoren kein rotierendes Teil besitzen, werden sie in der Energietechnik zum Bereich der Maschinen gezählt und oft als *ruhende* Maschinen bezeichnet, weil die elektromagnetischen Eigenschaften in Transformatoren wie in den elektrischen Wechsel- und Drehstrommaschinen beschrieben werden können. Die Technik ist ähnlich. Wie die elektrischen Maschinen bestehen Transformatoren aus einem Blechpaket mit Wicklungen und ihre physikalische Grundlage ist das magnetische Feld.

Beim Einsatz als **Trenntransformator** zur **Schutztrennung** erfolgt eine galvanische Trennung eines Verbrauchers vom öffentlichen Stromnetz. Durch den Schutztrenntrafo mit einem Übersetzungsverhältnis von 1:1 wird eine erdfreie Sekundärspannung erzeugt, die am Trenntransformator angeschlossenen Geräte haben keine Erdverbindung mehr. Tritt an einem Betriebsmittel ein Körperschluss durch das Berühren spannungsführender Teile auf, so kann kein Rückfluss des Stromes über den menschlichen Körper zur Erde erfolgen. Es entsteht keine Berührungsspannung und damit auch kein geschlossener Stromkreis zur Erde, da keine weitere leitende Verbindung zum Stromkreis besteht. In Fällen, in denen die Schutztrennung zwingend vorgeschrieben ist, darf nur ein Verbraucher mit höchstens $16\ \mathrm{A}$ Nennstrom pro Trenntransformator angeschlossen werden. Die Steckdose am Ausgang dieses Transformators darf keinen Schutzkontakt besitzen, der sekundärseitige Verbraucherstromkreis darf in keinem Punkt mit der Erde leitend verbunden sein. Treten zwei Fehler im Sekundärkreis des Trenntransformators auf, so kann eine Durchströmung des Menschen nicht verhindert werden (Abb. 82).

[13] Die Hochspannungs-Gleichstrom-Übertragung (HGÜ) wird hier nicht betrachtet.

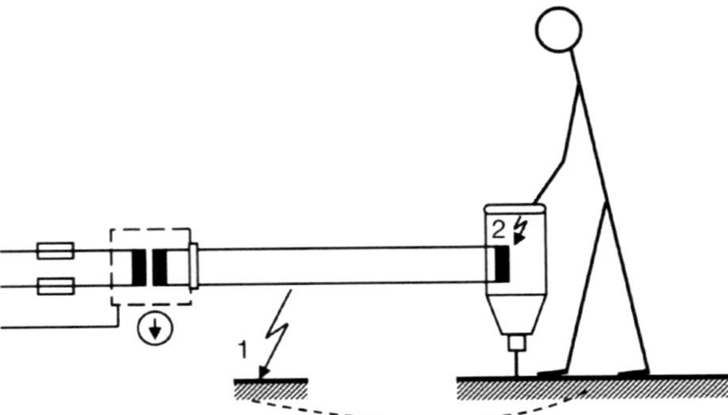

Abb. 82: Trenntransformator (ortsfest) mit Erdschluss (1) im Sekundärkreis und Körperschluss (2) im Verbraucher

In der **Messtechnik** dient der Trenntransformator zur **Potenzialtrennung** von Messgeräten. Die galvanische Trennung zwischen Primär- (Netz-) und Sekundärseite hat zur Folge, dass auf der Sekundärseite der Erdbezug beliebig gewählt werden kann. Dies ist für Messzwecke sehr hilfreich. So kann beispielsweise auf der Sekundärseite bzw. in einer angeschlossenen elektrischen Schaltung mit einem Oszilloskop mit geerdeter Masse gemessen werden.

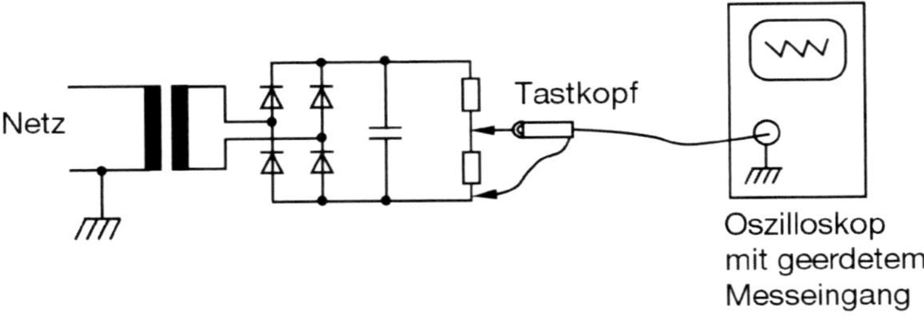

Abb. 83: Beispiel für die Anwendung eines Trenntransformators in der Messtechnik. Der Minuspol der Gleichspannung ist über das Oszilloskop geerdet.

In der Messtechnik dienen Transformatoren als **Wandler** zur Anpassung der zu messenden Signale (Verringerung von Messspannungen bzw. -strömen) an den Messbereich des Messgerätes. Wandler unterscheiden sich von den Umspannern in der magnetischen Auslegung. Messwandler für Wechselgrößen (hier Strom und Spannung) sind fast ideale, verlustlose Transformatoren kleiner Leistung, die weit unterhalb der Sättigungsgrenze des Eisenkerns betrieben werden und daher entsprechend genau arbeiten. Die hohen primärseitigen Werte von Strom und Spannung werden durch Wandlung und galvanische Trennung auf niedrige Werte sekundärseitig herabgesetzt. Dadurch lassen sich die Netzgrößen einfacher und gefahrloser messen. Von großem Vorteil im industriellen Einsatz ist deren galvanische Trennung. So besteht keine leitende Verbindung zwischen dem Messobjekt auf der Primärseite und der Messeinrichtung auf der Sekundärseite. Ein Wandler muss einen möglichst kleinen Betragsfehler haben. Bei allen Spannungen und Strömen muss das Übersetzungsverhältnis konstant und genau bekannt sein. Außerdem muss der Winkelfehler möglichst klein sein, zwischen Primär- und Sekundärspannung bzw. -strom darf kein Phasenunterschied bestehen (bzw. eine Verschiebung von genau 180°).

Spannungswandler werden zur Messung großer Spannungen verwendet. Ein Spannungswandler ist ein sekundärseitig (fast) im Leerlauf betriebener Transformator. Er transformiert die hohe Primärspannung auf einen Wert herunter, der proportional zu der zu messenden Hochspannung ist. Auf eine Erdung der Sekundärseite (Messkreis) muss geachtet werden. Sicherungen sind vorzusehen. Spannungswandler haben primärseitig genormte Nennspannungen zwischen 1 kV und 400 kV, sekundärseitig ist ein Wert von 100 V üblich.

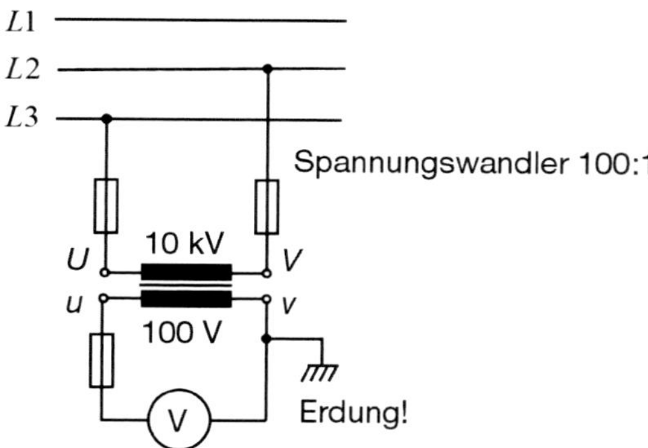

Abb. 84: Messwandler zur Spannungsmessung

Stromwandler werden zur Messung großer Ströme verwendet. Ein Stromwandler ist ein sekundärseitig (fast) im Kurzschluss betriebener Transformator. Er transformiert den hohen Primärstrom herunter. Der Stromwandler besitzt also sehr wenige Windungen auf der Primärseite. Auf eine Erdung der Sekundärseite (Messkreis) muss geachtet werden. Stromwandler haben primärseitig genormte Nennströme zwischen 5 A und 80 kA, sekundärseitig sind Werte von 1 A und 5 A üblich. Ein sekundärseitig leerlaufender Stromwandler transformiert die Primärspannung mit dem vollen Übersetzungsverhältnis hoch, dies kann sekundärseitig zu unzulässig hohen Spannungen führen. Außerdem kann sich der Stromwandler überhitzen. Sekundärseitiger

Leerlauf ist daher unzulässig! Demzufolge dürfen sekundärseitig keine Sicherungen verwendet werden. Außerdem ist vor Auftrennen der Sekundärseite (Auswechseln des Instrumentes) ein Kurzschlussbügel zu setzen, weil der Wandler sonst zu heiß wird.

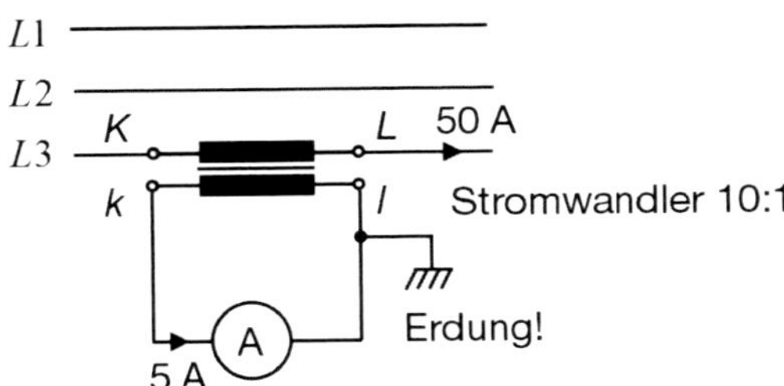

Abb. 85: Messwandler zur Strommessung

In der Signalverarbeitung und der **Nachrichtentechnik** kommen spezielle Transformatoren zum Einsatz. Sie werden als **Übertrager** bezeichnet und dienen zur breitbandigen Anpassung eines Verbrauchers an eine Quelle. Eine Eigenschaft eines Transformators ist u. a. die Widerstandsübersetzung. Die Widerstandstransformation wird bei Übertragern genutzt, wenn Widerstände an Wechselspannungsquellen angepasst werden müssen. Zwei Verstärkerstufen lassen sich durch einen Übertrager koppeln. Durch die Wahl des Übersetzungsverhältnisses kann z. B. eine Leistungsanpassung beider Stufen erreicht werden, indem die Übersetzung so gewählt wird, dass der übersetzte Widerstand auf der Sekundärseite gleich dem Innenwiderstand der Quelle auf der Primärseite ist. Mit einem Ausgangstransformator kann bei einem Audioverstärker eine Leistungsanpassung des Lautsprechers (= Verbraucher) an die letzte Verstärkerstufe (= Erzeuger, Quelle) erreicht werden. Im Bereich der Hochfrequenztechnik stellen Übertrager Koppelelemente dar, oder mit ihnen werden selektive Filter realisiert. Übertrager sind nicht auf möglichst verlustarme Leistungsübertragung optimiert, sondern auf möglichst unveränderte und ungestörte Signalweitergabe über einen größeren Frequenzbereich.

Die vielen unterschiedlichen Anwendungsbereiche weisen auf die Bedeutung des Transformators in der Elektrotechnik hin. Der prinzipielle Aufbau und die physikalische Wirkungsweise unterscheiden sich in all den oben genannten Einsatzbereichen allerdings nicht, lediglich die Bauform und Ausführungsart sind von der jeweiligen Anwendung abhängig.

3.2 Grundsätzlicher Aufbau und Funktionsprinzip

Ein Umspanner hat die Aufgabe, elektrische Energie mit gegebener Spannung U_1 und Frequenz f unter Beibehaltung der Frequenz in elektrische Energie mit einem anderen Spannungswert U_2 zu übertragen. Die Umwandlung der elektrischen Wechselstromenergie erfolgt über ein magnetisches Wechselfeld. Deshalb werden hier die Grundlagen des magnetischen Feldes kurz angesprochen. Die Erläuterungen beschränken sich auf wenige Eigenschaften des magnetischen Feldes.

3.2.1 Das magnetische Feld

3.2.1.1 Erzeugung eines magnetischen Feldes

Bewegte elektrische Ladung ruft immer ein Magnetfeld hervor. Wird ein Leiter von einem elektrischen Strom durchflossen, so wird der ihn umgebende Raum in einen besonderen Zustand versetzt. Der Zustand äußert sich dadurch, dass in dem Raumgebiet magnetische Kräfte wirksam sind. In der Umgebung eines stromdurchflossenen Leiters ist also stets eine magnetische Kraftwirkung feststellbar. Die gedachten Linien, entlang derer magnetische Kräfte wirken (Kraftlinien), heißen *magnetische Feldlinien*. Das Magnetfeld ist ein *Vektorfeld*. Die Richtung der Feldlinien entspricht lokal der Richtung der ausgeübten magnetischen Kraft, die Dichte der Feldlinien stimmt lokal mit dem Betrag der Feldstärke (Größe der Kraftwirkung) überein. Magnetische Flussdichtelinien (Feldlinien) sind stets in sich geschlossen.

3.2.1.2 Feldrichtung

Ein gerader, stromdurchflossener Leiter ist von einem ringförmigen Magnetfeld umgeben. Der Leiter steht senkrecht zu der Ebene der konzentrischen, kreisförmigen Feldlinien. Die Richtung des Magnetfeldes ist von der Stromrichtung abhängig und kann mit der **Rechte-Hand-Regel für Leiter** bestimmt werden. Zeigt der abgespreizte Daumen der rechten Hand in die technische Stromrichtung (von Plus nach Minus), so zeigen die gekrümmten Finger, die den Leiter umschließen, in Richtung der Feldlinien des Magnetfeldes.

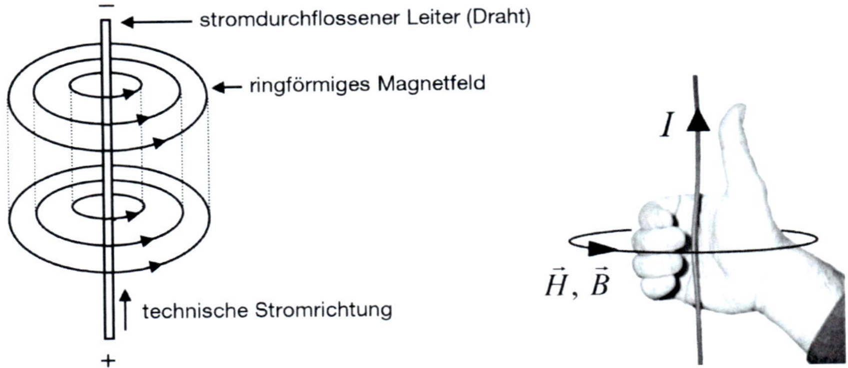

Abb. 86: Magnetfeld eines geraden, stromdurchflossenen Leiters

Im Inneren einer langen Zylinderspule überlagern sich die Feldlinien der einzelnen Spulendrähte zu einem homogenen Magnetfeld. Die Richtung dieses Magnetfeldes kann mit der **Rechte-Hand-Regel der Spule** angegeben werden. Wird eine Spule mit der rechten Hand so umfasst, dass die vier Finger in die technische Stromrichtung in den Spulenwindungen zeigen, so zeigt der abgespreizte Daumen in Richtung der Feldlinien des Magnetfeldes im *Inneren* der Spule.

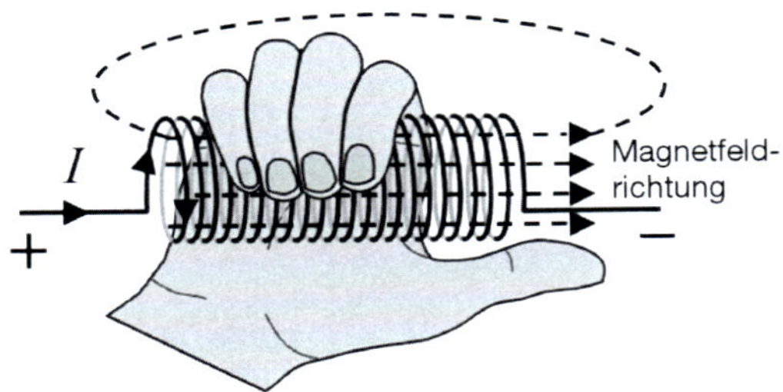

Abb. 87: Ermittlung der Magnetfeldrichtung im Inneren einer Spule

3.2.1.3 Magnetfeld einer langen Zylinderspule

Für eine „lange" Spule gilt als Faustregel: Die Länge „ l " ist mindestens fünf- bis zehnmal größer als der Durchmesser „ d ". Das magnetische Feld einer langen Spule zeigt Abb. 88.

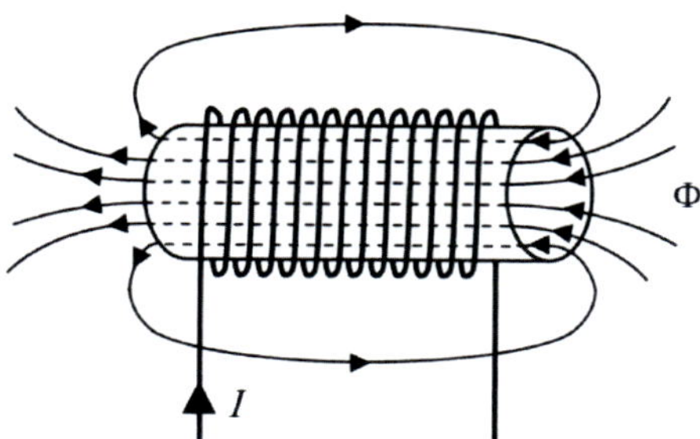

Abb. 88: Verlauf des Magnetfeldes einer langen Zylinderspule

Das Magnetfeld im Inneren (und nur dort) der Spule ist homogen (an jedem Punkt gleich stark mit gleicher Richtung). Im Außengebiet der Spule ist das Magnetfeld inhomogen, Stärke und Richtung sind ortsabhängig, die Feldlinien sind gekrümmt. In ihrem Innenraum ist die *magnetische Feldstärke* einer langen Spule, durch die der Strom I fließt:

$$\boxed{H = \frac{I \cdot N}{l}} \quad [H] = \frac{\mathrm{A}}{\mathrm{m}} \tag{3.5}$$

N = Windungszahl, l = Länge der Spule

Die Größe H gibt *nicht* letztendlich die Stärke des Magnetfeldes wieder, diese ist auch vom Material innerhalb der Spule abhängig. Ein Spulenkern aus Eisen ergibt bei gleicher Feldstärke H ein erheblich stärkeres Magnetfeld.

3.2.1.4 Durchflutung, magnetische Spannung

Das Durchflutungsgesetz beschreibt den Zusammenhang zwischen dem elektrischen Strom als Ursache des magnetischen Feldes und der magnetischen Feldstärke. In allgemeiner Form lautet es: Das Umlaufintegral längs einer geschlossenen Kurve ist gleich der Summe der von der Kurve eingeschlossenen Ströme.

$$\boxed{\oint \vec{H} \bullet d\vec{s} = \sum I} \tag{3.6}$$

Die Größe

$$\boxed{U_m = \oint \vec{H} \bullet d\vec{s}} \quad [U_m] = \mathrm{A} \quad \text{(= \textit{Amperewindungen!})} \tag{3.7}$$

wird als *magnetische Umlaufspannung* bezeichnet.

Die magnetische Spannung stellt formal eine analoge Größe zu der im elektrischen Feld auftretenden elektrischen Spannung U_{12} dar, die dort allgemein als Wegintegral der elektrischen Feldstärke zwischen zwei Punkten x_1 und x_2 angegeben werden kann:

$$U_{12} = \int_{x_1}^{x_2} \vec{E} \bullet d\vec{s} \tag{3.8}$$

Im homogenen elektrischen Feld vereinfacht sich das Wegintegral zum Produkt aus elektrischer Feldstärke und Weglänge:

$$U_{12} = \vec{E} \bullet \vec{s} \tag{3.9}$$

Bei einer langen Spule umschließt das Feld N gleichsinnig durchflossene Leiter. Für $\sum I$ kann in Gl. (3.6) die Größe $I \cdot N$ eingesetzt werden. Man erhält als Produkt aus Stromstärke und Windungszahl die *elektrische Durchflutung* derjenigen Fläche, die vom Integrationsweg eingeschlossen wird:

$$\Theta = I \cdot N \tag{3.10}$$

Im homogenen magnetischen Feld einer langen Spule vereinfacht sich das Umlaufintegral (3.6) zu:

$$\Theta = U_m = H \cdot l = I \cdot N \tag{3.11}$$

3.2.1.5 Magnetischer Fluss, Flussdichte

Die Gesamtheit aller Feldlinien, die eine Querschnittsfläche durchdringen, wird analog zum Stromfluss im elektrischen Strömungsfeld *magnetischer Fluss* Φ genannt. Den Raum, der von diesem Fluss erfüllt wird, nennt man in Analogie zum elektrischen Stromkreis *magnetischer Kreis*. Dabei denkt man an Spulen mit geschlossenem Eisenkern, in dem sich der magnetische Fluss konzentriert. Der magnetische Fluss ist ein Maß für die Anzahl der Feldlinien, die durch eine Fläche A hindurchtreten.

Für die Wirkung an einem Ort ist nicht der gesamte Fluss, sondern die Felddichte entscheidend. Für das magnetische Feld ergibt der auf die Flächeneinheit bezogene magnetische Fluss die *Flussdichte* B (sie wird auch *magnetische Induktion* genannt). Die Flussdichte gibt die Wirkung eines Magnetfeldes an. Der durch eine beliebige Fläche A verlaufende magnetische Fluss wird für ein inhomogenes Feld berechnet durch das Flächenintegral:

$$\boxed{\Phi = \iint_A \vec{B} \bullet d\vec{A}} \quad [\Phi] = \mathrm{Vs} = \mathrm{Wb} \text{ (= Weber[14])} \tag{3.12}$$

Für ein homogenes Feld gilt:

$$\boxed{\Phi = B \cdot A} \tag{3.13}$$

Die Einheit der Flussdichte ist: $[B] = \dfrac{\mathrm{Vs}}{\mathrm{m}^2} = \mathrm{T}$ (= Tesla[15]).

Die Flussdichte kann durch die Kraft auf einen Strom führenden Leiter in einem Magnetfeld definiert werden (*Lorentz-Kraft*). Die Kraft auf einen stromdurchflossenen Leiter in einem homogenen Magnetfeld ist direkt proportional zur Stromstärke I und zur Länge l des Leiterstücks im Feld:

$$F \sim I \cdot l \tag{3.14}$$

In diese Gleichung wird eine Proportionalitätskonstante B eingesetzt, die der Stärke des magnetischen Feldes entspricht, in dem sich das stromdurchflossene Leiterstück befindet:

$$\boxed{F = B \cdot I \cdot l} \tag{3.15}$$

Feldstärke H und magnetische Flussdichte B sind gerichtete Größen, sie können in Feldrichtung weisend als Vektoren dargestellt werden. Besteht zwischen dem stromdurchflossenen Leiter und der Feldrichtung kein rechter, sondern ein beliebiger Winkel α, so ist die skalare Gleichung für die Kraft auf das Leiterstück im Magnetfeld:

$$\boxed{F = B \cdot I \cdot l \cdot \sin(\alpha)} \tag{3.16}$$

Als Vektorprodukt ergibt sich:

$$\boxed{\vec{F} = I \cdot \left(\vec{l} \times \vec{B}\right)} \tag{3.17}$$

$\vec{l}$ ist ein Vektor mit dem Betrag l der Leiterlänge und der Richtung des Stromes, $\vec{B}$ ist der Vektor der magnetischen Flussdichte, $\vec{F}$ ist der Kraftvektor.

Wie anschließend an Gl. (3.5) erwähnt, gibt die magnetische Feldstärke H keine endgültige Auskunft über die Stärke eines Magnetfeldes. Mit der magnetischen Flussdichte B ist eine Aussage über die Wirkungsstärke eines Magnetffeldes möglich.

---

[14] Wilhelm Eduard Weber (1804 – 1891), deutscher Physiker
[15] Nicola Tesla (1856 – 1943), kroatischer Physiker

3.2.1.6 Permeabilität

Die Größen des magnetischen Feldes H und B wurden unabhängig voneinander definiert. Sie lassen sich durch folgende Gleichung miteinander verbinden:

$$\boxed{B = \mu \cdot H} \tag{3.18}$$

Die Größe μ wird als *Permeabilität* bezeichnet und beinhaltet die magnetischen Eigenschaften des Raumes, in dem das Magnetfeld betrachtet wird. Die Permeabilität des Vakuums wird *magnetische Feldkonstante* genannt und beträgt:

$$\boxed{\mu_0 = 4 \cdot \pi \cdot 10^{-7}\ \frac{\Omega\,\mathrm{s}}{\mathrm{m}}} \left(\frac{\Omega\,\mathrm{s}}{\mathrm{m}} = \frac{\mathrm{V\,s}}{\mathrm{A\,m}} \right) \tag{3.19}$$

Die Permeabilität μ eines beliebigen Stoffes ist das Produkt aus magnetischer Feldkonstante und der Permeabilitätszahl μ_r (relative Permeabilität) des Stoffes.

$$\boxed{\mu = \mu_0 \cdot \mu_r} \tag{3.20}$$

μ_r ist eine einheitenlose, stoffabhängige Größe. Im Vakuum ist definiert: $\mu_r = 1$.

Für *diamagnetische* Stoffe (z. B. Kupfer, Wasser) ist $\mu_r < 1$ (z. B. $\mu_r = 0{,}999991$), die Flussdichte B wird durch solche Materialien geschwächt. Für *paramagnetische* Stoffe (z. B. Luft) ist $\mu_r > 1$, aber klein (z. B. $\mu_r = 1{,}0000004$), die Flussdichte wird nur gering erhöht. Nur für *ferromagnetische* Stoffe (z. B. Eisen, Nickel, Legierungen) ist $\mu_r \gg 1$ ($\mu_r = 10^2 \ldots 10^5$), sie stärken die Flussdichte erheblich.

Die Permeabilität gibt sozusagen an, wie gut ein Material das Magnetfeld „leitet". Durch das Kernmaterial einer Spule wird die magnetische Flussdichte B innerhalb der Spule um den Faktor μ_r gegenüber dem Vakuum erhöht (bei gleicher magnetischer Feldstärke H).

3.2.1.7 Ferromagnetismus

Bei Spulen mit ferromagnetischem Kern ist der Zusammenhang zwischen der Flussdichte B und der Feldstärke H nicht linear, die Permeabilitätszahl hängt von der Feldstärke ab: $\mu_r = f(H)$. μ_r wird mit zunehmender Feldstärke H kleiner. Die *Magnetisierungskennlinie* ist die grafische Darstellung der Abhängigkeit $B(H) = \mu_0 \cdot \mu_r(H) \cdot H$. Ihr grundsätzlicher (nicht linearer) Verlauf ist in Abb. 89 dargestellt.

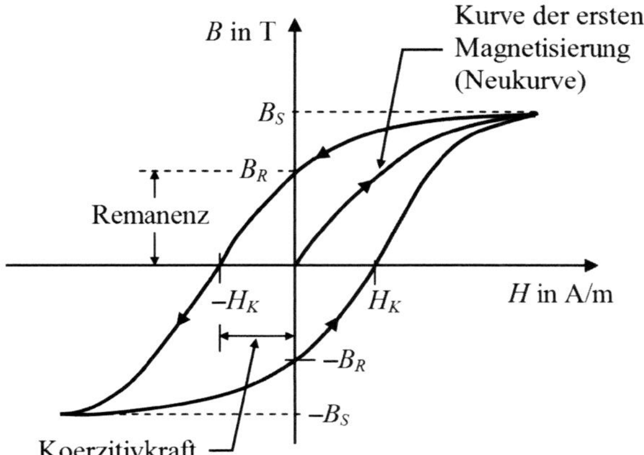

Abb. 89: Magnetisierungskennlinie (Hystereseschleife) eines ferromagnetischen Stoffes

Wird ein ferromagnetisches Material zum ersten Mal magnetisiert, so durchläuft die Funktion $B(H)$ die Kurve der ersten Magnetisierung (*Neukurve*) bis zur Sättigung, bis praktisch alle *Weiss'schen*[16] *Bezirke* (große Bezirke von atomaren Elementarmagneten mit gleicher Ausrichtung, auch als *Domänen* bezeichnet) gleich ausgerichtet sind. Die Sättigung ist bei der *Sättigungsflussdichte* B_S erreicht. Wird anschließend die Feldstärke H auf null reduziert, so bleibt im Material eine bestimmte magnetische Flussdichte B_R erhalten, die *Remanenzflussdichte* genannt wird. Das Material bleibt somit zu einem Teil magnetisch. Um die Remanenz zu beseitigen, muss eine Feldstärke mit umgekehrtem Vorzeichen $-H_K$ (z. B. durch einen Strom in die umgekehrte Flussrichtung) erzeugt werden. Diese, zur vollständigen Entmagnetisierung erforderliche Feldstärke, nennt man *Koerzitivfeldstärke*. Magnetisiert man in diese Richtung weiter, so erhält man bei $-B_S$ wieder die Sättigung, und über $-B_R$ wiederholt sich der Vorgang. Die in sich geschlossene Magnetisierungskennlinie in Abb. 89 wird als *Hystereseschleife* bezeichnet. Bei einer Hysterese besteht allgemein eine Differenz zwischen zwei Umschaltpunkten.

Bei Wechselstrom ändern sich Größe und Richtung der Feldstärke periodisch, die Hystereseschleife wird bei Wechselstrom ständig durchlaufen.

[16] Pierre-Ernest Weiss (1865 – 1940), französischer Physiker

Die Form der Hystereseschleife ist vom Material abhängig. Leicht ummagnetisierbare Stoffe werden als *magnetisch weich* bezeichnet, sie haben eine schmale Hystereseschleife (z. B. Blech aus Silizium-Stahl). Weichmagnetische Stoffe werden z. B. in Transformatoren und anderen elektrischen Maschinen verwendet. Stoffe mit breiter Hystereseschleife werden als *magnetisch hart* bezeichnet, sie sind schwer ummagnetisierbar (z. B. Stahl V2A, Eisen, Nickel-Kobalt-Legierungen). Anwendungen sind z. B. Dauermagnete.

Beim Ummagnetisieren entstehen *Wärmeverluste* (*Ummagnetisierungsverluste*). Diese *Eisenverluste* P_{VFe} kann man einteilen in *Hystereseverluste* P_{VH} und *Wirbelstromverluste* P_{VW}. Die Eisenverluste sind somit:

$$\boxed{P_{VFe} = P_{VH} + P_{VW}} \tag{3.21}$$

Hystereseverluste

Die Weiss´schen Bezirke werden durch Übergangszonen voneinander getrennt, die als Blochwände[17] bezeichnet werden. Der Übergang der Magnetisierungsrichtung eines Bereiches in den nächsten erfolgt also nicht sprunghaft, sondern verläuft über einen Wandbereich mit endlicher Dicke (Bloch-Wand), in der ein kontinuierlicher Übergang von einer in die andere Magnetisierungsrichtung stattfindet. In den Blochwänden drehen sich die Atommagnete in einer schraubenförmigen Linie in einem allmählichen Übergang ihrer magnetischen Orientierung in die Richtung des benachbarten Weiss´schen Bezirks.

Beim Ummagnetisieren geht ein Teil der Energie, die zur Verschiebung der Blochwände (beim Hängenbleiben der Wände an Fehlstellen oder Inhomogenitäten im Kristall) und für die Umorientierung der Molekularmagnete erforderlich ist, irreversibel in Wärme über.

Die Hystereseverluste sind proportional zum Flächeninhalt der Hystereseschleife. Auch die Häufigkeit des Schleifendurchlaufes geht in die Hystereseverluste ein. Es gilt:

$$\boxed{P_{VH} = f \cdot B_{\max}^2} \tag{3.22}$$

f = Frequenz, $B_{\max}$ = maximale Flussdichte

[17] Felix Bloch (1905 – 1983), geborener Schweizer, amerikanischer Physiker

Wirbelstromverluste

Ein weiterer Grund für die Wärmeverluste sind *Wirbelströme* (Wirbelstromverluste). In Metallteilen werden durch Magnetfeldänderungen Spannungen induziert, die durch den niedrigen Widerstand der Metallteile Kurzschlussströme bilden. Die Stromwege liegen dabei nicht genau fest, deshalb spricht man von Wirbelströmen. Um die Wärmeverluste durch Wirbelströme möglichst klein zu halten, werden bei Transformatoren die Eisenkerne in gegenseitig isolierte, legierte Bleche unterteilt. Für die Wirbelstromverluste gilt:

$$P_{VW} \sim f^2 \cdot d^2 \cdot B_{\max}^2 \qquad (3.23)$$

d = Dicke der gegeneinander isolierten Bleche

3.2.1.8 Induktion des zeitlich veränderlichen Magnetfeldes

Umschließt eine Leiterschleife einen zeitlich veränderlichen magnetischen Fluss $\Phi(t)$, so wird in der Schleife eine Spannung $U_i(t)$ induziert. Die Größe der Induktionsspannung ist proportional zur Anzahl der *Schleifenwindungen* und zur *Geschwindigkeit* der Flussänderung.

$$U_i(t) = -N \cdot \frac{d\Phi(t)}{dt} \qquad (3.24)$$

In einem zu einem Stromkreis geschlossenen Leiter entsteht ein Induktionsstrom, wenn sich die Zahl der vom Leiter umschlossenen Magnetfeldlinien *ändert*. Das Minuszeichen in Gl. (3.24) bedeutet, dass die Induktionsspannung und der dadurch hervorgerufene Induktionsstrom stets so gerichtet sind, dass sie der sie erzeugenden Flussänderung entgegenwirken (Regel von Lenz[18]). Mit anderen Worten: Die durch einen Induktionsvorgang erzeugten Spannungen und Ströme sind so gerichtet, dass ein dadurch erzeugtes Magnetfeld der Induktionsursache entgegenwirkt.

Selbstinduktion

Ändert sich der Strom durch eine Spule, so ändert sich auch der magnetische Fluss durch die Spule. Folglich wird in der Spule selbst eine Spannung induziert, dies wird als *Selbstinduktion* bezeichnet. Der Betrag der (als sinusförmig angenommenen) Selbstinduktionsspannung ist:

[18] Heinrich Lenz (1804 – 1865), deutscher Physiker

$$u(t) = L \cdot \frac{di(t)}{dt} \tag{3.25}$$

Der Proportionalitätsfaktor „L“ ist die *Induktivität* der Spule. Für eine lange Zylinderspule gilt:

$$L = \mu_0 \cdot \mu_r \cdot \frac{A}{l} \cdot N^2 \quad [L] = \Omega\,\mathrm{s} = \mathrm{H} \text{ (= Henry[19])} \tag{3.26}$$

μ_r = Permeabilitätszahl des Kernmaterials, A = Querschnittsfläche,
l = Länge, N = Windungszahl

Betrachten wir die zeitlichen Änderungen nicht, so folgt aus Gl. (3.24) und Gl. (3.25):

$$N \cdot \Phi = L \cdot I \tag{3.27}$$

3.2.2 Magnetische Kopplung von Spulen

Befindet sich in der Nähe einer stromdurchflossenen Spule 1 eine zweite Spule 2, und verläuft ein Teil des von der Spule 1 erzeugten magnetischen Flusses auch durch die Spule 2, so bezeichnet man die Spulen als *magnetisch gekoppelt*. Ein Transformator besteht aus (mindestens) zwei magnetisch gekoppelten Spulen. Beide Spulen werden von einem wechselnden Magnetfeld durchdrungen, welches in der Primärspule durch Anlegen einer Wechselspannung beliebiger Frequenz erzeugt wird. In der Sekundärspule erzeugt das wechselnde Magnetfeld durch Induktion eine Wechselspannung gleicher Frequenz und mit meist unterschiedlicher Amplitude zur Eingangsspannung. Die Eingangsseite eines Transformators ist die *Primärseite* mit der *Primärwicklung* (~spule), die Ausgangsseite ist die *Sekundärseite* mit der *Sekundärwicklung* (~spule).

[19] Joseph Henry (1797 – 1878), amerikanischer Physiker

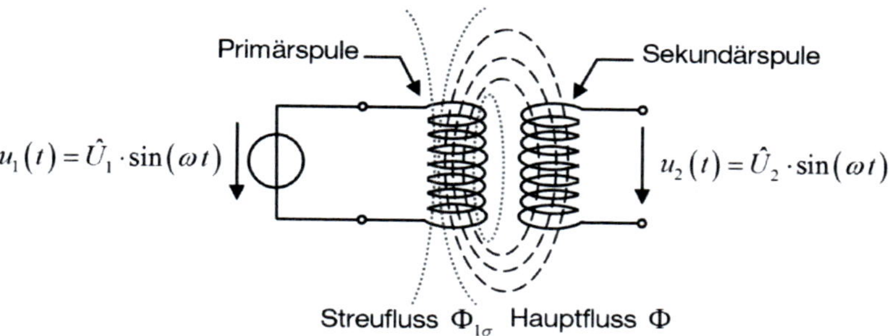

Abb. 90: Prinzip des Transformators, magnetisch gekoppelte Spulen

Durchdringen alle Feldlinien, die in der Primärspule erzeugt werden, auch die Sekundärspule, so ist die Kopplung fest (ideal, 100 %-ig), der *Kopplungsfaktor* ist dann $k = 1$. Gilt $k < 1$, so wird die Kopplung als lose bezeichnet. Eine 100 %-ige Kopplung ist nur theoretisch möglich und nur annähernd (z. B. $k = 0{,}98$) mit einem geschlossenen Kern aus ferromagnetischem Material (Eisenkern) realisierbar. Der Kern sorgt dafür, dass möglichst der ganze in der Primärwicklung erzeugte Fluss auch durch die Sekundärwicklung hindurchgeführt wird und somit die Streuung gering ist. Der Strom durch die Primärspule, der zur Herstellung des für die Energieübertragung von der Primär- zur Sekundärseite notwendigen Flusses erforderlich ist, wird dadurch möglichst klein gehalten. Der *Hauptfluss* durchdringt jeweils beide Spulen. Der *Streufluss* (das *Streufeld*) durchdringt nur die Spule, durch deren Strom der magnetische Fluss hervorgerufen wird. Der *Gesamtfluss* durch eine Spule ist die Summe aus Hauptfluss und Streufluss.

3.2.3 Gegeninduktion

Die Wirkungsweise des Transformators beruht auf der Gegeninduktion (gegenseitigen Induktion) zwischen zwei unbeweglichen magnetischen Kreisen. In Abb. 91 sind zwei magnetisch gekoppelte Spulen dargestellt. Ändert sich der in Spule 1 fließende Strom, so tritt nicht nur in Spule 1 eine Selbstinduktionsspannung auf, sondern es wird auch in Spule 2 durch die *Gegeninduktion* eine Spannung induziert, die *Gegeninduktionsspannung* genannt wird.

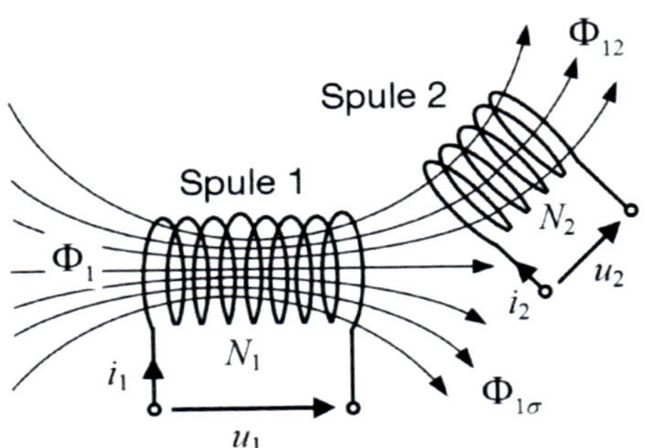

Abb. 91: Zwei magnetisch gekoppelte Spulen mit dem Vorgang der Gegeninduktion

3.2.3.1 Kopplungsfaktor, Streufaktor, Streuinduktivität

Kopplungsfaktor

In Abb. 91 sei $i_2 = 0$, der magnetische *Gesamtfluss* Φ_1 wird von der Spule 1 erzeugt ($i_1 > 0$). Je nach Position der Spule 2 zur Spule 1 (Abstand und Lage der beiden Spulen zueinander) durchdringt ein Bruchteil dieses Gesamtflusses die Spule 2:

$$\boxed{\Phi_{12} = k_1 \cdot \Phi_1} \quad (0 \le k_1 \le 1) \tag{3.28}$$

Für zwei Indizes des Flusses gilt hier: Die erste Ziffer im Index des magnetischen Flusses gibt an, von welcher Spule der Fluss herstammt (und durch die er natürlich auch verläuft). Die zweite Ziffer gibt die Nummer der Spule an, durch die der (Teil-)Fluss außerdem verläuft. Diese Bedeutungen der Indizes werden in der Literatur nicht einheitlich verwendet.

$$\boxed{k_1 = \frac{\Phi_{12}}{\Phi_1}} \tag{3.29}$$

k_1 ist der *magnetische Kopplungsfaktor*, er gibt den Grad der Kopplung an.

Für $k_1 = 0$ liegt gar keine, für $k_1 = 1$ liegt vollständige (ideale) Kopplung vor. Derjenige magnetische Fluss, der beide Spulen durchdringt, wird als *Hauptfluss* bezeichnet. Die Kopplung zwischen Primär- und Sekundärwicklung eines Transformators erfolgt also nur durch den Hauptfluss.

Ist jetzt der Strom i_1 durch Spule 1 null und durch Spule 2 fließt ein Strom, dann wird analog zu den bisherigen Betrachtungen die Spule 1 von einem Bruchteil Φ_{21} des von Spule 2 erzeugten Gesamtflusses Φ_2 durchdrungen:

$$\boxed{\Phi_{21} = k_2 \cdot \Phi_2} \quad (0 \le k_2 \le 1) \tag{3.30}$$

$$\boxed{k_2 = \frac{\Phi_{21}}{\Phi_2}} \tag{3.31}$$

Kopplungsfaktor = Verhältnis von Hauptfluss zu Gesamtfluss

Gilt $k_1 \neq k_2$, so wird der geometrische Mittelwert beider Kopplungsfaktoren angegeben. Er wird als *totaler Kopplungsfaktor* k bezeichnet:

$$\boxed{k = \sqrt{k_1 \cdot k_2}} \tag{3.32}$$

Streufaktor

Statt mit dem Kopplungsfaktor wird häufig mit dem *Streufaktor* σ gearbeitet. Wird bei zwei gekoppelten Spulen (Modell eines Transformators) die Streuung berücksichtigt, so erfolgt dies entweder durch die Verwendung von Kopplungsfaktoren oder (dies ist gleichwertig) durch die Benutzung von Streufaktoren.

Der *Streufluss* $\Phi_{1\sigma}$ durchdringt nur die Spule 1 und wird durch deren Strom verursacht. Der Streufluss $\Phi_{2\sigma}$ verläuft nur durch Spule 2 und wird durch den Strom durch diese Spule verursacht. Der Streufluss ist jeweils nur mit einer Einzelwicklung, nur mit der Spule des Flussursprungs verkettet. Der Hauptfluss ist auch mit der jeweils anderen Spule verkettet.

Der Streufluss der Spule 1 ist:

$$\boxed{\Phi_{1\sigma} = \Phi_1 - \Phi_{12} = \Phi_1 \cdot (1 - k_1)} \tag{3.33}$$

Der Streufluss der Spule 2 ist:

$$\boxed{\Phi_{2\sigma} = \Phi_2 - \Phi_{21} = \Phi_2 \cdot (1 - k_2)} \tag{3.34}$$

Die Streufaktoren von Spule 1 und Spule 2 sind:

$$\boxed{\sigma_1 = \frac{\Phi_{1\sigma}}{\Phi_1}} \quad (0 \leq \sigma_1 \leq 1) \tag{3.35}$$

$$\boxed{\sigma_2 = \frac{\Phi_{2\sigma}}{\Phi_2}} \quad (0 \leq \sigma_2 \leq 1) \tag{3.36}$$

Streufaktor = Verhältnis von Streufluss zu Gesamtfluss

Streuinduktivität

Wie oben gezeigt, teilt sich der primäre magnetische Fluss Φ_1 auf in den Hauptfluss Φ_{12}, der von den Windungen N_2 der Spule 2 umfasst wird, und in den Streufluss $\Phi_{1\sigma}$, der nur Spule 1 durchdringt und außerhalb der Spule 2 verläuft.

$$\Phi_1 = \Phi_{12} + \Phi_{1\sigma} \tag{3.37}$$

Wird diese Gleichung mit N_1/i_1 multipliziert, so ergeben sich nach Gl. (3.27) Induktivitäten:

$$\underbrace{\frac{N_1 \cdot \Phi_1}{i_1}}_{L_1} = \underbrace{\frac{N_1 \cdot \Phi_{12}}{i_1}}_{L_{1h}} + \underbrace{\frac{N_1 \cdot \Phi_{1\sigma}}{i_1}}_{L_{1\sigma}} \tag{3.38}$$

$$\boxed{L_1 = L_{1h} + L_{1\sigma}} \tag{3.39}$$

Die Induktivität der Primärwicklung ist:

$$\boxed{L_1 = \frac{N_1 \cdot \Phi_1}{i_1}} \tag{3.40}$$

Die primärseitige *Hauptinduktivität* ist:

$$\boxed{L_{1h} = \frac{N_1 \cdot \Phi_{12}}{i_1}} \tag{3.41}$$

Die primärseitige *Streuinduktivität* ist:

$$\boxed{L_{1\sigma} = \frac{N_1 \cdot \Phi_{1\sigma}}{i_1}} \tag{3.42}$$

Wird die primärseitige Hauptinduktivität mit N_2 erweitert, so wird ein Zusammenhang mit der in Abschnitt 3.2.3.2 erläuterten Gegeninduktivität deutlich:

$$L_{1h} = \frac{N_1 \cdot \Phi_{12}}{i_1} \cdot \frac{N_2}{N_2} = \frac{N_2 \cdot \Phi_{12}}{i_1} \cdot \frac{N_1}{N_2}$$

$$\boxed{L_{1h} = L_{12} \cdot \frac{N_1}{N_2}} \tag{3.43}$$

Für die primärseitige Induktivität der Wicklung ergibt sich somit:

$$L_1 = L_{12} \cdot \frac{N_1}{N_2} + L_{1\sigma} \tag{3.44}$$

Auf die gleiche Weise folgt mit $\Phi_2 = \Phi_{21} + \Phi_{2\sigma}$ für die Sekundärseite:

$$L_2 = L_{2h} + L_{2\sigma} \tag{3.45}$$

Die Induktivität der Sekundärwicklung ist:

$$L_2 = \frac{N_2 \cdot \Phi_2}{i_2} \tag{3.46}$$

Die sekundärseitige Hauptinduktivität ist:

$$L_{2h} = \frac{N_2 \cdot \Phi_{21}}{i_2} \tag{3.47}$$

Die sekundärseitige Streuinduktivität ist:

$$L_{2\sigma} = \frac{N_2 \cdot \Phi_{2\sigma}}{i_2} \tag{3.48}$$

Zusammenhang zwischen Hauptinduktivität und Gegeninduktivität:

$$L_{2h} = L_{21} \cdot \frac{N_2}{N_1} \tag{3.49}$$

Für die sekundärseitige Induktivität der Wicklung ergibt sich:

$$L_2 = L_{21} \cdot \frac{N_2}{N_1} + L_{2\sigma} \tag{3.50}$$

Die Streuflüsse $\Phi_{1\sigma}$ und $\Phi_{2\sigma}$ können mit Streufaktoren als Teile der magnetischen Gesamtflüsse Φ_1 und Φ_2 aufgefasst werden (siehe Gl. (3.35) und Gl. (3.36)):

$$\Phi_{1\sigma} = \sigma_1 \cdot \Phi_1 \text{ und } \Phi_{2\sigma} = \sigma_2 \cdot \Phi_2 \tag{3.51}$$

Somit lassen sich die primär- und sekundärseitigen Streuinduktivitäten $L_{1\sigma}$ und $L_{2\sigma}$ ebenfalls mit den Streufaktoren in Abhängigkeit der Induktivitätswerte von Primär- und Sekundärwicklung angeben:

$$L_{1\sigma} = \frac{N_1 \cdot \Phi_{1\sigma}}{i_1} = \sigma_1 \cdot \frac{N_1 \cdot \Phi_1}{i_1} \; ; \; L_{2\sigma} = \frac{N_2 \cdot \Phi_{2\sigma}}{i_2} = \sigma_2 \cdot \frac{N_2 \cdot \Phi_2}{i_2}$$

$$\boxed{L_{1\sigma} = \sigma_1 \cdot L_1} \quad (3.52)$$

$$\boxed{L_{2\sigma} = \sigma_2 \cdot L_2} \quad (3.53)$$

Zusammenhang zwischen Kopplungsfaktor und Streufaktor

$$k_1 + \sigma_1 = \frac{\Phi_{12}}{\Phi_1} + \frac{\Phi_{1\sigma}}{\Phi_1} \text{ mit } \Phi_1 = \Phi_{12} + \Phi_{1\sigma} \quad (3.54)$$

Somit folgt:

$$\boxed{k_1 + \sigma_1 = 1} \quad (3.55)$$

$$\boxed{k_2 + \sigma_2 = 1} \quad (3.56)$$

Das Produkt der beiden Kopplungsfaktoren ist:

$$k_1 \cdot k_2 = k^2 = (1 - \sigma_1) \cdot (1 - \sigma_2) = 1 - \sigma_1 - \sigma_2 + \sigma_1 \cdot \sigma_2 \quad (3.57)$$

Der Ausdruck $\sigma_1 + \sigma_2 - \sigma_1 \cdot \sigma_2$ wird als *totaler Streufaktor* σ definiert. Die Zusammenhänge zwischen beiden totalen Faktoren sind dann:

$$\boxed{k = \sqrt{1 - \sigma}} \quad (3.58)$$

$$\boxed{\sigma = 1 - k^2} \quad (3.59)$$

Da das Produkt $\sigma_1 \cdot \sigma_2$ gegenüber σ_1 und σ_2 sehr klein ist, kann der totale Streufaktor näherungsweise auch aus der Summe der Streufaktoren berechnet werden:

$$\boxed{\sigma = \sigma_1 + \sigma_2} \quad (3.60)$$

3.2.3.2 Gegeninduktionsspannungen

Stromfluss durch *eine* Spule

Der Strom i_2 durch Spule 2 sei zunächst null (Abb. 91). Ändert sich der Strom i_1 durch Spule 1, der den Fluss Φ_1 verursacht, so ändert sich auch der Fluss Φ_{12} durch die Spule 2. In dieser wird dadurch die Gegeninduktionsspannung u_2 induziert:

$$\boxed{u_2 = N_2 \cdot \frac{d\Phi_{12}}{dt} = L_{12} \cdot \frac{di_1}{dt}} \qquad (3.61)$$

L_{12} wird als *Gegeninduktivität* bezeichnet und beschreibt, welche Induktionswirkung in Spule 2 hervorgerufen wird, wenn sich der Strom i_1 in Spule 1 ändert. Mit anderen Worten: Mit der Gegeninduktivität kann aus der Stromänderungsgeschwindigkeit in Spule 1 die induzierte Spannung in Spule 2 berechnet werden.

Wie bei der Induktivität ist die Einheit der Gegeninduktivität das Henry:

$$[L_{12}] = \mathrm{H} \text{ (Henry)} \qquad (3.62)$$

Jetzt sei $i_1 = 0$. Ändert sich der Strom i_2 durch Spule 2, der den Fluss Φ_2 verursacht, so ändert sich auch der Fluss Φ_{21} durch die Spule 1, in ihr wird dadurch die Gegeninduktionsspannung u_1 induziert:

$$\boxed{u_1 = N_1 \cdot \frac{d\Phi_{21}}{dt} = L_{21} \cdot \frac{di_2}{dt}} \qquad (3.63)$$

L_{21} ist wieder die Gegeninduktivität.

Die beiden Gegeninduktivitäten L_{12} und L_{21} werden häufig mit M_{12} und M_{21} bezeichnet.

Falls die Permeabilität nicht vom Magnetfeld abhängt wie beim Ferromagnetismus, falls also gilt $\mu = \text{const.}$ und *nicht* $\mu_r = f(H)$, somit keine ferromagnetischen Stoffe mit dem Effekt der Hysterese beteiligt sind, so lässt sich mit Hilfe einer Energiebetrachtung zeigen, dass beide Gegeninduktivitäten gleich und konstant sind:

$$\boxed{M = L_{12} = L_{21}} \qquad (3.64)$$

Stromfluss durch *beide* Spulen

Bisher haben wir angenommen, dass nur in einer der beiden Spulen ein Strom fließt, der in der jeweils anderen Spule eine Spannung induziert, deren Höhe bei gegebenem Strom durch die Gegeninduktivität bestimmt ist. Wird ein Strom in einer Spule durch eine Gegeninduktionsspannung hervorgerufen, so erzeugt dieser Strom auch eine Selbstinduktionsspannung in dieser Spule, die in ihrer Höhe von der Induktivität der Spule abhängt. Sind beide Spulen von Strom durchflossen, so setzt sich die gesamte Spannung an ihnen nach dem Superpositionsprinzip aus zwei Anteilen, einem selbstinduktiven und einem gegeninduktiven Anteil zusammen.

Spule 1: Anteil Selbstinduktion = $L_1 \cdot (di_1/dt)$,

Anteil Gegeninduktion = $M_{21} \cdot (di_2/dt)$

Spule 2: Anteil Selbstinduktion = $L_2 \cdot (di_2/dt)$,

Anteil Gegeninduktion = $M_{12} \cdot (di_1/dt)$

Fließen in beiden Spulen Ströme, so gelten entsprechend der Superposition folgende Zusammenhänge:

$$\boxed{\begin{aligned} u_1 &= L_1 \cdot \frac{di_1}{dt} + M_{21} \cdot \frac{di_2}{dt} \\ u_2 &= M_{12} \cdot \frac{di_1}{dt} + L_2 \cdot \frac{di_2}{dt} \end{aligned}} \qquad (3.65)$$

Der Transformator stellt einen Vierpol mit zwei Eingangs- und zwei Ausgangsklemmen dar. Sein elektrisches Verhalten wird primär- und sekundärseitig durch je eine Maschengleichung im Gleichungssystem (3.65) beschrieben. Mit der Gegeninduktivität wird dabei jeweils auch die Stromänderung in der gegenüberliegenden Masche berücksichtigt.

Mit $M = L_{12} = L_{21}$ (für $\mu = \text{const.}$) folgt:

$$\boxed{\begin{aligned} u_1 &= L_1 \cdot \frac{di_1}{dt} + M \cdot \frac{di_2}{dt} \\ u_2 &= M \cdot \frac{di_1}{dt} + L_2 \cdot \frac{di_2}{dt} \end{aligned}} \qquad (3.66)$$

Aus $N_2 \cdot \frac{d\Phi_{12}}{dt} = L_{12} \cdot \frac{di_1}{dt}$ entsprechend Gl. (3.61) und mit $\Phi_{12} = k_1 \cdot \Phi_1$ aus Gl. (3.28) folgt:

$$L_{12} = \frac{N_2 \cdot \frac{d\Phi_{12}}{dt}}{\frac{di_1}{dt}} = N_2 \cdot k_1 \cdot \frac{\frac{d\Phi_1}{dt}}{\frac{di_1}{dt}} \qquad (3.67)$$

Auf gleiche Weise ergibt sich:

$$L_{21} = \frac{N_1 \cdot \frac{d\Phi_{21}}{dt}}{\frac{di_2}{dt}} = N_1 \cdot k_2 \cdot \frac{\frac{d\Phi_2}{dt}}{\frac{di_2}{dt}} \tag{3.68}$$

Mit $L_{12} = L_{21} = M$ ist das Produkt der Gegeninduktivitäten:

$$L_{12} \cdot L_{21} = M^2 = k_1 \cdot k_2 \cdot \left(N_1 \cdot \frac{\frac{d\Phi_1}{dt}}{\frac{di_1}{dt}} \right) \cdot \left(N_2 \cdot \frac{\frac{d\Phi_2}{dt}}{\frac{di_2}{dt}} \right) \tag{3.69}$$

$$M^2 = k_1 \cdot k_2 \cdot \frac{u_1}{\frac{di_1}{dt}} \cdot \frac{u_2}{\frac{di_2}{dt}} = k_1 \cdot k_2 \cdot L_1 \cdot L_2 \tag{3.70}$$

Mit dem totalen Kopplungsfaktor $k = \sqrt{k_1 \cdot k_2}$ ist dann die Gegeninduktivität:

$$\boxed{M = k \cdot \sqrt{L_1 \cdot L_2}} \tag{3.71}$$

Mit Gl. (3.59) folgt:

$$\boxed{\sigma = 1 - \frac{M^2}{L_1 \cdot L_2}} \tag{3.72}$$

Beim Transformator wird der Fall der vollständigen Kopplung mit $k = 1$ und $M = \sqrt{L_1 \cdot L_2}$ angestrebt.

Bei Nutzung der Gegeninduktion wird oft mit grossen Windungszahlen gearbeitet. Die Gegeninduktion nimmt zu, wenn ein möglichst grosser Teil des Flusses einer Spule die andere Spule durchdringt. Deshalb werden beim Bau von Transformatoren Materialien mit hoher Permeabilität verwendet. Der Fluss des Magnetfeldes wird dann hauptsächlich im hochpermeablen Material geführt. So wird erreicht, dass nahezu der gesamte Fluss einer Spule auch durch die andere Spule fliesst. Ein bekanntes und relativ billiges, hochpermeables Material ist Eisen. Spulen und Transformatoren haben deshalb oft Eisenkerne.

Vorzeichen der Gegeninduktivität

Die Selbstinduktivität L ist stets positiv, die *Gegeninduktivität* M *kann auch negativ sein.* Um das Vorzeichen der Gegeninduktivität angeben zu können, müssen die Richtungen der Ströme i_1 und i_2 in Spule 1 und Spule 2 in Abb. 91 bekannt sein. Sind die Richtungen der Ströme in den gekoppelten Spulen nicht vorgegeben, so kann nur der *Betrag* der Gegeninduktivität M bestimmt werden. Ob die Gegeninduktivität M positiv oder negativ ist hängt vom Wicklungssinn der Spulen *und* von der Richtung der durch sie fließenden Ströme ab.

Sind zwei Spulen magnetisch gekoppelt, so erzeugt jede Spule ein Magnetfeld, das die andere Spule durchsetzt. Sind beide Felder gleichgerichtet, so verstärken sie sich (erregender und eingekoppelter Flussanteil addieren sich) und der Gesamtfluss wird größer. Sind entweder durch Umkehr der Stromrichtung oder durch Umkehr des Windungssinns die Felder entgegengesetzt gerichtet, so schwächen sie sich (die Flussanteile subtrahieren sich) und der Gesamtfluss wird kleiner.

Eine Gegeninduktivität ist *positiv*, wenn der Fluss Φ_{12}, den die Spule 1 durch ihren Strom i_1 in der Spule 2 erzeugt, *dieselbe Richtung* hat wie der *eigene* Fluss Φ_2, der durch den Strom i_2 in Spule 2 erzeugt wird. Diese Richtung kann aber nur bestimmt werden, wenn die Richtung des Stromes i_2 bekannt ist. Die Gegeninduktivität ist *negativ*, wenn der Fluss Φ_{12} (hervorgerufen durch Spule 1) zum eigenen Fluss Φ_2 (hervorgerufen durch Spule 2 selbst) entgegengesetzt gerichtet ist.

Eigener Fluss und Fluss der Gegeninduktion gleich gerichtet: $M > 0$.

Eigener Fluss entgegen dem Fluss der Gegeninduktion gerichtet: $M < 0$.

Da das Vorzeichen von M vom Windungssinn der Spulen und von den Stromrichtungen abhängt, muss im Schaltzeichen des Transformators außer den Zählpfeilen für die Ströme auch der Wicklungssinn der beiden Wicklungen angegeben werden. Dazu wird im Schaltzeichen bei jeder Wicklung ein Punkt auf einer Seite einer Wicklung gezeichnet. Der Punkt gibt den Wicklungssinn der Wicklung an. Dadurch wird festgelegt, dass beim Durchlaufen der Wicklungen vom Punkt aus der gemeinsame Kern in gleichem Sinn umkreist wird. Mit diesen Kennzeichnungen und den Stromrichtungen kann ermittelt werden, ob eine gleichsinnige oder eine gegensinnige Kopplung vorliegt. Daraus ergibt sich das Vorzeichen von M.

- Die Ströme von zwei gekoppelten Spulen fließen über die mit einem Punkt gekennzeichneten Klemmen entweder beide hinein oder beide heraus, die Kopplung ist gleichsinnig:

  Die Gegeninduktivität ist positiv ($M > 0$).

- Ein Strom fließt über eine mit einem Punkt gekennzeichnete Klemme hinein, der andere Strom fließt über eine mit einem Punkt gekennzeichnete Klemme heraus, die Kopplung ist gegensinnig:

  Die Gegeninduktivität ist negativ ($M < 0$).

Abb. 92: Schaltzeichen des Transformators, der Strich zwischen den Induktivitäten deutet einen Eisenkern an

Beispiel 20

Die folgende Abbildung zeigt Beispiele für Schaltzeichen des Transformators bei unterschiedlichen Zuordnungen von Stromrichtung und Wicklungssinn mit Angabe des Vorzeichens der Gegeninduktivität M.

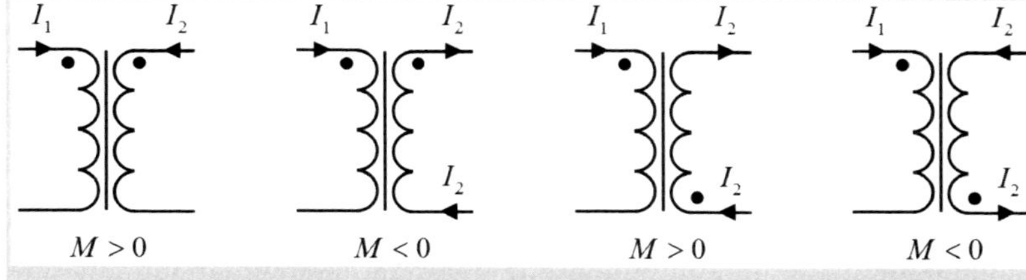

Abb. 93: Gekoppelte Spulen und Vorzeichen der Gegeninduktivität

Ein Transformator kann bezüglich seiner Klemmen als passives Zweitor beschrieben werden. Je nach Anwendungszweck können zwei Arten von Bezugspfeilsystemen verwendet werden.

Bei der *Kettenbepfeilung* haben die Spannungen und die Ströme gleiche Vorzeichen. Die Kettenbepfeilung eignet sich am besten zur Beschreibung von Transformatoren, bei denen eine eindeutige Flussrichtung der Energie bezüglich Primär- und Sekundärseite vorliegt. Die Bezugspfeile für Spannungen und Ströme entsprechen dem Energiefluss. Bei gleichen Vorzeichen der

Augenblickswerte von Spannung und Strom wird auf der Primärseite wegen der gleichen Richtung der Bezugspfeile die Leistung positiv (aufgenommene Leistung, Verbraucherzählpfeilsystem) und auf der Sekundärseite bei entgegengesetzter Richtung der Bezugspfeile negativ (abgegebene Leistung, Erzeugerzählpfeilsystem).

Bei der *symmetrischen Bepfeilung* sind beide Ströme in das Zweitor hinein gerichtet. Auf Primär- und Sekundärseite wird das Verbraucherzählpfeilsystem verwendet. Die symmetrische Bepfeilung hat den Vorteil, dass beide Tore bezüglich der Vorzeichen gleich behandelt werden. Wegen den Vorteilen der symmetrischen Bepfeilung, besonders bei Schaltungen mit mehr als zwei Toren, wird sie durch Normen empfohlen.

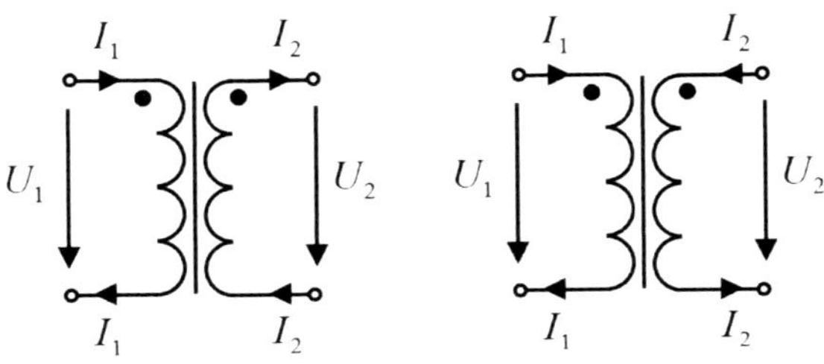

Abb. 94: Kettenbepfeilung (links) und symmetrische Bepfeilung (rechts)

Bezogen auf die Zählpfeile der Spannungen sind die mit einem Punkt gekennzeichneten Klemmen eines Transformators positiv. Dies bedeutet, der Zählpfeil für die Spannung geht jeweils von der positiven Klemme mit dem Punkt zur anderen (negativen) Klemme. Liegen bei symmetrischer Bepfeilung und bei gleichem Wicklungssinn von Primär- und Sekundärspule die Punkte auf gleicher Höhe gegenüber, so ist die Ausgangsspannung gegenüber der Eingangsspannung nicht phasenverschoben. Bei entgegengesetztem Wicklungssinn der beiden Spulen liegen die Punkte diagonal gegenüber, die Ausgangsspannung ist gegenüber der Eingangsspannung um $180°$ phasenverschoben.

Beispiel 21

Um das Vorzeichen der Gegeninduktivität zu bestimmen, wendet man am besten die Rechte-Hand-Regel der Spule auf die Primär- und auf die Sekundärwicklung an. In Abb. 95 sind zwei Spulen über einen gemeinsamen Eisenkern magnetisch gekoppelt. Dieser Kern führt den magnetischen Fluss Φ. Um die korrekten Vorzeichen für die Spannungen der Gegeninduktivität zu bestimmen, kann die Rechte-Hand-Regel für Spulen auf jede der zwei Spulen angewendet werden.

Die Stromrichtung auf der Primärseite wird willkürlich wie eingezeichnet in Klemme 1 hineinfließend gewählt. An diese Klemme, an welcher der Strom in die Wicklung *hineinfließt*, wird ein Punkt gesetzt. Jetzt wird durch Anwenden der Rechte-Hand-Regel für Spulen die Richtung des zugehörigen magnetischen Flusses bestimmt. Die Finger der rechten Hand werden in die eingezeichnete Richtung des Stromes I_1 gekrümmt, der Strom umkreist den linken Schenkel des Eisenkerns von vorne gesehen von links nach rechts. Der Daumen zeigt jetzt nach oben in die Richtung des magnetischen Flusses Φ_1.

Nach dem Induktionsgesetz wird durch Φ_1 in der Sekundärwicklung eine Spannung U_2 induziert. Da an der Ausgangsseite ein Verbraucher R angeschlossen ist, fließt im Sekundärkreis ein Strom I_2, der einen magnetischen Fluss Φ_2 erzeugt. Nach der Regel von Lenz ist der Fluss Φ_2 dem induzierenden Fluss Φ_1 entgegengerichtet. Streckt man den Daumen der rechten Hand in diese Richtung (nach oben zeigend), so zeigt er in die Richtung von Φ_2 (entgegengesetzt zu Φ_1). Aus der Krümmung der Finger wird jetzt die Richtung des Stromes in der Sekundärspule abgelesen, die diesem zweiten Fluss entspricht. Der Strom umkreist den rechten Schenkel des Eisenkerns von vorne gesehen von links nach rechts. Dementsprechend muss der Strom I_2 in Klemme 3 hinein- und aus Klemme 4 herausfließen. Nun setzt man einen Punkt an diejenige Klemme der Sekundärwicklung, an welcher der Strom aus der Wicklung *herausfliesst* (Klemme 4). Der Spannungspfeil kann jetzt von Klemme 4 zu Klemme 3 zeigend eingetragen werden. Es ist also $M < 0$.

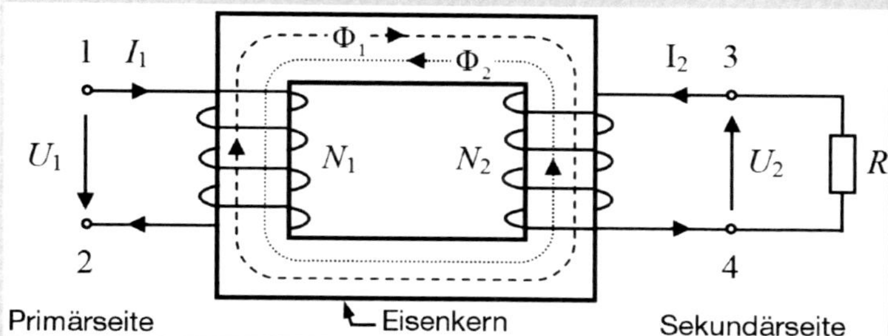

Abb. 95: Zur Ermittlung des Vorzeichens der Gegeninduktion und der Lage der Punkte für den Wicklungssinn im Schaltzeichen des Transformators

Ist die Polarität der gekoppelten Spulen derart durch Punkte gekennzeichnet, so wird die grafische Darstellung des Kerns mit dem Wicklungssinn der Spulen (Primärwicklung rechtsgängig, Sekundärwicklung linksgängig) nicht mehr benötigt und die gekoppelten Spulen können wie in Abb. 96 dargestellt werden.

Bei diesen Überlegungen wird immer das Verbraucherzählpfeilsystem angenommen, d. h. die Spannungen U_1 und U_2 haben die gleichen Richtungen wie die Ströme I_1 und I_2.

Im Ersatzschaltbild werden gekoppelte Spulen durch einen beidseitig gerichteten Pfeil gekennzeichnet, der zusätzlich mit einem „M" versehen werden kann, wenn es nur eine Gegeninduktivität gibt.

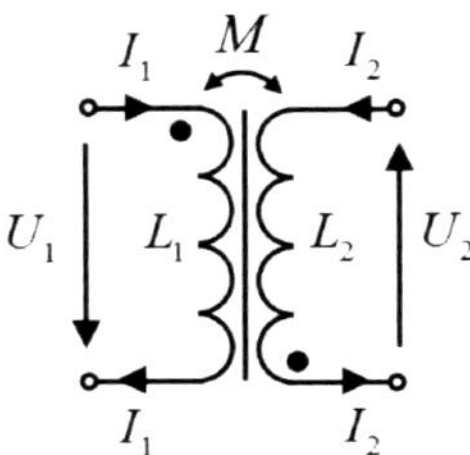

Abb. 96: Ersatzschaltbild der beiden gekoppelten Spulen

Beispiel 22

Zwei jeweils auf Kunststoffrohre ($\mu_r = 1$) gewickelte Zylinderspulen sind nach Abb. 97 konzentrisch ineinander gesteckt. Die Zahlenwerte für die beiden Spulen sind:

$d_1 = 20$ mm, $l_1 = 60$ mm, $N_1 = 2000$, $d_2 = 5$ mm, $l_2 = 30$ mm, $N_2 = 500$.

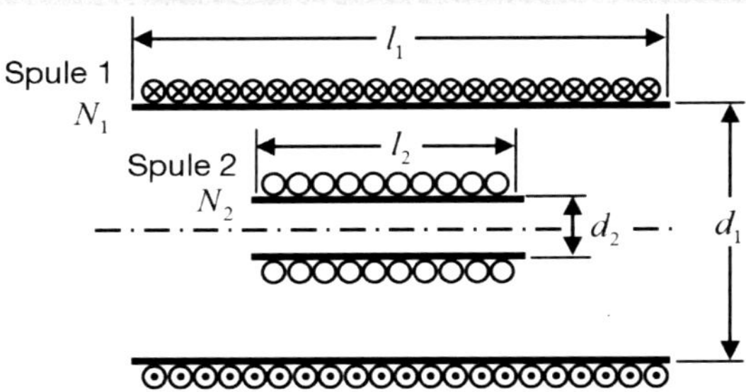

Abb. 97: Gegeninduktion von zwei Zylinderspulen

Wie groß sind die Gegeninduktivitäten M_{12} und M_{21}?

Wie groß ist der Streufaktor σ_1?

Lösung:

Der Fluss ist $\Phi_1 = B_1 \cdot A_1$ mit $B_1 = \mu \cdot H_1 = \mu_0 \cdot \mu_r \cdot H_1$ und $H_1 = \frac{i_1 \cdot N_1}{l_1}$.

$$\Phi_1 = \mu_0 \cdot \frac{i_1 \cdot N_1}{l_1} \cdot \frac{d_1^2 \cdot \pi}{4}$$

Der von Spule 1 herrührende Fluss durch Spule 2 ist:

$$\Phi_{12} = B_1 \cdot A_2 = \mu_0 \cdot \frac{i_1 \cdot N_1}{l_1} \cdot \frac{d_2^2 \cdot \pi}{4}$$

Die in Spule 2 induzierte Spannung ist (Betrag):

$$u_2 = N_2 \cdot \frac{d\Phi_{12}}{dt}; \; u_2 = \mu_0 \cdot \frac{N_1 \cdot N_2}{l_1} \cdot \frac{d_2^2 \cdot \pi}{4} \cdot \frac{di_1}{dt}$$

Der Faktor vor $\frac{di_1}{dt}$ ist die Gegeninduktivität M_{12}.

$$\underline{\underline{M_{12} = \frac{\mu_0 \cdot \pi \cdot N_1 \cdot N_2 \cdot d_2^2}{4 \cdot l_1}}}$$

Da die Permeabilität konstant ist, sind beide Gegeninduktivitäten gleich groß:

$$\underline{\underline{M_{12} = M_{21} = M}}$$

Anmerkung: Bei der Berechnung der Gegeninduktivitäten darf nur *eine* Spule bestromt sein, egal wie viele miteinander gekoppelt sind.

$$\sigma_1 = \frac{\Phi_{1\sigma}}{\Phi_1}; \; \Phi_{1\sigma} = \Phi_1 - \Phi_{12}; \; \sigma_1 = 1 - \frac{\Phi_{12}}{\Phi_1}; \; \sigma_1 = 1 - \frac{\mu_0 \cdot \frac{i_1 \cdot N_1}{l_1} \cdot \frac{d_2^2 \cdot \pi}{4}}{\mu_0 \cdot \frac{i_1 \cdot N_1}{l_1} \cdot \frac{d_1^2 \cdot \pi}{4}};$$

$$\underline{\underline{\sigma_1 = 1 - \frac{d_2^2}{d_1^2}}}$$

Zahlenwerte: $M = 4{,}1 \cdot 10^{-4}$ H; $\underline{\underline{M = 0{,}41 \text{ mH}}}$; $\underline{\underline{\sigma_1 = 0{,}938}}$

Beispiel 23

Gegeben ist ein idealer Transformator. Die Induktivität der Primärwicklung ist L_1, die Induktivität der Sekundärwicklung ist L_2. Die Gegeninduktivität ist M. Berechnen Sie die Eingangsinduktivität L_L bei sekundärseitigem Leerlauf und die Eingangsinduktivität L_K bei sekundärseitigem Kurzschluss.

Lösung:

Bei sekundärseitigem Leerlauf ist $i_2 = 0$. Aus Gl. (3.66) folgt:

$u_1 = L_1 \cdot \frac{di_1}{dt}$. Somit ist $\underline{\underline{L_L = L_1}}$.

Der Transformator entspricht einer Spule mit der Induktivität L_1, die nicht mit einer anderen Spule verkoppelt ist.

Bei sekundärseitigem Kurzschluss ist $u_2 = 0$. Aus Gl. (3.66) folgt:

$0 = M \cdot \frac{di_1}{dt} + L_2 \cdot \frac{di_2}{dt}$. Umstellen ergibt: $\frac{di_2}{dt} = -\frac{M}{L_2} \cdot \frac{di_1}{dt}$

Einsetzen in die erste Gleichung von (3.66):

$$u_1 = L_1 \cdot \frac{di_1}{dt} + M \cdot \left(-\frac{M}{L_2} \cdot \frac{di_1}{dt} \right) = \left(L_1 - \frac{M^2}{L_2} \right) \cdot \frac{di_1}{dt}$$

$$u_1 = L_K \cdot \frac{di_1}{dt}; \; \underline{\underline{L_K = L_1 - \frac{M^2}{L_2}}}$$

Beispiel 24

Die Reihenschaltung von zwei idealen, über die Gegeninduktivität M gekoppelten Spulen L_1 und L_2 kann mit gleichem oder entgegengesetztem Wicklungssinn erfolgen. Wie lautet die Formel für die Ersatzinduktivität L_{rm} bzw. L_{rg}?

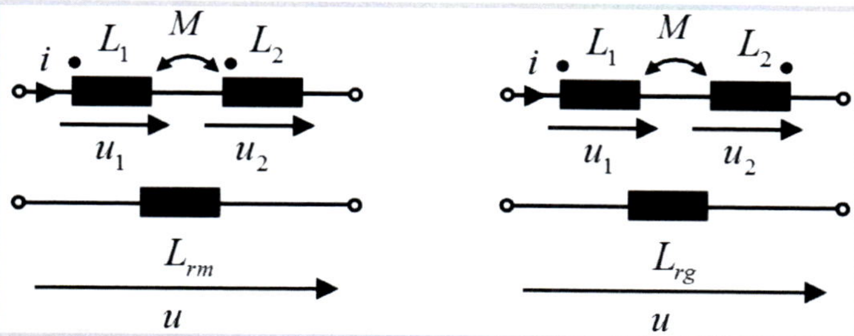

Abb. 98: Reihenschaltung magnetisch gekoppelter Spulen bei gleichem (links) und entgegengesetztem (rechts) Wicklungssinn

Lösung:

Gleicher Wicklungssinn

$u = u_1 + u_2$; nach Gl. (3.66) ist: $u = L_1 \cdot \frac{di}{dt} + M \cdot \frac{di}{dt} + M \cdot \frac{di}{dt} + L_2 \cdot \frac{di}{dt}$

$$u = (L_1 + L_2 + 2M) \cdot \frac{di}{dt}; \quad \underline{\underline{L_{rm} = L_1 + L_2 + 2M}}$$

Entgegengesetzter Wicklungssinn

$$u = u_1 + u_2; \quad u = L_1 \cdot \frac{di}{dt} - M \cdot \frac{di}{dt} - M \cdot \frac{di}{dt} + L_2 \cdot \frac{di}{dt}$$

$$u = (L_1 + L_2 - 2M) \cdot \frac{di}{dt}; \quad \underline{\underline{L_{rg} = L_1 + L_2 - 2M}}$$

3.2.4 Zusammenfassung

1. Transformatoren werden in der elektrischen Energietechnik als Umspanner eingesetzt.
2. Beim Einsatz als Trenntransformator zur Schutztrennung erfolgt eine galvanische Trennung eines Verbrauchers vom öffentlichen Stromnetz.
3. In der Messtechnik dient der Trenntransformator zur Potenzialtrennung von Messgeräten und als Wandler zur Anpassung der zu messenden Signale.
4. In der Signalverarbeitung und der Nachrichtentechnik werden Übertrager zur breitbandigen Anpassung eines Verbrauchers an eine Quelle verwendet.
5. Bewegte elektrische Ladung ruft immer ein Magnetfeld hervor.

6. Magnetische Feldlinien sind gedachte Linien, entlang derer magnetische Kräfte wirken (Kraftlinien).
7. Die Richtung des Magnetfeldes ist von der Stromrichtung abhängig und kann mit der Rechte-Hand-Regel für Leiter oder für Spulen bestimmt werden.
8. Die magnetische Feldstärke einer langen Spule, durch die der Strom I fließt, ist: $H = \frac{I \cdot N}{l}$
9. Durchflutungsgesetz: Das Umlaufintegral längs einer geschlossenen Kurve ist gleich der Summe der von der Kurve eingeschlossenen Ströme. Als Formel: $\oint \vec{H} \bullet d\vec{s} = \sum I$
10. Die magnetische Umlaufspannung ist: $U_m = \oint \vec{H} \bullet d\vec{s}$
11. Im homogenen magnetischen Feld einer langen Spule ist die elektrische Durchflutung: $\Theta = U_m = H \cdot l = I \cdot N$
12. Für ein homogenes Magnetfeld ist der magnetische Fluss: $\Phi = B \cdot A$
13. Der auf die Flächeneinheit bezogene magnetische Fluss ist die Flussdichte B.
14. Die Kraft auf ein stromdurchflossenes Leiterstück im Magnetfeld ist: $F = B \cdot I \cdot l$
15. Die Gleichung $B = \mu \cdot H$ verbindet über die Permeabilität die magnetischen Größen Flussdichte und Feldstärke miteinander.
16. Die Magnetisierungskennlinie eines ferromagnetischen Stoffes ist die Hystereseschleife.
17. Eisenverluste kann man in Hystereseverluste und Wirbelstromverluste einteilen.
18. Die Größe der Induktionsspannung ist proportional zur Anzahl der Schleifenwindungen und zur Geschwindigkeit der Flussänderung: $U_i(t) = -N \cdot \frac{d\Phi(t)}{dt}$
19. Die Selbstinduktionsspannung einer Spule ist: $u(t) = L \cdot \frac{di(t)}{dt}$

20. Die Induktivität einer langen Zylinderspule ist: $L = \mu_0 \cdot \mu_r \cdot \frac{A}{l} \cdot N^2$

21. Ein Transformator besteht aus (mindestens) zwei magnetisch gekoppelten Spulen.

22. Bei gekoppelten Spulen durchdringt der Hauptfluss jeweils beide Spulen. Der Streufluss (das Streufeld) durchdringt nur die Spule, durch deren Strom der magnetische Fluss hervorgerufen wird.

23. Die Wirkungsweise des Transformators beruht auf der Gegeninduktion.

24. Die magnetische Kopplung von Spulen wird mit dem Kopplungsfaktor oder mit dem Streufaktor beschrieben.

25. Es wird zwischen Hauptinduktivität und Gegeninduktivität unterschieden.

3.3 Der verlustlose, streufreie Transformator

Gegeben ist ein idealer Einphasen-Transformator. Die Spulen seien gleichsinnig gewickelt. Es werden folgende Idealisierungen angenommen:

1. Der Transformator weist *keine Eisenverluste* auf. Die elektrische Leitfähigkeit des Eisens ist null. Im Eisenkern können sich deshalb keine Wirbelströme ausbilden, somit gibt es auch keine Wirbelstromverluste. Außerdem sei ein linearer Zusammenhang $B = \mu_0 \cdot \mu_r \cdot H$ für die Hystereseschleife des Kernmaterials gegeben. Dies bedeutet, dass μ_r konstant ist und die Kurve keine Hysterese aufweist. Die der Fläche der Hystereseschleife beim nicht idealen Magnetkreis proportionalen Hystereseverluste (Ummagnetisierungsverluste) sind also ebenfalls null.

2. Es treten *keine Kupferverluste* auf. Die Wicklungsdrähte der Spulen werden als widerstandslos betrachtet.

3. Es existieren *keine Streuverluste*. Die Flusskopplung zwischen Primär- und Sekundärspule ist ideal ($k = 1$), der Transformator hat keine Streuflüsse, die relative Permeabilität des Kernmaterials geht gegen unendlich.

Das Ersatzschaltbild des idealen Transformators zeigt Abb. 99.

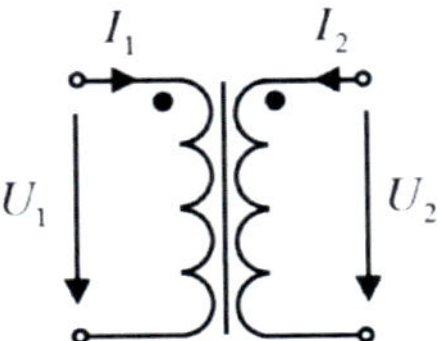

Abb. 99: Idealer Transformator

Die in diesem Abschnitt zum idealen Transformator angeführten Gleichungen und Erläuterungen sind meistens in guter Näherung auch für technische Transformatoren gültig. Bei notwendigen energetischen Betrachtungen, beispielsweise bei der Analyse von Verlusten und des Wirkungsgrades, reicht die Betrachtung des idealen Transformators allerdings nicht aus, weil bei diesem die Verluste ausdrücklich vernachlässigt werden.

3.3.1 Sekundärseite unbelastet

3.3.1.1 Transformatorenhauptgleichung

Wird an die Primärseite des idealen Transformators eine sinusförmige Spannung angelegt, so fließt ein um 90° nacheilender sinusförmiger *Magnetisierungsstrom* (*Leerlaufstrom*). Dies ist jener Strom, den der leerlaufende Transformator aufnimmt, um die sekundärseitige Klemmenspannung aufzubauen.

Wegen der vorausgesetzten hohen magnetischen Leitfähigkeit des Eisenkerns ist bei vorhandenem Fluss Φ der notwendige Magnetisierungsstrom sehr klein. Der Magnetisierungsstrom ist also umso kleiner, je idealer der Transformator ist ($\mu_r \to \infty$). Ein sekundärseitig leerlaufender idealer Transformator nimmt folglich primärseitig keinen Strom auf, führt aber dennoch einen magnetischen Fluss.

Der Magnetisierungsstrom ist phasengleich mit dem ebenfalls sinusförmig verlaufenden magnetischen Fluss Φ.

Anmerkung: Transformatoren als Umspanner arbeiten an der Sättigungsgrenze des Eisenkerns. Kommt allerdings im nichtidealen Fall der Eisenkern mit steigender Eingangsspannung in die Sättigung, so steigt der Magnetisierungsstrom stark an, er wird verzerrt. Ob ein Transformator in Sättigung kommt oder nicht, entscheidet nur die Höhe der anliegenden Primärspannung, nicht sein Belastungszustand. Zeigt ein Transformator im Leerlauf keine merklichen Sättigungserscheinungen, so zeigt er sie auch sonst nicht.

Für kleine Werte gilt für den Magnetisierungsstrom und den Magnetfluss:

Primärspannung: $u_1 = \hat{U}_1 \cdot \sin(\omega t)$

Magnetisierungsstrom: $i_1 = \hat{I}_1 \cdot \sin\left(\omega t - \frac{\pi}{2}\right) = -\hat{I}_1 \cdot \cos(\omega t)$

Magnetfluss: $\Phi = -\hat{\Phi} \cdot \cos(\omega t)$; mit Gl. (3.13): $\Phi = -\hat{B} \cdot A_{Fe} \cdot \cos(\omega t)$

Die in der Primärwicklung induzierte Selbstinduktionsspannung (selbstinduzierte Quellenspannung) ist gleich der angelegten Spannung. Nach der Regel von Lenz wirkt sie ihrer Entstehungsursache, also der Stromänderung entgegen. Die induzierte Spannung ist abhängig von der magnetischen Flussänderung und der Windungszahl der Primärwicklung. Der Primärfluss durchsetzt auch vollständig die Sekundärwicklung, deshalb wird in ihr pro Windung die gleiche Spannung induziert wie in der Primärwicklung.

Die induzierte Selbstinduktionsspannung ist:

$$u_{10} = N_1 \cdot \frac{d\Phi}{dt} = -N_1 \cdot \hat{B} \cdot A_{Fe} \cdot \frac{d(\cos(\omega t))}{dt}$$

$$u_{10} = -N_1 \cdot \hat{B} \cdot A_{Fe} \cdot \omega \cdot (-\sin(\omega t))$$

$$\boxed{u_{10} = \omega \cdot N_1 \cdot \hat{B} \cdot A_{Fe} \cdot \sin(\omega t) = \hat{U}_{10} \cdot \sin(\omega t)}$$

Effektivwert:

$$\boxed{U_{10} = \frac{2\pi}{\sqrt{2}} \cdot N_1 \cdot f \cdot \hat{B} \cdot A_{Fe} = 4,44 \cdot N_1 \cdot f \cdot \hat{B} \cdot A_{Fe}}$$

U_{10} = induzierte Spannung, N = Windungszahl, f = Frequenz, $\hat{B}$ = Scheitelwert der Flussdichte, A_{Fe} = Querschnittsfläche des Eisenkerns

Die in Primär- und Sekundärwicklung induzierten Spannungen werden nach der *Transformatorenhauptgleichung* berechnet:

$$\boxed{U_1 = 4,44 \cdot N_1 \cdot f \cdot \hat{B} \cdot A_{Fe}} \tag{3.73}$$

$$\boxed{U_2 = 4,44 \cdot N_2 \cdot f \cdot \hat{B} \cdot A_{Fe}} \tag{3.74}$$

Von den Eingangsklemmen aus betrachtet wirkt der ideale Transformator bei sekundärseitigem Leerlauf wie eine verlustlose Spule mit dem Blindwiderstand $X_h = \omega \cdot L_h$. X_h wird als *Hauptreaktanz* oder *Hauptblindwiderstand* des Transformators bezeichnet.

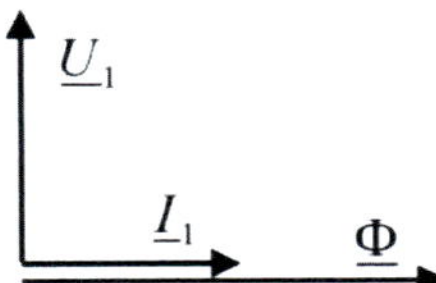

Abb. 100: Zeigerbild des idealen Transformators bei Leerlauf

Bei nichtsinusförmigen Signalformen gelten statt $k = 4,44$ andere Proportionalitätsfaktoren. Für eine Rechteckspannung ist $k = 4$ und für eine Dreieckspannung ist $k = 4,62$.

Die Transformatorenhauptgleichung kann z. B. verwendet werden, um bei einem Transformator mit bekannter maximaler Flussdichte und gegebener Betriebsfrequenz die maximale Primärspannung zu ermitteln, bei der das Kernmaterial gerade noch nicht in Sättigung geht. Soll der Transformator mit einer höheren Spannung betrieben werden, lässt sich aus der Gleichung ermitteln, welche Windungszahl und welcher Kernquerschnitt erforderlich sind.

3.3.1.2 Spannungstransformation

Entsprechend der Transformatorenhauptgleichung Gl. (3.73) bzw. Gl. (3.74) ist das *Übersetzungsverhältnis* $ü$ von Eingangs- zu Ausgangsspannung:

$$\frac{U_1}{U_2} = \frac{4,44 \cdot N_1 \cdot f \cdot \hat{B} \cdot A_{Fe}}{4,44 \cdot N_2 \cdot f \cdot \hat{B} \cdot A_{Fe}} = \frac{N_1}{N_2}$$

$$\boxed{\frac{U_1}{U_2} = \frac{N_1}{N_2} = ü} \qquad (3.75)$$

Die Spannungen eines idealen Transformators verhalten sich wie die zugehörigen Windungszahlen.

Durch die Wahl der Windungszahlen von Primär- und Sekundärspule wird festgelegt, ob eine Primärspannung herauf- oder heruntertransformiert wird.

Für $i_2 = 0$ erhält man aus Gl. (3.66):

$$u_1 = L_1 \cdot \frac{di_1}{dt}$$

$$u_2 = M \cdot \frac{di_1}{dt}$$

Mit $M = \sqrt{L_1 \cdot L_2}$ bei $k = 1$ folgt:

$$\frac{U_1}{U_2} = \frac{L_1 \cdot \frac{di_1}{dt}}{M \cdot \frac{di_1}{dt}} = \frac{L_1}{\sqrt{L_1 \cdot L_2}}$$

Das Spannungsübersetzungsverhältnis kann somit auch aus den Induktivitätswerten von Primär- und Sekundärspule berechnet werden:

$$\boxed{\frac{U_1}{U_2} = \sqrt{\frac{L_1}{L_2}} = \ddot{u}} \qquad (3.76)$$

Das Übersetzungsverhältnis $\ddot{u}$ ist eine reelle Zahl. Daraus folgt, dass der Nullphasenwinkel der Sekundärspannung gleich dem Nullphasenwinkel der Primärspannung ist. Es besteht keine Phasendifferenz zwischen Eingangs- und Ausgangsseite.

Die Wicklung, an der die höhere Spannung anliegt, heißt *Oberspannungseite*, die andere Seite wird als *Unterspannungsseite* bezeichnet.

3.3.1.3 Stromtransformation

Beim idealen Transformator treten keine Verluste auf. Die an der Sekundärseite abgegebene Leistung muss deshalb gleich der an der Primärseite aufgenommenen Leistung sein:

$$\boxed{S = U_1 \cdot I_1 = U_2 \cdot I_2} \qquad (3.77)$$

Der ideale Transformator arbeitet somit nichtenergetisch, er verbraucht weder Energie noch kann er Energie speichern. Alle Eigenschaften sind frequenzunabhängig.

Aus Gl. (3.77) folgt:

$$\boxed{\frac{I_1}{I_2} = \frac{U_2}{U_1} = \frac{N_2}{N_1} = \frac{1}{ü}} \qquad (3.78)$$

Die Ströme eines idealen Transformators verhalten sich umgekehrt wie die zugehörigen Windungszahlen bzw. Spannungen.

Für die Sekundärseite des Transformators bedeutet Gl. (3.78): Hohe Spannung und kleiner Strom *oder* kleine Spannung und hoher Strom. Durch Heruntertransformieren einer Wechselspannung kann man sehr hohe Stromstärken erhalten (Anwendung z. B. beim elektrischen Schmelzofen).

3.3.2 Sekundärseite belastet

3.3.2.1 Impedanztransformation

Die Impedanz auf der Primärseite des Transformators ist $\underline{Z}_1 = \underline{U}_1 / \underline{I}_1$. Mit $\underline{U}_1 = ü \cdot \underline{U}_2$ und $\underline{I}_1 = \underline{I}_2 / ü$ folgt:

$$\underline{Z}_1 = \frac{ü \cdot \underline{U}_2}{\frac{\underline{I}_2}{ü}} = ü^2 \cdot \frac{\underline{U}_2}{\underline{I}_2}$$

Der Quotient $\frac{\underline{U}_2}{\underline{I}_2}$ ist die Impedanz $\underline{Z}_2$ auf der Sekundärseite des Transformators. Somit folgt:

$$\boxed{\underline{Z}_1 = ü^2 \cdot \underline{Z}_2} \qquad (3.79)$$

Die sekundärseitige Abschlussimpedanz wird mit dem Quadrat des Übersetzungsverhältnisses auf die Primärseite transformiert.

Eine an der Primärseite angeschlossene Quelle „sieht" somit den Widerstand $ü^2 \cdot \underline{Z}_2$. Oder anders ausgedrückt: Der Eingangswiderstand des idealen Transformators entspricht dem $ü^2$-fachen des sekundären Lastwiderstandes.

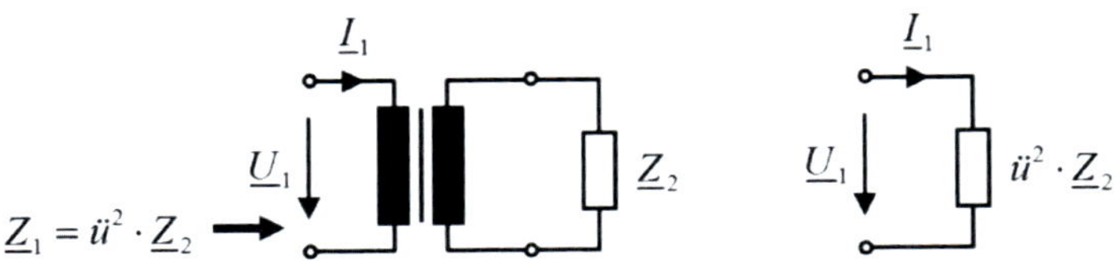

Abb. 101: Eingangswiderstand des idealen Transformators (links), Ersatzschaltung (rechts)

Für das Verhältnis von Eingangsimpedanz $\underline{Z}_1$ und Ausgangsimpedanz $\underline{Z}_2$ gilt:

$$\boxed{\frac{\underline{Z}_1}{\underline{Z}_2} = \frac{N_1^2}{N_2^2} = \frac{U_1 \cdot I_2}{U_2 \cdot I_1} = \ddot{u}^2} \tag{3.80}$$

Die Impedanztransformation kann auch durch eine Leistungsbilanz hergeleitet werden. Wie erwähnt, ist beim idealen Transformator die auf der Primärseite hinein fließende Leistung gleich der auf der Sekundärseite entnommenen Leistung. Bei Verwendung komplexer Zeiger bedeutet dies für die Leistungsbilanz ($\underline{S}_1$ = Scheinleistung am Eingang, $\underline{S}_2$ = Scheinleistung am Ausgang des Transformators):

$$\underline{S}_2 = \underline{U}_2 \cdot \underline{I}_2^* = \underline{U}_1 \cdot \underline{I}_1^* = \underline{S}_1 \tag{3.81}$$

Ist die Sekundärseite mit einem komplexen Widerstand $\underline{Z}_2$ abgeschlossen, so ergibt sich:

$$\underline{S}_2 = \underbrace{\underline{Z}_2 \cdot \underline{I}_2}_{\underline{U}_2} \cdot \underline{I}_2^* = \underline{Z}_2 \cdot I_2^2 = \underbrace{\underline{Z}_2 \cdot \ddot{u}^2}_{\underline{Z}_1} \cdot I_1^2 = \underline{S}_1 \tag{3.82}$$

$$\boxed{\underline{Z}_1 = \underline{Z}_2 \cdot \ddot{u}^2} \tag{3.83}$$

Die Leistung auf der Primärseite hängt demzufolge vom Strom in der Primärwicklung und dem sekundärseitigen Abschlusswiderstand $\underline{Z}_2$ ab, der gemäß $\ddot{u}^2 \cdot \underline{Z}_2$ auf die Primärseite transformiert wird.

Wird die Eigenschaft der Impedanztransformation ausgenutzt, so wird der Transformator als *Anpassungsübertrager* bezeichnet (siehe Abschnitt 3.1, Einsatz in der Nachrichtentechnik). Dieser dient in der Informationstechnik zur Anpassung von Verbraucherwiderständen an die Innenwiderstände von Signalquellen. Werden z. B. zwei Verstärkerstufen durch einen Übertrager gekoppelt, so kann durch die Wahl des Übersetzungsverhältnisses eine Leistungsanpassung beider Stufen erreicht werden.

Beispiel 25

Ein idealer Transformator hat das Übersetzungsverhältnis $\ddot{u} = 20$. An der Sekundärseite ist ein ohmscher Widerstand $R_2 = 6\ \Omega$ angeschlossen. Wie groß ist der Widerstand R_1 an den Eingangsklemmen des Transformators?

Lösung:

$R_1 = ü^2 \cdot R_2$; $\underline{\underline{R_1 = 2400\ \Omega}}$

Beispiel 26

An der Sekundärseite eines idealen Transformators ist ein ohmscher Widerstand $R_2 = 5\ \Omega$ angeschlossen. Die Ausgangsspannung beträgt $U_2 = 10\ \text{V}$, der Ausgangsstom ist $I_2 = 2{,}0\ \text{A}$. Das Übersetzungsverhältnis ist $ü = 10$. Wie groß sind Spannung U_1, Strom I_1 und Widerstand R_1 an der Primärseite?

Lösung:

$$U_1 = ü \cdot U_2 = 10 \cdot 10\ \text{V} = \underline{\underline{100\ \text{V}}}$$

$$I_1 = \frac{1}{ü} \cdot I_2 = \frac{1}{10} \cdot 2{,}0\ \text{A} = \underline{\underline{0{,}2\ \text{A}}}$$

$$R_1 = \frac{U_1}{I_1} = \frac{100\ \text{V}}{0{,}2\ \text{A}} = \underline{\underline{500\ \Omega}} \text{ oder } R_1 = ü^2 \cdot R_2 = 100 \cdot 5\ \Omega = \underline{\underline{500\ \Omega}}$$

Beispiel 27

Ein Lautsprecher mit der ohmschen Impedanz $R = 4\ \Omega$ soll an einem Verstärker mit dem Ausgangswiderstand $R_a = 2500\ \Omega$ betrieben werden. Welches Windungsverhältnis muss der Ausgangsübertrager des Verstärkers haben?

Lösung:

$$\frac{N_1}{N_2} = \sqrt{\frac{R_a}{R}} = \sqrt{\frac{2500\ \Omega}{4\ \Omega}} = \underline{\underline{25}}$$

Beispiel 28

Einem idealen Transformator $230/24\ \text{V}$ wird auf der Sekundärseite ein Strom von $I_2 = 5{,}0\ \text{A}$ entnommen.

a) Wie groß ist der Primärstrom I_1?

b) Wie groß ist die Belastung des Transformators?

c) Wie ist der Drahtquerschnitt der Primärwicklung im Verhältnis zur Sekundärwicklung zu wählen?

Lösung:

a) $I_1 = I_2 \cdot \frac{U_2}{U_1}$; $I_1 = 5{,}0\ \text{A} \cdot \frac{24\ \text{V}}{230\ \text{V}}$; $\underline{\underline{I_1 = 0{,}52\ \text{A}}}$

b) Für die Belastung eines Transformators ist die Scheinleistung S des Verbrauchers maßgebend, weil die Größen der Ströme, die den Transformator erwärmen, von S abhängen. Die Belastung wird in VA angegeben. Die übertragene Scheinleistung ist:

$S = U_2 \cdot I_2 = 24\ \text{V} \cdot 5{,}0\ \text{A}$; $\underline{\underline{S = 120\ \text{VA}}}$

c) Der Strom auf der Primärseite ist niedrigerer als auf der Sekundärseite. Der Drahtquerschnitt der Primärwicklung kann deshalb im Verhältnis zur Sekundärwicklung kleiner gewählt werden.

3.3.2.2 Übertrager zwischen ohmschen Widerständen

Die Eigenschaft der Impedanztransformation wird jetzt bei einem Übertrager für zwei spezielle Fälle untersucht, wenn Primär- und Sekundärseite mit einem ohmschen Widerstand abgeschlossen sind. Die Primärseite wird aus einer Spannungsquelle U_1 mit dem Innenwiderstand R_i gespeist. Auf der Sekundärseite ist ein Verbraucher mit dem reellen Widerstand R_a angeschlossen. Gesucht ist jeweils die Ausgangsspannung U_2 des Übertragers als Funktion der Quellenspannung U_1 und des Übersetzungsverhältnisses $ü$.

Idealer Übertrager unter Vernachlässigung der Wicklungswiderstände

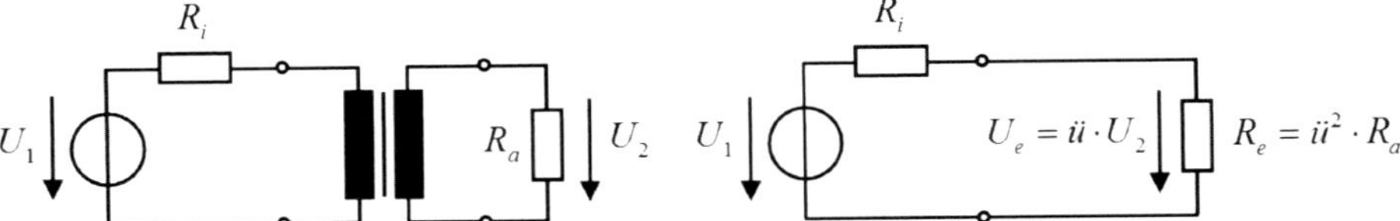

Abb. 102: Idealer Übertrager zwischen ohmschen Widerständen (links) und Ersatznetzwerk (rechts)

Der Abschlusswiderstand erscheint transformiert als $R_e = ü^2 \cdot R_a$ auf der Eingangsseite und kann dort statt des Übertragers direkt eingezeichnet werden. An R_e fällt die Spannung $U_e = ü \cdot U_2$ ab.

Nach der Spannungsteilerformel ergibt sich:

$$U_e = U_1 \cdot \frac{R_e}{R_i + R_e} = U_1 \cdot \frac{ü^2 \cdot R_a}{R_i + ü^2 \cdot R_a} \tag{3.84}$$

$$\boxed{U_2 = \frac{U_e}{ü} = U_1 \cdot \frac{ü \cdot R_a}{R_i + ü^2 \cdot R_a}} \tag{3.85}$$

Idealer Übertrager mit Wicklungswiderständen

R_1 und R_2 sind die ohmschen Widerstände der Primär- und Sekundärwicklung, die jetzt bei dem ansonsten idealen Übertrager nicht vernachlässigt werden. Man erhält nachfolgendes Ersatznetzwerk.

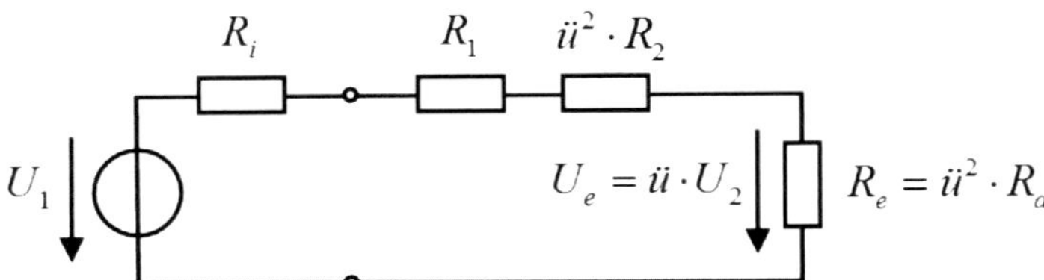

Abb. 103: Ersatznetzwerk des idealen Übertragers beim Betrieb zwischen reellen Widerständen unter Berücksichtigung der Wicklungswiderstände

Da der sekundäre Wicklungswiderstand mit R_a in Reihe liegt, erscheint er mit $ü^2$ transformiert ebenfalls (wie R_a) auf der Eingangsseite. Die Spannung U_2 errechnet sich wieder nach der Spannungsteilerformel.

$$U_2 = U_1 \cdot \frac{ü \cdot R_a}{R_i + R_1 + ü^2 \cdot (R_2 + R_a)} \tag{3.86}$$

Bei Leistungsanpassung ist der Lastwiderstand gleich dem Innenwiderstand der Quelle. An den Verbraucherwiderstand wird dann soviel Leistung wie möglich abgegeben. Im obigen Fall ist Leistungsanpassung gegeben, wenn gilt:

$$ü^2 \cdot R_a = R_i + R_1 + ü^2 \cdot R_2 \tag{3.87}$$

Beispiel 29

Eine sinusförmige Spannungsquelle mit den Daten $U = 10{,}0\ \text{V}$, $f = 50\ \text{Hz}$, $R_i = 100\ \Omega$ speist die Primärseite eines idealen Übertragers mit $N_1 = 270$ Windungen. Die Sekundärseite des Übertragers mit $N_2 = 90$ Windungen ist mit einem ohmschen Widerstand $R_a = 100\ \Omega$ abgeschlossen.

a) Wie groß ist die Ausgangsspannung U_2 des Übertragers?

b) Wie groß ist der Strom I_a durch R_a auf der Sekundärseite?

c) Wie groß ist der Strom I_1 auf der Primärseite?

d) Wie groß müsste R_a sein, damit Leistungsanpassung vorliegt?

e) Um wie viel Prozent ist die in $R_a = 100\ \Omega$ verbrauchte Leistung geringer als sie bei Leistungsanpassung maximal sein könnte?

Lösung:

a) Mit $ü = \frac{N_1}{N_2} = \frac{270}{90} = 3$ berechnet sich U_2 nach Gl. (3.85) zu:

$$U_2 = U_1 \cdot \frac{ü \cdot R_a}{R_i + ü^2 \cdot R_a} = 10\ \text{V} \cdot \frac{3 \cdot 100\ \Omega}{100\ \Omega + 3^2 \cdot 100\ \Omega};\ \underline{\underline{U_2 = 3{,}0\ \text{V}}}$$

b) $I_a = \frac{U_2}{R_a} = \frac{3{,}0\ \text{V}}{100\ \Omega};\ \underline{\underline{I_a = 30{,}0\ \text{mA}}}$

c) $I_1 = \frac{I_a}{ü} = \frac{30{,}0 \text{ mA}}{3} = \underline{\underline{10{,}0 \text{ mA}}}$

oder $I_1 = \frac{U_1}{R_i + ü^2 \cdot R_a} = \frac{10 \text{ V}}{100\ \Omega + 3^2 \cdot 100\ \Omega} = \underline{\underline{10{,}0 \text{ mA}}}$

d) Für Leistungsanpassung muss der Lastwiderstand gleich dem Innenwiderstand der Quelle sein. Als Lastwiderstand erscheint der Abschlusswiderstand R_a mit $ü^2$ transformiert auf der Primärseite. Es muss gelten:

$ü^2 \cdot R_a = R_i$. Somit: $R_a = \frac{R_i}{ü^2} = \frac{100\ \Omega}{3^2}$.

Für $\underline{\underline{R_a = 11{,}1\ \Omega}}$ liegt Leistungsanpassung vor.

e) Die in $R_a = 100\ \Omega$ verbrauchte Leistung ist:

$P_a = U_2 \cdot I_a = 3{,}0 \text{ V} \cdot 30{,}0 \text{ mA} = 90 \text{ mW}$

Für $R_a = 11{,}1\ \Omega$ errechnen sich die Werte:

$U_2 = 1{,}66 \text{ V}$ und $I_a = 150 \text{ mA}$.

$P_{a,\max} = 1{,}66 \text{ V} \cdot 0{,}15 \text{ A} = 250 \text{ mW}$

$$\frac{P_{a,\max} - P_a}{P_{a,\max}} = \frac{250 \text{ mW} - 90 \text{ mW}}{250 \text{ mW}} = 0{,}64$$

Für $R_a = 100\ \Omega$ ist die in R_a verbrauchte Leistung um 64 % niedriger als bei Leistungsanpassung mit $R_a = 11{,}1\ \Omega$.

3.3.3 Zusammenfassung

1. Die Transformatorenhauptgleichung lautet:

   $U_1 = 4{,}44 \cdot N_1 \cdot f \cdot \hat{B} \cdot A_{Fe}$, $U_2 = 4{,}44 \cdot N_2 \cdot f \cdot \hat{B} \cdot A_{Fe}$

2. Die Spannungen eines idealen Transformators verhalten sich wie die zugehörigen Windungszahlen: $\frac{U_1}{U_2} = \frac{N_1}{N_2} = ü$

3. Mit den Induktivitätswerten von Primär- und Sekundärspule gilt: $\frac{U_1}{U_2} = \sqrt{\frac{L_1}{L_2}} = ü$

4. Die Ströme eines idealen Transformators verhalten sich umgekehrt wie die zugehörigen Windungszahlen bzw. Spannungen: $\frac{I_1}{I_2} = \frac{U_2}{U_1} = \frac{N_2}{N_1} = \frac{1}{ü}$

5. Die sekundärseitige Abschlussimpedanz wird mit dem Quadrat des Übersetzungsverhältnisses auf die Primärseite transformiert: $\underline{Z}_1 = ü^2 \cdot \underline{Z}_2$

3.4 Realer (technischer) Transformator

3.4.1 Verlustarten

In einem realen Transformator treten Verluste des Leistungsflusses von der Primär- zur Sekundärwicklung auf. Die Transformatorverluste werden in *Kupferverluste* (*Wicklungsverluste*) und *Eisenverluste* (*Kernverluste*) eingeteilt. Die Eisenverluste sind wiederum unterteilbar in *Wirbelstromverluste*, *Hystereseverluste* und in *Streuverluste*. Diese Abweichungen gegenüber dem idealen Transformator berücksichtigt man in einem Ersatzschaltbild mittels zusätzlicher Schaltungselemente.

Kupferverluste

Die Kupferverluste ergeben eine Wärmeentwicklung in den ohmschen Widerständen der Wicklungsdrähte von Primär- und Sekundärspule. Die Verluste lassen sich im Ersatzschaltbild durch ohmsche Widerstände R_1 und R_2, die in Reihe zu diesen Spulen geschaltet sind, berücksichtigen.

Wirbelstromverluste

Wirbelstrom- und Hystereseverluste wurden bereits in Abschnitt 3.2.1.7 (Ferromagnetismus) angesprochen. Die Wirbelstromverluste entstehen durch Wirbelströme, die sich im Eisenkern ausbilden und zu einer entsprechenden Wärmeentwicklung im Eisen führen. Die Erzeugung von Wärme wird in elektrischen Ersatzschaltbildern immer mittels stromdurchflossener ohmscher Widerstände dargestellt, weil in diesen Wirkwiderständen ebenfalls Verlustwärme entsteht. Beim Transformator werden die Wirbelstromverluste im Ersatzschaltbild berücksichtigt, indem der idealen (verlustlosen) Spule mit dem Hauptblindwiderstand $X_h = \omega \cdot L_h$ ein Widerstand R_{Fe} parallel geschaltet wird.

Dieser Widerstand R_{Fe} repräsentiert die dem Eisenkern zuzuordnenden Verluste in Summe, insgesamt also die Wirbelstrom-, Hysterese- und Streuverluste.

Hystereseverluste

Beim Ummagnetisieren geht Energie, welche zur Verschiebung der Blochwände und zur Umorientierung der Molekularmagnete erforderlich ist, teilweise in Wärme über. Diese Hystereseverluste (Ummagnetisierungsverluste) sind (wie die Wirbelstrom- und Streuverluste) bedingt durch das Eisen und somit ein Teil der Eisenverluste.

Streuverluste

Der Hauptfluss Φ_h durchsetzt beide Wicklungen. Die Streuverluste ergeben sich aus den Streuflüssen, da die Wicklungen nicht ideal gekoppelt sind. Sowohl die Primär- als auch die Sekundärspule führen Flussanteile, die *nicht* durch die jeweils andere Spule verlaufen (Abb. 104). Der Streufluss $\Phi_{1\sigma}$ der Primärspule durchsetzt nur diese selbst, nicht aber die Sekundärspule. Er wirkt deshalb selbstinduktiv und nicht gegeninduktiv. Gleiches gilt für die Sekundärspule mit ihrem Streufluss $\Phi_{2\sigma}$. Darum werden die Streuflüsse im Ersatzschaltbild des Transformators durch Selbstinduktivitäten $L_{1\sigma}$ und $L_{2\sigma}$ bzw. durch induktive Blindwiderstände $X_{1\sigma} = \omega \cdot L_{1\sigma}$ und $X_{2\sigma} = \omega \cdot L_{2\sigma}$ (*Streublindwiderstände*, *Streureaktanzen*) in den Zuleitungen von Primär- und Sekundärspule berücksichtigt.

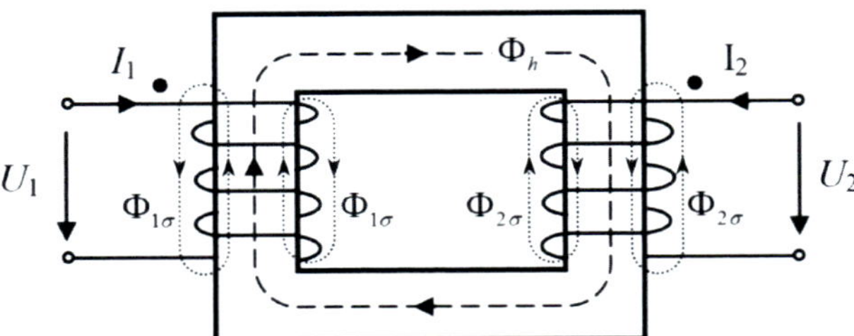

Abb. 104: Magnetische Streuflüsse beim Transformator

3.4.2 Verlustloser Transformator mit Streuung

Im Gegensatz zum idealen Übertrager liegt beim verlustlosen Übertrager *mit* Streuung keine vollständige Verkopplung der magnetischen Flüsse vor. Der Transformator weist in der Praxis stets Streuflüsse auf, für den Kopplungsfaktor gilt $k < 1$. Weiterhin vernachlässigt werden

- Kupferverluste von Primär- und Sekundärwicklung
- Wirbelstrom- und Hystereseverluste („eisenloser Transformator“ oder „Lufttransformator“).

Für *kleine Streuung* und *kleine Spannungen* kann unter diesen Voraussetzungen das so genannte M-Ersatzschaltbild eingesetzt werden. Es wird häufig in der Nachrichtentechnik für Übertrager verwendet.

Im Primär- und Sekundärkreis werden durch Selbst- und Gegeninduktion Teilspannungen hervorgerufen, die sich zur Gesamtspannung addieren (vgl. Gl. (3.66)):

$$\begin{aligned} u_1 &= L_1 \cdot \frac{di_1}{dt} - M \cdot \frac{di_2}{dt} \\ u_2 &= M \cdot \frac{di_1}{dt} - L_2 \cdot \frac{di_2}{dt} \end{aligned} \tag{3.88}$$

Man beachte: Das Vorzeichen von i_2 ist negativ, der Strom fließt auf der Sekundärseite aus der oberen Klemme heraus und nicht hinein. Es wurde das Erzeugerzählpfeilsystem gewählt. Diese Zählpfeilrichtung ist entsprechend dem Energiefluss von der Primär- zur Sekundärseite und zur dort angeschlossenen Last häufig sinnvoll.

Bei sinusförmigen Strömen und Spannungen werden die Gleichungen (3.88) in komplexer Darstellung zu:

$$\begin{aligned} \underline{U}_1 &= j\omega L_1 \cdot \underline{I}_1 - j\omega M \cdot \underline{I}_2 \\ \underline{U}_2 &= j\omega M \cdot \underline{I}_1 - j\omega L_2 \cdot \underline{I}_2 \end{aligned} \tag{3.89}$$

Zu den Gleichungen (3.89) gehört das folgende Ersatzschaltbild.

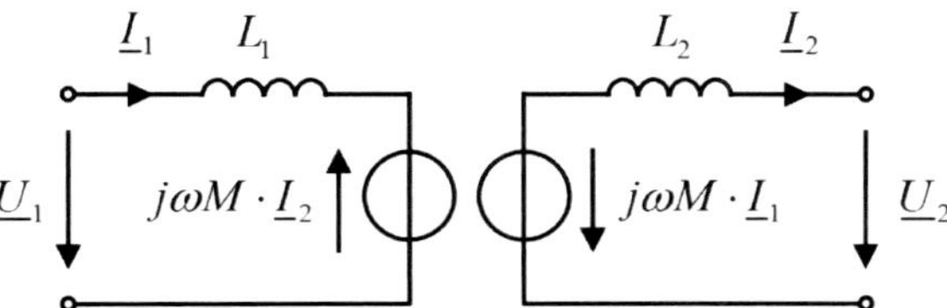

Abb. 105: Spannungsquellen-Ersatzschaltbild zu den Gleichungen (3.89)

Zu den beiden Gleichungen (3.89) wird jetzt auf den rechten Seiten jeweils eine Null in der Form $0 = j\omega M \cdot \underline{I}_1 - j\omega M \cdot \underline{I}_1$ bzw. $0 = j\omega M \cdot \underline{I}_2 - j\omega M \cdot \underline{I}_2$ addiert.

$$\underline{U}_1 = j\omega L_1 \cdot \underline{I}_1 - j\omega M \cdot \underline{I}_2 + j\omega M \cdot \underline{I}_1 - j\omega M \cdot \underline{I}_1$$
$$\underline{U}_2 = j\omega M \cdot \underline{I}_1 - j\omega L_2 \cdot \underline{I}_2 + j\omega M \cdot \underline{I}_2 - j\omega M \cdot \underline{I}_2$$

Jetzt werden $j\omega \cdot \underline{I}_x$ bzw. $j\omega M$ ausgeklammert und die Ausdrücke so umgeformt, dass die Differenz der Ströme $\underline{I}_1$ und $\underline{I}_2$ (Maschenstrom) auftritt, d. h. dass Maschengleichungen entstehen.

$$\boxed{\begin{aligned} \underline{U}_1 &= j\omega \cdot (L_1 - M) \cdot \underline{I}_1 + j\omega M \cdot (\underline{I}_1 - \underline{I}_2) \\ \underline{U}_2 &= -j\omega \cdot (L_2 - M) \cdot \underline{I}_2 + j\omega M \cdot (\underline{I}_1 - \underline{I}_2) \end{aligned}} \tag{3.90}$$

Aus diesen beiden Gleichungen lässt sich das einfachste Ersatzschaltbild des verlustlosen Übertragers mit Streuung entnehmen (Abb. 106). Es ist ein gut berechenbares, passives T-Netzwerk mit galvanischer Kopplung. Man sieht anschaulich die Verkopplung der Primär - und Sekundärspule über die mittlere Spule mit der Induktivität M. Die durch die mathematischen Umformungen enthaltenen Induktivitäten $(L_x - M)$ sind allerdings physikalisch nicht deutbar und stellen reine Rechengrößen dar. Ein Netzwerkelement kann auch negativ werden, z. B. für $M < 0$ oder $L_1 < M$ bzw. $L_2 < M$. Die Ersatzschaltung ist physikalisch nicht anschaulich und technisch nicht realisierbar, sie genügt aber formal den umgewandelten Spannungsgleichungen. Das Ersatzschaltbild ist nur brauchbar unter der Einschränkung $M > 0$, $L_1 - M > 0$, $L_2 - M > 0$. Das Umpolen einer Wicklung beschreibt dieses Ersatzschaltbild nicht, dazu müsste M negativ werden.

Beim realen Übertrager sind natürlich Primär- und Sekundärkreis nicht miteinander verbunden, sondern galvanisch getrennt.

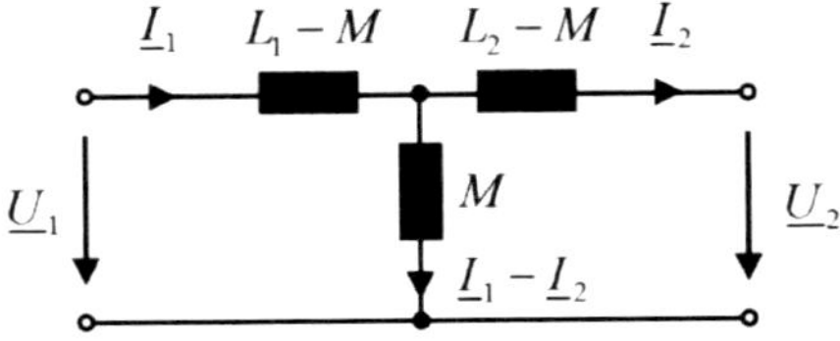

Abb. 106: M-Ersatzschaltbild des verlustlosen Transformators mit Streuung zu den Gleichungen (3.90)

Das Ersatzschaltbild des verlustlosen Transformators mit Streuung kann auf einfache Weise durch eine Reihenschaltung von ohmschen Widerständen auf Primär- und Sekundärseite zu einer Berücksichtigung von Kupferverlusten erweitert werden.

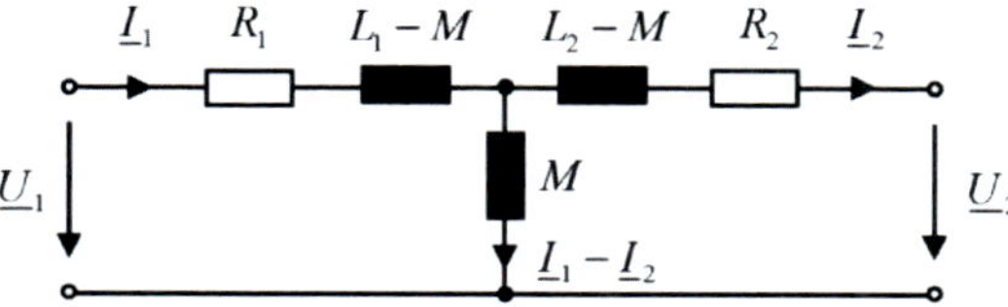

Abb. 107: M-Ersatzschaltbild mit Berücksichtigung von Kupferverlusten

3.4.3 Transformator mit Wicklungs- und Kernverlusten

Treten *hohe Spannungen* und *große Streuungen* auf, so wird das so genannte L_σ-Ersatzschaltbild verwendet. Es wird wegen der hohen Spannungen in der Energietechnik eingesetzt.

Die unter Abschnitt 3.4.1 besprochenen, repräsentierenden Bauelemente der Kupferverluste, Eisenverluste und Streuverluste werden in ein Ersatzschaltbild des realen Transformators eingetragen, welches in Abb. 108 dargestellt ist.

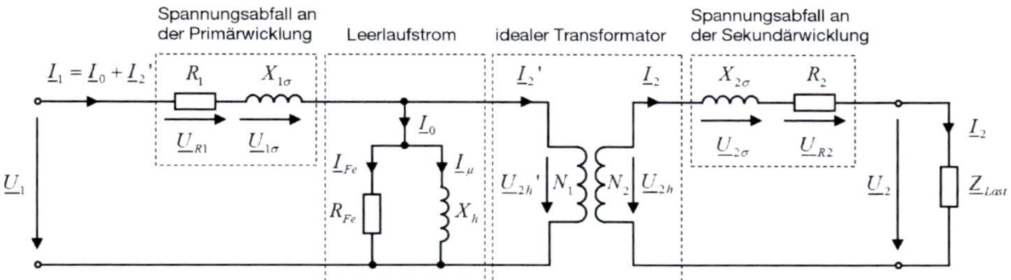

Abb. 108: Ersatzschaltbild des realen Transformators

Zu beachten ist, dass in obigem Ersatzschaltbild auf der Sekundärseite für die Zählpfeile das Erzeugerzählpfeilsystem gewählt wurde.

Die komplexen Größen beziehen sich auf rein sinusförmige Vorgänge.

Mit allen Elementen dieses Ersatzschaltbildes ist eine eindeutige physikalische Begründung verbunden. Es sind:

R_1, R_2 = sehr niederohmige Wicklungswiderstände der Drähte, Stromwärmeverluste in den Kupferwicklungen

$X_{1\sigma}$, $X_{2\sigma}$ = Blindwiderstände der Streuinduktivitäten der Primär- und Sekundärseite, Streuverluste

X_h = Blindwiderstand der Hauptinduktivität. Der reale Transformator nimmt auch im Leerlauf ($\underline{I}_2 = 0$) einen geringen Strom auf, den Magnetisierungsstrom $\underline{I}_\mu$, der für die Ausbildung des Magnetfeldes verantwortlich ist.

R_{Fe} = hochohmiger Eisenverlustwiderstand (Wirbelströme, Ummagnetisierung)

Die Kopplung von Primär- und Sekundärseite erfolgt in Abb. 108 über einen idealen Transformator. Um die Wirkung eines Transformators in einem elektrischen Netzwerk zu beschreiben, kann es vorteilhaft sein, die magnetische Kopplung zwischen Primär- und Sekundärseite statt durch einen Transformator durch eine äquivalente Schaltung mit einer galvanischen Verbindung der Netzwerkelemente zu ersetzen. Dabei werden für die Erstellung des Ersatzschaltbildes die beiden magnetisch gekoppelten Stromkreise in einer Schaltung ohne magnetische Kopplung vereinigt, indem die Spannungen, Ströme und komplexen Widerstände von der Sekundärseite auf die Primärseite umgerechnet (übersetzt, transformiert) werden. Die sekundärseitigen Werte werden mit dem Übersetzungsfaktor $ü$ auf die primäre Windungszahl umgerechnet, nach der Umrechnung wird also eine Übersetzung $N_2 = N_1$ bzw. $ü = 1$ verwendet. Die umgerechneten sekundärseitigen Größen werden mit einem Hochkomma (') gekennzeichnet („Strichgrößen", „gestrichene Größen", „auf die Primärseite bezogene Größen").

Bei einem Transformator sind die Spannungen auf der Primär- und der Sekundärseite oft stark unterschiedlich, dadurch erfordern Berechnungen am Transformator oder das Zeichnen von Zeigerbildern einen großen Aufwand. Zeigerbilder müssten für Primär- und Sekundärseite einen anderen Maßstab erhalten, die Berechnung muss umständlich ausgeführt werden. Dieser Aufwand wird vermieden, indem die Sekundärseite des Transformators auf die Spannungsebene der Primärseite umgerechnet wird. Für Berechnungen und die Darstellung und Auswertung elektrischer Größen in Zeigerdiagrammen liegt also der Vorteil der Verwendung eines Ersatzschaltbildes ohne magnetisch gekoppelten Spulen und mit umgerechneten Größen darin, dass die Zeiger der Primär- und Sekundärgrößen etwa die gleiche Länge haben. Dadurch wird die Darstellung von Zeigerdiagrammen in übersichtlicher Form möglich. Außerdem wird das Ersatzschaltbild des realen Transformators einfacher, weil der ideale Transformator entfällt.

Mit dem Übersetzungsverhältnis $ü = N_1/N_2$ sind die von der Sekundär- auf die Primärseite umgerechneten Größen:

$$\boxed{\underline{U}_2' = \ddot{u} \cdot \underline{U}_2} \tag{3.91}$$

$$\boxed{\underline{I}_2' = \frac{1}{\ddot{u}} \cdot \underline{I}_2} \tag{3.92}$$

$$\boxed{\underline{X}_{2\sigma}' = \ddot{u}^2 \cdot \underline{X}_{2\sigma}} \text{ bzw. } \boxed{L_{2\sigma}' = \ddot{u}^2 \cdot L_{2\sigma}} \tag{3.93}$$

$$\boxed{\underline{Z}_2' = \ddot{u}^2 \cdot \underline{Z}_2} \tag{3.94}$$

Mit diesen umgerechneten Größen erhalten wir das Ersatzschaltbild nach Abb. 109. Es wird als *vollständiges Ersatzschaltbild* des realen Transformators bezeichnet.

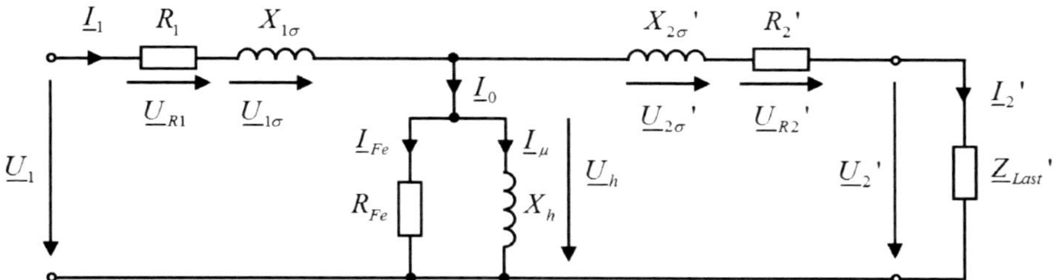

Abb. 109: Auf die Primärseite bezogenes, vollständiges Ersatzschaltbild des realen Transformators

Wird mit dem vollständigen Ersatzschaltbild gearbeitet, so ist darauf zu achten, dass die Sekundärgrößen in umgerechneter Form vorliegen. Wurde z. B. ein U_2' berechnet, so muss diese Größe erst durch die Umrechnung

$$\boxed{\underline{U}_2 = \frac{1}{\ddot{u}} \cdot \underline{U}_2'} \tag{3.95}$$

in die wirkliche Größe U_2 umgewandelt werden, die am Transformator tatsächlich messbar ist. Diese Umrechnung wird in einem Ersatzschaltbild nach Abb. 109 häufig durch einen idealen Transformator mit dem Übersetzungsverhältnis $\ddot{u}$ berücksichtigt, der zwischen die Ausgangsklemmen und die Lastimpedanz geschaltet wird. Eingangsspannung und -strom dieses Transformators sind dann $\underline{U}_2'$ und $\underline{I}_2'$, Ausgangsspannung und -strom sind $\underline{U}_2$ und $\underline{I}_2$.

Die Maschengleichungen für Primär- und Sekundärkreis lauten:

$$\underline{U}_1 = (R_1 + j \cdot X_{1\sigma}) \cdot \underline{I}_1 + \underline{U}_h \tag{3.96}$$

$$\underline{U}_2' = -(R_2' + j \cdot X_{2\sigma}') \cdot \underline{I}_2' + \underline{U}_h \tag{3.97}$$

$$\underline{U}_h = \frac{\underline{I}_1 - \underline{I}_2'}{\dfrac{1}{R_{Fe}} + \dfrac{1}{j \cdot X_h}} \tag{3.98}$$

Der Strom $\underline{I}_0$ ist der Leerlaufstrom. Für ihn gilt:

$$\underline{I}_0 = \underline{I}_1 - \underline{I}_2' = \underline{I}_{Fe} + \underline{I}_\mu \tag{3.99}$$

I_{Fe} ist ein Verluststrom durch Eisenverluste, I_μ ist der Magnetisierungsstrom für $\underline{I}_2 = 0$ (Leerlauf). Beide Ströme stehen aufeinander senkrecht.

Die Gleichungen (3.96), (3.97) und (3.99) beschreiben das Ersatzschaltbild des Transformators nach Abb. 109.

Die Spannungen und Ströme in Abb. 109 können in einem Zeigerbild dargestellt werden, das je nach Last unterschiedlich aussieht. Abb. 110 zeigt das Zeigerbild als Beispiel für eine ohmsch-induktive Last.

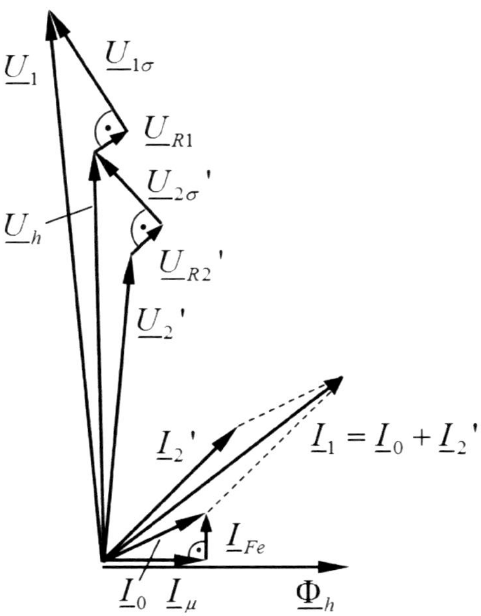

Abb. 110: Zeigerbild zur Ersatzschaltung nach Abb. 109

3.4.4 Verbesserte M-Ersatzschaltung

Mit den Kenntnissen über gestrichene Größen kann nun das Ersatzschaltbild nach Abb. 106 in eine für praktische Zwecke besser verwendbare Form ohne die dort genannten Einschränkungen umgeformt werden.

Die M-Ersatzschaltung bildet das Übertragungsverhalten des Transformators nach, berücksichtigt aber nicht die Potenzialtrennung. Um auch die galvanische Trennung zwischen Primär- und Sekundärseite zum Ausdruck zu bringen, schalten wir einen idealen Übertrager mit der Übersetzung $1:1$ vor die Ausgangsklemmen des Sekundärkreises. Die Übersetzung $ü:1$ erfolgt immer noch durch das T-Netzwerk.

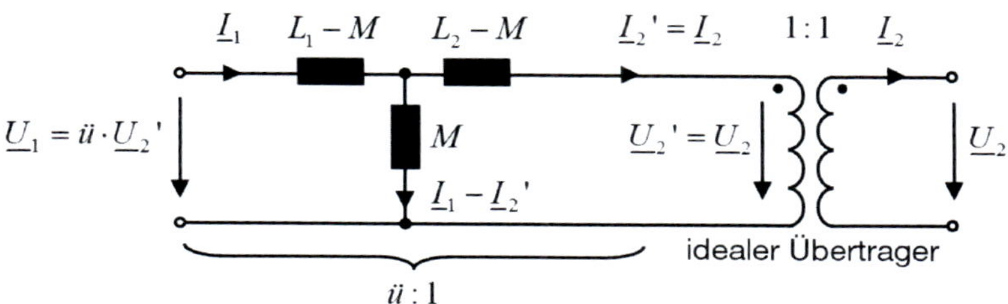

Abb. 111: M-Ersatzschaltbild mit idealem Übertrager am Ausgang

Jetzt wird noch die Übersetzung $ü:1$ vom T-Glied auf den idealen Übertrager verlagert. Die Größen der rechten Seite des T-Gliedes ändern sich durch den idealen Übertrager zu den umgerechneten Größen $\underline{U}_2' = ü \cdot \underline{U}_2$ und $\underline{I}_2' = \frac{1}{ü} \cdot \underline{I}_2$. In den Transformatorgleichungen (3.90) müssen also folgende Substitutionen durchgeführt werden: $\underline{U}_2 = \frac{1}{ü} \cdot \underline{U}_2'$ und $\underline{I}_2 = ü \cdot \underline{I}_2'$.

Die Gleichungen (3.90) sind:

$$\underline{U}_1 = j\omega \cdot (L_1 - M) \cdot \underline{I}_1 + j\omega M \cdot (\underline{I}_1 - \underline{I}_2)$$
$$\underline{U}_2 = -j\omega \cdot (L_2 - M) \cdot \underline{I}_2 + j\omega M \cdot (\underline{I}_1 - \underline{I}_2)$$

Mit obigen Substitutionen folgt:

$$\underline{U}_1 = j\omega \cdot (L_1 - M) \cdot \underline{I}_1 + j\omega M \cdot (\underline{I}_1 - ü \cdot \underline{I}_2')$$
$$\frac{\underline{U}_2'}{ü} = -j\omega \cdot (L_2 - M) \cdot ü \cdot \underline{I}_2' + j\omega M \cdot (\underline{I}_1 - ü \cdot \underline{I}_2') \qquad (3.100)$$

$$\begin{aligned}\underline{U}_1 &= j\omega L_1 \cdot \underline{I}_1 \cancel{- j\omega M \cdot \underline{I}_1} \cancel{+ j\omega M \cdot \underline{I}_1} - j\omega \ddot{u} M \cdot \underline{I}_2{}' \\ \underline{U}_2{}' &= -j\omega \ddot{u}^2 L_2 \cdot \underline{I}_2{}' \cancel{+ j\omega \ddot{u}^2 M \cdot \underline{I}_2{}'} + j\omega \ddot{u} M \cdot \underline{I}_1 \cancel{- j\omega \ddot{u}^2 M \cdot \underline{I}_2{}'}\end{aligned} \tag{3.101}$$

Umformen:

$$\boxed{\begin{aligned}\underline{U}_1 &= j\omega \cdot \left(L_1 - \ddot{u}M\right) \cdot \underline{I}_1 + j\omega \ddot{u} M \cdot \left(\underline{I}_1 - \underline{I}_2{}'\right) \\ \underline{U}_2{}' &= -j\omega \cdot \left(\ddot{u}^2 L_2 - \ddot{u}M\right) \cdot \underline{I}_2{}' + j\omega \ddot{u} M \cdot \left(\underline{I}_1 - \underline{I}_2{}'\right)\end{aligned}} \tag{3.102}$$

Zu diesen Gleichungen gehört das folgende Ersatzschaltbild.

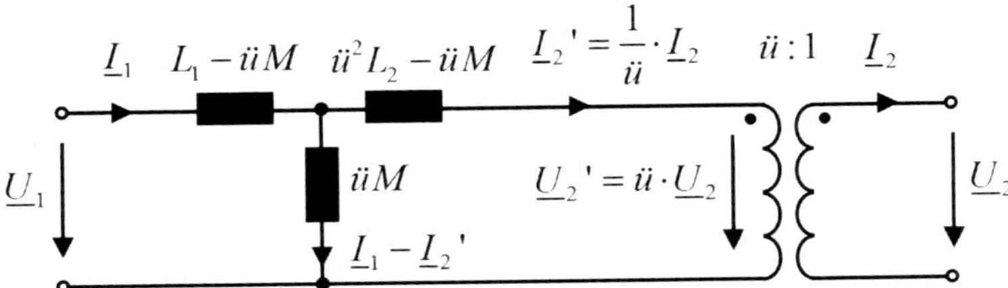

Abb. 112: M-Ersatzschaltbild des verlustlosen Transformators mit Streuung zu den Gleichungen (3.102)

Mit $\ddot{u} = \frac{\sqrt{L_1}}{\sqrt{L_2}}$ nach Gl. (3.76) und $M = k \cdot \sqrt{L_1 \cdot L_2}$ nach Gl. (3.71) folgt:

$$\ddot{u}M = \frac{\sqrt{L_1}}{\sqrt{L_2}} \cdot k \cdot \sqrt{L_1 \cdot L_2} = k \cdot L_1$$

$$L_1 - \ddot{u}M = L_1 - k \cdot L_1 = \left(1-k\right) \cdot L_1$$

$$\ddot{u}^2 L_2 - \ddot{u}M = L_1 - k \cdot L_1 = \left(1-k\right) \cdot L_1$$

Daraus folgt das geänderte Ersatzschaltbild.

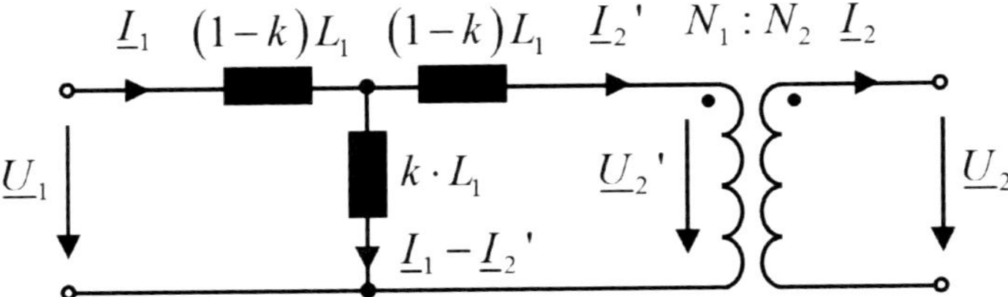

Abb. 113: Ersatzschaltbild mit zwei gleich großen Längsinduktivitäten mit Kopplungsfaktor

Die beiden Längsinduktivitäten können als Streuinduktivitäten und die Querinduktivität kann als Hauptinduktivität gedeutet werden.

Mit $k = \sqrt{1-\sigma}$ nach Gl. (3.58) wird die Ersatzschaltung noch so verändert, dass statt des Kopplungsfaktors k der Streufaktor σ verwendet wird.

Wird die Taylor-Reihenentwicklung der Wurzelfunktion

$$\sqrt{1-x} = 1 - \frac{1}{2}x - \frac{1}{8}x^2 - \ldots \qquad (3.103)$$

nach dem linearen Glied abgebrochen, so erhalten wir mit $\sigma \ll 1$ für k in guter Näherung:

$$k = \sqrt{1-\sigma} \approx 1 - \frac{\sigma}{2} \qquad (3.104)$$

Für Werte von $\sigma < 0{,}1$ ist der relative Fehler von k kleiner als $0{,}13\ \%$.

Der Faktor $(1-k)$ im Ersatzschaltbild nach Abb. 113 wird jetzt zu $\sigma/2$. Das daraus folgende symmetrische T-Ersatzschaltbild zeigt die nächste Abbildung.

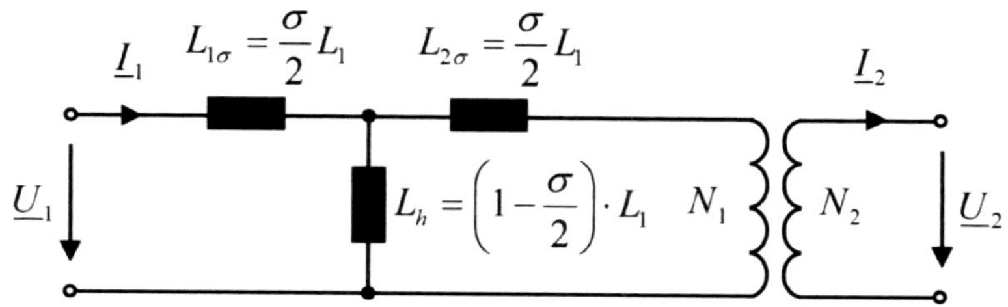

Abb. 114: Symmetrisches T-Ersatzschaltbild mit Streufaktor

Bei einem symmetrisch aufgebauten Transformator entspricht $L_{1\sigma} = \frac{\sigma}{2} L_1$ in den Längsspulen den Streuflüssen, die nur mit jeweils einer Wicklung verkettet sind und außerhalb des Eisenkerns verlaufen.

$L_h = \left(1 - \frac{\sigma}{2}\right) \cdot L_1$ entspricht dem gemeinsamen Fluss durch beide Spulen, im Wesentlichen innerhalb des Eisenkerns.

Beispiel 30

Einem Einphasen-Schweisstransformator kann ein Strom von höchstens $130\ \text{A}$ entnommen werden. Die Primärwicklung hat 390, die Sekundärwicklung hat 75 Windungen. Wie groß ist der Strom in der Zuleitung?

Lösung:

$$I_1 = \frac{N_2}{N_1} \cdot I_2 = \frac{75}{390} \cdot 130\ \text{A}\,;\ \underline{\underline{I_1 = 25\ \text{A}}}$$

Beispiel 31

Ein Widerstand von $R = 100\ \Omega$ soll eine Leistung von $P = 10\ \text{kW}$ aufnehmen. Der Widerstand wird über einen idealen Transformator an das Wechselstromnetz (230 V, 50 Hz) angeschlossen.

Wie groß ist bei einer primären Windungszahl $N_1 = 1000$ die Windungszahl N_2 der Sekundärseite zu wählen?

Lösung:

Der ideale Transformator ist verlustfrei. Zuerst wird die für die gegebene Leistungsaufnahme benötigte Sekundärspannung U_2 bestimmt.

Aus $P = \frac{U_2^2}{R}$ folgt $U_2 = \sqrt{P \cdot R} = \sqrt{1000\ \text{W} \cdot 100\ \Omega} = 1000\ \text{V}$

Die Windungszahl N_2 ergibt sich aus dem Übersetzungsverhältnis.

$$\frac{N_1}{N_2} = \frac{U_1}{U_2}\,;\ N_2 = \frac{N_1 \cdot U_2}{U_1} = \frac{1000 \cdot 1000\ \text{V}}{230\ \text{V}} = 4347{,}8$$

$$\frac{N_1}{N_2} = \frac{U_1}{U_2}\,;\ N_2 = \frac{N_1 \cdot U_2}{U_1} = \frac{1000 \cdot 1000\ \text{V}}{230\ \text{V}} = 4347{,}8$$

Da nur ganzzahlige Windungszahlen möglich sind, wird gerundet.

$$\underline{\underline{N_2 = 4348}}$$

Beispiel 32

Eine sinusförmige Spannungsquelle mit den Daten $U = 10\ \text{V}$, $f = 50\ \text{Hz}$, $R_i = 100\ \Omega$ speist die Primärseite mit $N_1 = 270$ Windungen eines idealen Übertragers. Die Sekundärseite des Übertragers mit $N_2 = 90$ Windungen ist mit einem ohmschen Widerstand $R_a = 100\ \Omega$ abgeschlossen.

a) Wie groß ist die Ausgangsspannung U_2 des Übertragers?

b) Wie groß ist der Sekundärstrom I_a durch R_a?

c) Wie groß ist der Primärstrom I_1?

d) Wie groß müsste R_a sein, damit Leistungsanpassung vorliegt?

e) Um wie viel Prozent ist die in $R_a = 100\ \Omega$ verbrauchte Leistung geringer als sie maximal sein könnte?

Lösung:

a) U_2 berechnet sich nach Gl. (3.85) zu $U_2 = \dfrac{U_e}{ü} = U_1 \cdot \dfrac{ü \cdot R_a}{R_i + ü^2 \cdot R_a}$

Mit $ü = \dfrac{270}{90} = 3$ folgt $U_2 = 10\ \text{V} \cdot \dfrac{3 \cdot 100\ \Omega}{100\ \Omega + 3^2 \cdot 100\ \Omega} = \underline{\underline{3{,}0\ \text{V}}}$.

b) $I_a = \dfrac{U_2}{R_a} = \dfrac{3{,}0\ \text{V}}{100\ \Omega} = \underline{\underline{30{,}0\ \text{mA}}}$

c) $I_1 = \dfrac{I_a}{ü} = \dfrac{30\ \text{mA}}{3} = \underline{\underline{10{,}0\ \text{mA}}}$ oder alternativ

$$I_1 = \frac{U_1}{R_i + ü^2 \cdot R_a} = \frac{10\ \text{V}}{100\ \Omega + 9 \cdot 100\ \Omega} = \underline{\underline{10{,}0\ \text{mA}}}$$

d) Für Leistungsanpassung muss der Lastwiderstand gleich dem Innenwiderstand der Quelle sein. Als Lastwiderstand erscheint der Abschlusswiderstand R_a mit $ü^2$ transformiert auf der Primärseite. Es muss gelten:

$$ü^2 \cdot R_a = R_i\ ;\ R_a = \frac{R_i}{ü^2} = \frac{100\ \Omega}{9} = 11{,}1\ \Omega$$

Für $\underline{\underline{R_a = 11{,}1\ \Omega}}$ liegt Leistungsanpassung vor.

e) Für $R_a = 100\ \Omega$ ergibt sich die in R_a verbrauchte Leistung zu: $P_a = U_2 \cdot I_a = 3{,}0\ \text{V} \cdot 30{,}0\ \text{mA} = 90\ \text{mW}$

Für $R_a = 11{,}1\ \Omega$ errechnet sich $U_2 = 1{,}66\ \text{V}$ und $I_a = 150\ \text{mA}$.

$P_{a,\max} = 1{,}66\ \text{V} \cdot 0{,}15\ \text{A} = 0{,}25\ \text{W}$

Ohne U_2 und I_a erneut für den Fall $R_a = 11{,}1\ \Omega$ berechnen zu müssen, hätte man sofort nach der Formel $P_{a,\max} = \dfrac{U_1^2}{4 \cdot R_i} = \dfrac{(100\ \text{V})^2}{4 \cdot 100\ \Omega} = 0{,}25\ \text{W}$ rechnen können.

$$\frac{P_{a,\max} - P_a}{P_{a,\max}} = \frac{250\ \text{mW} - 90\ \text{mW}}{250\ \text{mW}} = \underline{\underline{0{,}64}}$$

Für $R_a = 100\ \Omega$ ist die in R_a verbrauchte Leistung um $\underline{\underline{64\ \%}}$ niedriger als bei Leistungsanpassung.

Beispiel 33

Ein Transformator im Starkstromnetz sei durch folgende Ersatzschaltung ohne Verluste hinreichend gut angenähert.

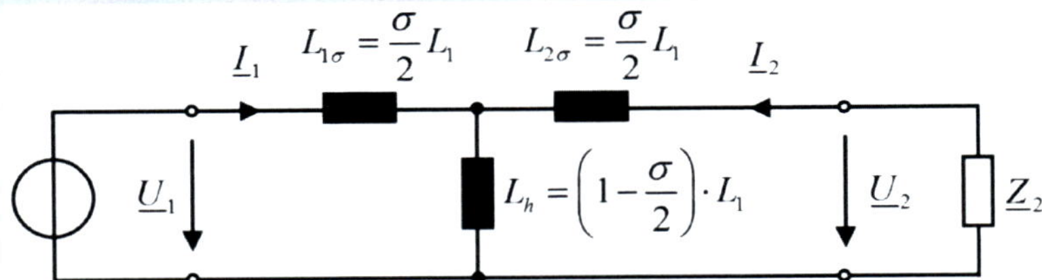

Abb. 115: Ersatzschaltung eines Transformators

$\underline{Z}_2$ ist ein komplexer Widerstand. Die Spannung auf der Primärseite ist:

$u_1(t) = 10 \cdot \sqrt{2}\ \text{kV} \cdot \cos(\omega_0 \cdot t)$ mit $\omega_0 = 2 \cdot \pi \cdot 50\ \text{Hz}$

Das Verhältnis der Windungszahlen von Primär- und Sekundärwicklung ist $\dfrac{N_1}{N_2} = 40$. Bei $f_0 = 50\ \text{Hz}$ ist $\omega_0 \cdot L_{1\sigma} = 5\ \Omega$. Bei sekundärem Leerlauf ($|\underline{Z}_2| \to \infty$) ist der Primärstrom $|\underline{I}_1| = \sqrt{2}\ \text{A}$.

Bestimmen Sie die Werte der Hauptinduktivität L_h und des Streufaktors σ.

Lösung:

Bei sekundärem Leerlauf ist $\underline{I}_2 = 0$ und L_h wird nur von $\underline{I}_1$ durchflossen. Der komplexe Widerstand von $L_{1\sigma}$ ist $j\omega L_{1\sigma}$ und der von L_h ist $j\omega L_h$.

Nach der Maschenregel ist:

$$\underline{I}_1 \cdot j\omega \cdot L_{1\sigma} + \underline{I}_1 \cdot j\omega \cdot L_h - \underline{U}_1 = 0\,;\; \frac{\underline{U}_1}{\underline{I}_1} = j\omega \cdot L_{1\sigma} + j\omega \cdot L_h$$

$$j\omega_0 \cdot L_{1\sigma} = j \cdot 5\ \Omega\,;\; j\omega_0 \cdot L_h = j \cdot \pi \cdot 100\ \text{Hz} \cdot L_h$$

$$\frac{\underline{U}_1}{\underline{I}_1} = j \cdot 5\ \Omega + j \cdot \pi \cdot 100 \cdot L_h\ \Omega = j \cdot (5 + \pi \cdot 100 \cdot L_h)\ \Omega$$

Der Betrag ist: $\left|\frac{\underline{U}_1}{\underline{I}_1}\right| = \sqrt{(5 + \pi \cdot 100 \cdot L_h)^2\ \Omega^2} = (5 + \pi \cdot 100 \cdot L_h)\ \Omega$

Mit $|\underline{U}_1| = 10^4 \cdot \sqrt{2}\ \text{V}$ und $|\underline{I}_1| = \sqrt{2}\ \text{A}$ folgt:

$$\frac{10^4 \cdot \sqrt{2}\ \text{V}}{\sqrt{2}\ \text{A}} = (5 + \pi \cdot 100 \cdot L_h)\ \Omega \text{ oder } 10^4 = 5 + \pi \cdot 100 \cdot L_h$$

$$L_h = \frac{10^4 - 5}{\pi \cdot 100} = \frac{10^2}{\pi} - \frac{1}{20 \cdot \pi}\,;\; \underline{\underline{L_h = 31{,}8\ \text{H}}}$$

Aus $\omega_0 \cdot L_{1\sigma} = 5\ \Omega$ folgt $L_{1\sigma} = \frac{5\ \Omega}{\pi \cdot 100\ \text{Hz}} = \frac{1}{20 \cdot \pi}\ \text{H}$

Gleichung 1: $L_1 = \frac{2 \cdot L_{1\sigma}}{\sigma}$; Gleichung 2: $L_1 = \frac{L_h}{1 - \frac{\sigma}{2}}$

Gleichsetzen und über Kreuz multiplizieren: $2 \cdot L_{1\sigma} \cdot \left(1 - \frac{\sigma}{2}\right) = \sigma \cdot L_h$

Nach σ aufgelöst:

$$\sigma = \frac{2 \cdot L_{1\sigma}}{L_{1\sigma} + L_h}\,;\; \sigma = \frac{\frac{1}{10\pi}}{\frac{1}{20\pi} + \frac{10^2}{\pi} - \frac{1}{20\pi}}\,;\; \underline{\underline{\sigma = \frac{1}{10^3}}}$$

Beispiel 34

Zwei magnetisch gekoppelte Spulen ohne ferromagnetischem Material werden als Lufttransformator bezeichnet. Berechnen Sie in der folgenden Schaltung die Ströme $i_1(t)$ und $i_2(t)$, Schein-, Wirk-, und Blindleistung auf der Primärseite sowie den Leistungsfaktor $\cos(\varphi)$ am Eingang und den Wirkungsgrad η.

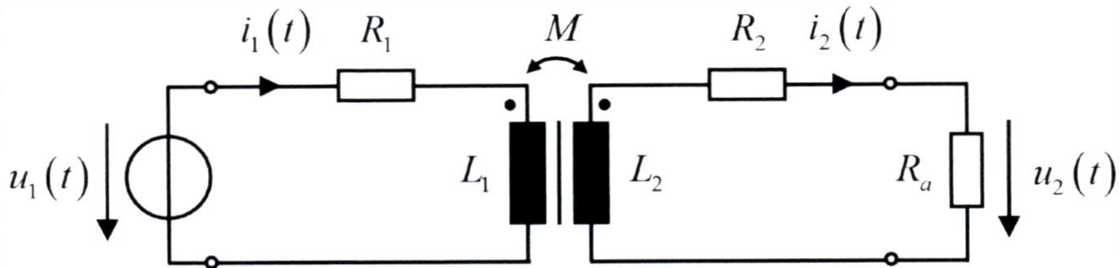

Abb. 116: Ersatzschaltung des Transformators mit angeschlossener Last

Gegeben sind folgende Werte:

$u_1(t) = \sqrt{2} \cdot 10 \text{ V} \cdot \sin(\omega t)$, $f = 50 \text{ Hz}$, $R_1 = 1\ \Omega$, $R_2 = 2\ \Omega$, $R_a = 10\ \Omega$,

$L_1 = 40 \text{ mH}$, $L_2 = 90 \text{ mH}$, Kopplungsfaktor $k = 1$

Lösung:

Es wird mit komplexen Größe gerechnet. Der komplexe Effektivwert der im Zeitbereich gegebenen Primärspannung $u_1(t)$ ist $\underline{U}_1 = 10 \text{ V}$. Die Maschengleichungen M1 auf der Primärseite und M2 auf der Sekundärseite ergeben:

M1: $-\underline{U}_1 + \underline{I}_1 \cdot (R_1 + j\omega L_1) - j\omega M \cdot \underline{I}_2 = 0$

M2: $-j\omega M \cdot \underline{I}_1 + \underline{I}_2 \cdot (j\omega L_2 + R_2 + R_a) = 0$

Zur Erläuterung: R_1 und R_2 sind die ohmschen Wicklungswiderstände der Spulen. M ist die zwischen den Spulen bestehende Gegeninduktivität. $\underline{I}_1$ ruft durch M an der Sekundärwicklung die Spannung $j\omega M \cdot \underline{I}_1$ hervor, ebenso entsteht rückwirkend durch den Strom $\underline{I}_2$ an der Primärwicklung die Spannung $j\omega M \cdot \underline{I}_2$. Die Polarität der Gegeninduktionsspannungen zeigt die folgende Abb. 117.

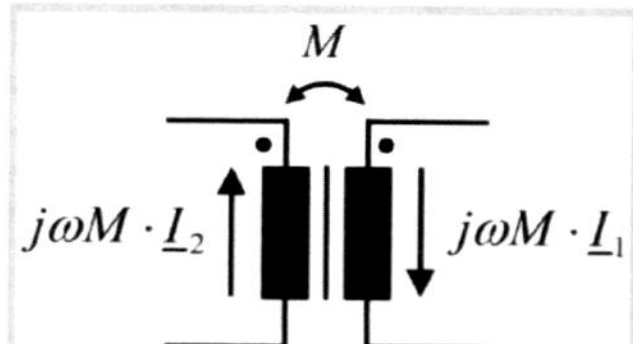

Abb. 117: Zur Polarität der Gegeninduktionsspannungen

Die Beziehung zwischen Gegeninduktivität M und Kopplungsfaktor k ist $M = k \cdot \sqrt{L_1 \cdot L_2}$.

Durch Einsetzen der Zahlenwerte ergibt sich: $M = 60\ \text{mH}$.

Die Maschengleichungen werden jetzt umgeformt und es werden Zahlenwerte eingesetzt.

M1: $\underline{I}_2 = \dfrac{\underline{U}_1 - \underline{I}_1 \cdot (R_1 + j\omega L_1)}{-j\omega M} = \dfrac{10\ \text{V} - \underline{I}_1 \cdot (1\ \Omega + j \cdot 12{,}57\ \Omega)}{-j \cdot 18{,}85\ \Omega}$

M2: $0 = -j \cdot 18{,}85\ \Omega \cdot \underline{I}_1 + (12\ \Omega + j \cdot 28{,}27\ \Omega) \cdot \underline{I}_2$

M1 in M2 einsetzen:

$$0 = -j \cdot 18{,}85\ \Omega \cdot \underline{I}_1 + (12\ \Omega + j \cdot 28{,}27\ \Omega) \cdot \frac{10\ \text{V} - \underline{I}_1 \cdot (1\ \Omega + j \cdot 12{,}57\ \Omega)}{-j \cdot 18{,}85\ \Omega}$$

$$0 = -j \cdot 18{,}85\ \Omega \cdot \underline{I}_1 + (12\ \Omega + j \cdot 28{,}27\ \Omega) \cdot (0{,}53 \cdot j\ \text{A} - 0{,}053 \cdot j \cdot \underline{I}_1 + 0{,}67 \cdot \underline{I}_1)$$

$$0 = -j \cdot 18{,}85\ \Omega \cdot \underline{I}_1 + 6{,}36 \cdot j\ \text{V} - 0{,}64\ \Omega \cdot j \cdot \underline{I}_1 + 8{,}04\ \Omega \cdot \underline{I}_1$$
$$-14{,}98\ \text{V} + 1{,}50\ \Omega \cdot \underline{I}_1 + 18{,}94\ \Omega \cdot j \cdot \underline{I}_1$$

$$0 = -0{,}55 \cdot j\ \Omega \cdot \underline{I}_1 + 6{,}36 \cdot j\ \text{V} - 14{,}98\ \text{V} + 9{,}54\ \Omega \cdot \underline{I}_1$$

$$(9{,}54 - 0{,}55 \cdot j)\ \Omega \cdot \underline{I}_1 = (14{,}98 - 6{,}36 \cdot j)\ \text{V}$$

$$\underline{I}_1 = \frac{16{,}27 \cdot e^{-j \cdot 23^\circ}\ \text{V}}{9{,}56 \cdot e^{-j \cdot 3{,}3^\circ}\ \Omega};\ \underline{I}_1 = 1{,}70 \cdot e^{-j \cdot 19{,}7^\circ}\ \text{A}$$

Effektivwert: $I_1 = 1{,}7\ \text{A}$; Nullphasenwinkel: $\varphi_i = -19{,}7^\circ$

Rücktransformation in den Zeitbereich ergibt:

$$\underline{\underline{i_1(t) = \sqrt{2} \cdot 1{,}70\ \text{A} \cdot \sin(\omega t - 19{,}7^\circ)}}$$

Kontrolle: Der Nullphasenwinkel der Eingangsspannung ist $\varphi_u = 0$. Der Nullphasenwinkel des Primärstromes ist $\varphi_i < 0$. Der Strom eilt der Spannung nach, es liegt überwiegend induktives Verhalten des Eingangskreises vor (wie es sein muss).

$\underline{I}_1$ ist in Komponentenform:

$$\underline{I}_1 = 1{,}7\ \text{A} \cdot (\cos(-19{,}7°) + j \cdot \sin(-19{,}7°)) = (1{,}6 - 0{,}57 \cdot j)\ \text{A}$$

$\underline{I}_1$ einsetzen in M2:

$$0 = -j \cdot 18{,}85\ \Omega \cdot (1{,}6 - 0{,}57 \cdot j)\ \text{A} + (12\ \Omega + j \cdot 28{,}27\ \Omega) \cdot \underline{I}_2$$

$$\underline{I}_2 = \frac{j \cdot 18{,}85\ \Omega \cdot (1{,}6 - 0{,}57 \cdot j)\ \text{A}}{(12 + j \cdot 28{,}27)\ \Omega} = (1{,}04 + 0{,}062 \cdot j)\ \text{A}$$

$$\underline{I}_2 = 1{,}04\ \text{A} \cdot e^{3{,}4°}$$

$$\underline{\underline{i_2(t) = \sqrt{2} \cdot 1{,}04\ \text{A} \cdot \sin(\omega t + 3{,}4°)}}$$

Am Eingang ist

- die Scheinleistung: $S = U \cdot I = 10\ \text{V} \cdot 1{,}70\ \text{A} = \underline{\underline{17{,}0\ \text{VA}}}$
- die Wirkleistung: $P = S \cdot \cos(19{,}7°) = \underline{\underline{16{,}0\ \text{W}}}$
- die Blindleistung: $Q = S \cdot \sin(19{,}7°) = \underline{\underline{5{,}4\ \text{var}}}$
- der Leistungsfaktor: $\cos(\varphi) = \cos(19{,}7°) = \underline{\underline{0{,}94}}$

Der Wirkungsgrad ist $\eta = \frac{P_{ab}}{P_{zu}} = \frac{I_2^2 \cdot R_a}{P} = \frac{(1{,}04\ \text{A})^2 \cdot 10\ \Omega}{16{,}0\ \text{W}} = \underline{\underline{0{,}68}}$

Beispiel 35

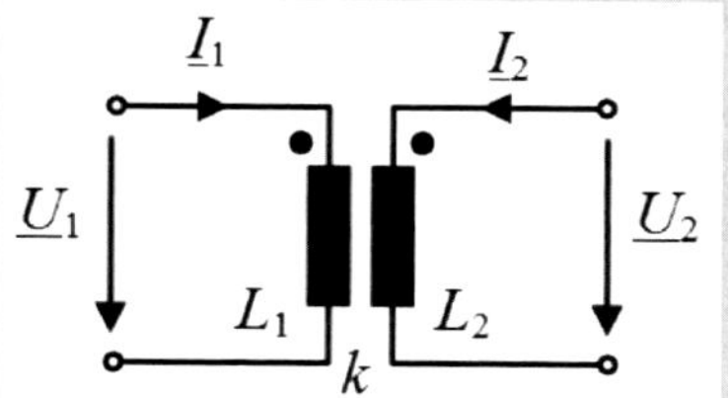

Abb. 118: Verlustloser Transformator mit dem Kopplungsfaktor k

An dem verlustlosen Transformator nach Abb. 118 wurde eine Leerlaufspannungsmessung und eine Kurzschlussstrommessung durchgeführt. Gemessen wurden:

$$\underline{V}_{U_L} = \left.\frac{\underline{U}_2}{\underline{U}_1}\right|_{\underline{I}_2=0} = 1 \text{ und } \underline{V}_{I_K} = \left.\frac{\underline{I}_2}{\underline{I}_1}\right|_{\underline{U}_2=0} = -\frac{1}{4}$$

Bestimmen Sie für den Transformator den Kopplungsfaktor k und das Verhältnis $\frac{L_1}{L_2}$ der Induktivitäten.

Lösung:

Die Transformatorgleichungen sind:

$$\underline{U}_1 = j\omega L_1 \cdot \underline{I}_1 + j\omega M \cdot \underline{I}_2$$

$$\underline{U}_2 = j\omega M \cdot \underline{I}_1 + j\omega L_2 \cdot \underline{I}_2$$

Aus der Leerlaufspannungsmessung ($\underline{I}_2 = 0$) folgt:

$$\underline{U}_1 = j\omega L_1 \cdot \underline{I}_1$$

$$\underline{U}_2 = j\omega M \cdot \underline{I}_1$$

Mit $M^2 = k^2 L_1 L_2$ ergibt sich:

$$\frac{\underline{U}_2}{\underline{U}_1} = \frac{j\omega M \cdot \underline{I}_1}{j\omega L_1 \cdot \underline{I}_1} = \frac{M}{L_1} = \frac{\sqrt{k^2 L_1 L_2}}{L_1} = k \cdot \sqrt{\frac{L_2}{L_1}} \quad \text{(Gl. 1)}$$

Aus der Kurzschlussstrommessung folgt:

$$0 = j\omega M \cdot \underline{I}_1 + j\omega L_2 \cdot \underline{I}_2;\ -M \cdot \underline{I}_1 = L_2 \cdot \underline{I}_2;\ -\sqrt{k^2 L_1 L_2} \cdot \underline{I}_1 = L_2 \cdot \underline{I}_2$$

$$\frac{-\sqrt{k^2 L_1 L_2}}{L_2} = \frac{\underline{I}_2}{\underline{I}_1} = -k \cdot \sqrt{\frac{L_1}{L_2}} \quad \text{(Gl. 2)}$$

Durch Koeffizientenvergleich der vorgegebenen Messwerte und mit den Gleichungen Gl. 1 und Gl. 2 ergibt sich:

$$-k \cdot \sqrt{\frac{L_1}{L_2}} = -\frac{1}{4} \text{ (Kurzschlussmessung) und } k \cdot \sqrt{\frac{L_2}{L_1}} = 1 \text{ (Leerlaufmessung)}$$

$$\frac{-k \cdot \sqrt{\frac{L_1}{L_2}}}{k \cdot \sqrt{\frac{L_2}{L_1}}} = \frac{-\frac{1}{4}}{1};\ \underline{\underline{\frac{L_1}{L_2} = \frac{1}{4}}};\ k \cdot \sqrt{\frac{4L_1}{L_1}} = 1;\ \underline{\underline{k = \frac{1}{2}}}$$

3.4.5 Messung der Größen im Ersatzschaltbild

Die Elemente des vollständigen Ersatzschaltbildes können durch Messungen bestimmt werden. Zur Bestimmung dieser Daten müssen zwei Messungen vorgenommen werden: Leerlaufmessung und Kurzschlussmessung. Diese Messungen werden auch als *Leerlaufversuch* und *Kurzschlussversuch* bezeichnet. Leerlauf- und Kurzschlussbetrieb sind zwei spezielle Betriebsfälle des Transformators, die beim Betrieb eines Transformators auftreten können. Um bestimmte Kennwerte eines Transformators durch Messungen zu ermitteln, werden diese Betriebsfälle absichtlich herbeigeführt.

Das Leistungsschild (Typenschild) informiert den Benutzer über die Betriebsbedingungen und -grenzen einer Maschine. Angaben, die sich auf den Normalbetrieb beziehen, wurden früher mit der Vorsilbe „Nenn-“, heute mit „Bemessungs-“ bezeichnet (in der Praxis werden beide Ausdrücke benutzt). Um die Begriffe auf Leistungsschildern und die bei Messungen an Transformatoren verwendeten Bezeichnungen zu verstehen, werden einige dieser Fachausdrücke erläutert.

- Bemessungswerte: Werte, für die der Transformator zum dauerhaften Betrieb ausgelegt ist.
- Bemessungsspannung: Die Bemessungsspannung ist größer oder gleich der Nennspannung und spezifiziert den maximalen Wert der elektrischen Spannung im Normalbetrieb (früher "Obere Nennspannung" genannt, Toleranzgrenze des Nennwertes).

- Nennbetrieb: Betrieb mit Nennprimärspannung U_{1N} , Nennfrequenz f_N, Nennsekundärstrom I_{2N} und der Betriebsart laut Leistungsschild.
- Bemessungsprimärspannung U_{1B}: Spannung, für die der Transformator ausgelegt ist.
- Bemessungssekundärspannung U_{2B}: Leerlaufspannung an der Sekundärwicklung bei primärseitiger Speisung mit U_{1B}.
- Bemessungssekundärstrom I_{2B}: Volllaststrom, für den die Sekundärwicklung ausgelegt ist.
- Bemessungsprimärstrom I_{1B}: $I_{1B} = I_{2B} \cdot (U_{2B}/U_{1B}) = I_{2B}/ü$.
- Bemessungsleistung $S_N = U_{2N} \cdot I_{2N}$: Sekundärseitig entnehmbare Leistung in VA oder kVA, für die der Transformator ausgelegt ist. Die Bemessungsleistung ist das Produkt aus Bemessungsausgangsspannung und Bemessungsausgangsstrom. Im Unterschied zu rotierenden Maschinen wird zur Einhaltung der zulässigen Erwärmung die Scheinleistung angegeben. Die Angabe einer Bemessungswirkleistung P_N ist nicht möglich, da der Sekundärstrom je nach angeschlossenem Verbraucher einen verschiedenen Wert des Leistungsfaktors haben kann.
- Nennprimärspannung U_{1N}: Spannung, die im Normalbetrieb anliegt.
- Bemessungsfrequenz f_B: Frequenz, für die der Transformator gebaut ist.
- Nennsekundärspannung U_{2N}: Leerlaufspannung an der Sekundärwicklung bei primärseitiger Speisung mit Nennspannung U_{1N}.
- Nennübersetzung $ü$: $ü = U_{1N}/U_{2N}$, Verhältnis der Nennprimärspannung zur Nennsekundärspannung.
- Nennsekundärstrom I_{2N}: Volllaststrom auf der Sekundärseite im Nennbetrieb.
- Nennprimärstrom I_{1N}: $I_{1N} = I_{2N} \cdot (U_{2N}/U_{1N}) = I_{2N}/ü$.
- Leistungsfaktor: $\cos(\varphi_{2N})$.
- Nennfrequenz: f_N, Frequenz im Nennbetrieb.

3.4.5.1 Leerlaufversuch

Mit dem Leerlaufversuch können der Eisenverlustwiderstand R_{Fe} und der Blindwiderstand X_h der Hauptinduktivität bestimmt werden.

Beim Leerlaufversuch ist an die Klemmen der Sekundärseite kein Verbraucher angeschlossen, die Sekundärklemmen sind offen. Im vollständigen Ersatzschaltbild nach Abb. 109 ist also der Strom $\underline{I}_2' = 0$. Auf der Primärseite wird die sinusförmige Bemessungsspannung (Nennspannung) U_{1N} mit der Bemessungsfrequenz f_B angelegt. Gemessen werden der Eingangsstrom (Leerlaufstrom) I_{10} und die primärseitig aufgenommene Wirkleistung (Leerlaufwirkleistung) P_{10}. Auf der Sekundärseite kann die auftretende Spannung $U_{20} = U_{2N}$ gemessen werden.

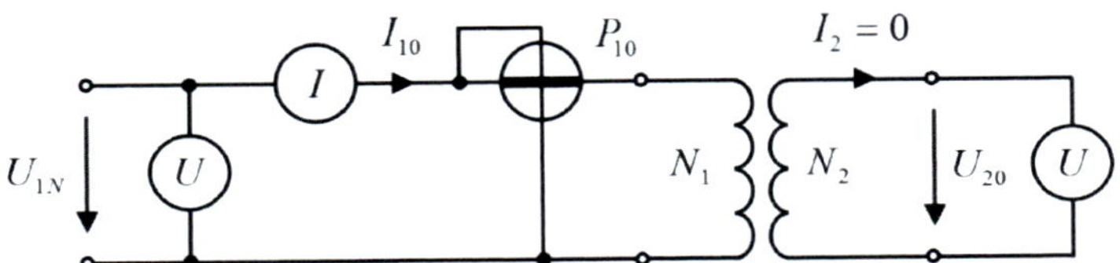

Abb. 119: Schaltung beim Leerlaufversuch mit Messanordnung

Aus den gemessenen Spannungen ergibt sich die Nennübersetzung:

$$\boxed{\ddot{u} = \frac{N_1}{N_2} = \frac{U_{1N}}{U_{20}}} \tag{3.105}$$

N_1, N_2 = Windungszahlen von Primär- und Sekundärseite

Für die weiteren Betrachtungen des Leerlaufversuchs gehen wir vom vollständigen Ersatzschaltbild des Transformators nach Abb. 109 aus. Der Strom auf der Sekundärseite ist $I_2 = I_2' = 0$. Der Leerlaufstrom I_{10} fließt über R_1 und $X_{1\sigma}$ und teilt sich am Knoten auf in die Komponenten I_{Fe} (Strom der Eisenverluste) und I_μ (Magnetisierungsstrom). Über die Parallelschaltung von R_{Fe} und X_h fließt I_{10} zurück zur unteren Eingangsklemme. Der Sekundärkreis wird in keiner Weise wirksam. Die Widerstände R_1 und $X_{1\sigma}$ sind in der Praxis sehr klein, sie können vernachlässigt werden. Auf diese Weise erhalten wir das einfache Ersatzschaltbild eines Transformators im Leerlauf.

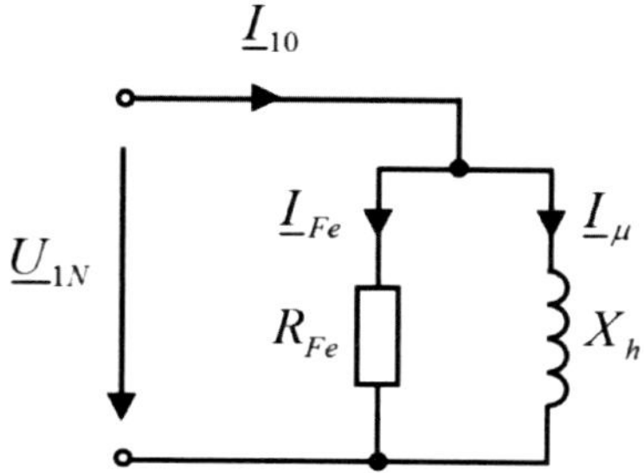

Abb. 120: Vereinfachte Ersatzschaltung des Transformators im Leerlauf (Leerlauf-Ersatzschaltung)

Die Kupferverluste auf der Primärseite sind nur mit einem geringen Anteil in der gemessenen Wirkleistung P_{10} enthalten. Da auf der Sekundärseite kein Strom fließt, ist der Leerlaufstrom I_{10} sehr klein, er beträgt ca. 0,5 % bis 5 % des Nennprimärstroms I_{1N}. Die Wirkleistungsaufnahme ist also vor allem durch die Eisenverluste bedingt, es ist:

$$\boxed{P_{10} \approx P_{Fe}} \qquad (3.106)$$

Die gemessene Leerlaufwirkleistung entspricht ungefähr den Eisenverlusten.

Die Leerlaufverluste entstehen immer, wenn der Transformator an das Versorgungsnetz angeschlossen ist, gleichgültig wie er sekundärseitig belastet wird.

Der durch die Eisenverluste bedingte Strom ist:

$$\boxed{I_{Fe} = \frac{P_{10}}{U_{1N}}} \qquad (3.107)$$

Ein wesentliches Element des vollständigen Ersatzschaltbildes, der fiktive Ersatzwiderstand R_{Fe} zur Berücksichtigung der Eisenverluste, kann nun berechnet werden:

$$\boxed{R_{Fe} = \frac{U_{1N}}{I_{Fe}} = \frac{U_{1N}^2}{P_{10}}} \qquad (3.108)$$

Anmerkung: Bei großem Leerlaufstrom kann die Genauigkeit der Berechnung erhöht werden. Ist der ohmsche Widerstand der Primärwicklung R_1 aus einer Widerstandsmessung bereits bekannt, so können bei relativ großen Leerlaufströmen die Kupferverluste mit $P_{Cu1} = I_{10}^2 \cdot R_1$ von der Leerlaufleistung P_{10} abgezogen werden.

Wird beim Leerlaufversuch statt der Wirkleistung P_{10} die Blindleistung Q_{10} gemessen, so lässt sich nach dem gleichen Verfahren wie beim Eisenwiderstand der Magnetisierungsstrom durch die Hauptinduktivität berechnen:

$$I_{\mu} = \frac{Q_{10}}{U_{1N}} \tag{3.109}$$

Daraus folgt für das zweite wichtige Element des vollständigen Ersatzschaltbildes, den Blindwiderstand X_h der Hauptinduktivität:

$$X_h = \omega \cdot L_h = \frac{U_{1N}}{I_{\mu}} = \frac{U_{1N}^2}{Q_{10}} \tag{3.110}$$

Für die Primärinduktivität folgt:

$$L_1 = \frac{U_{1N}}{\omega \cdot I_{\mu}} \tag{3.111}$$

Bei vielen Transformatoren ist die Streuinduktivität $L_{1\sigma}$ sehr viel kleiner als die Hauptinduktivität L_h, die Streuinduktivität kann dann (wie bisher angenommen) vernachlässigt werden und es gilt:

$$L_1 \approx L_h \tag{3.112}$$

Steht keine Blindleistungsmessung zur Verfügung, so kann die Blindleistung aus Scheinleistung und Wirkleistung berechnet werden. Mit dem gemessenen Leerlaufstrom I_{10} ist die *Leerlaufscheinleistung*:

$$S_{10} = U_{1N} \cdot I_{10} \tag{3.113}$$

Für die Blindleistung folgt entsprechend dem Leistungsdreieck:

$$Q_{10} = \sqrt{S_{10}^2 - P_{10}^2} \tag{3.114}$$

Damit ist die Hauptreaktanz:

$$X_h = \frac{U_{1N}^2}{Q_{10}} = \frac{U_{1N}^2}{\sqrt{S_{10}^2 - P_{10}^2}} = \frac{U_{1N}^2}{\sqrt{(U_{1N} \cdot I_{10})^2 - P_{10}^2}} \tag{3.115}$$

Da der Leerlaufstrom I_{10} sehr klein ist, wird für Transformatoren das *relative Leerlaufstromverhältnis* i_0 angegeben, um Transformatoren miteinander vergleichen zu können. Man beachte: i_0 ist kein Zeitwert eines Stroms, sondern ein Zahlenwert (Angabe in %).

$$\boxed{i_0 = \frac{I_{10}}{I_{1B}}} \tag{3.116}$$

Der *Leerlaufleistungsfaktor* $\cos(\varphi_{10})$ kann aus der gemessenen Leerlaufwirkleistung P_{10} und der Scheinleistung S_{10} berechnet werden. Das Verhältnis der Verlustleistung zur Scheinleistung ist der Leistungsfaktor im Leerlauf, für den sehr kleine Werte (ca. 0,1) typisch sind:

$$\boxed{\cos(\varphi_{10}) = \frac{P_{10}}{S_{10}} = \frac{P_{10}}{U_{1N} \cdot I_{10}} = \frac{I_{Fe}}{I_{10}}} \tag{3.117}$$

Der Leerlaufstrom ist also überwiegend induktiv, eilt somit der Eingangsspannung um nahezu 90° nach. Der leerlaufende Transformator verhält sich wie eine Drossel, wie eine Spule mit Eisenkern. Das zum vereinfachten Ersatzschaltbild Abb. 120 gehörende Zeigerdiagramm zeigt Abb. 121.

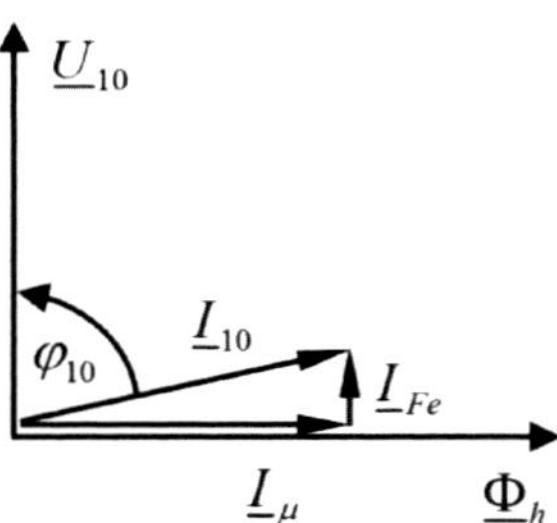

Abb. 121: Zeigerbild zum Leerlaufversuch

Mit dem Leerlaufleistungsfaktor ergeben sich folgende Darstellungen der Größen:

$$\boxed{R_{Fe} = \frac{U_{1N}}{I_{10} \cdot \cos(\varphi_{10})}} \tag{3.118}$$

$$\boxed{X_h = \frac{U_{1N}}{I_{10} \cdot \sin(\varphi_{10})}} \tag{3.119}$$

$$\boxed{I_{Fe} = I_{10} \cdot \cos(\varphi_{10})} \tag{3.120}$$

$$\boxed{I_{\mu} = I_{10} \cdot \sin(\varphi_{10})} \tag{3.121}$$

$$\boxed{P_{10} = P_{Fe} = U_{1N} \cdot I_{10} \cdot \cos(\varphi_{10})} \tag{3.122}$$

Beispiel 36

An einem Transformator werden im Leerlaufversuch folgende Daten gemessen: $P_{10} = 4{,}8\ \text{W}$, $I_{10} = 0{,}12\ \text{A}$, $U_{20} = 30{,}8\ \text{V}$. Die primärseitige Bemessungsspannung ist $U_{1B} = 230\ \text{V} / 50\ \text{Hz}$. Bei Bemessungsbelastung fließt der primärseitige Bemessungsstrom $I_{1B} = 0{,}84\ \text{A}$. Die sekundärseitige Bemessungsscheinleistung beträgt $S_{2B} = 180\ \text{VA}$.

Zu berechnen sind: Relatives Leerlaufstromverhältnis i_0, primärseitige Bemessungsscheinleistung S_{1B}, Leerlaufleistungsfaktor $\cos(\varphi_{10})$, die Teilströme I_{Fe} und I_{μ}, die Ersatzwiderstände R_{Fe} und X_h, die Hauptinduktivität L_h und das Übersetzungsverhältnis $ü$.

Lösung:

$$i_0 = \frac{I_{10}}{I_{1B}} = \frac{0{,}12\ \text{A}}{0{,}84\ \text{A}} = 0{,}143;\ \underline{\underline{i_0 = 14{,}3\ \%}}$$

$$S_{1B} = \frac{S_{10}}{i_0} = \frac{U_{1N} \cdot \cancel{I_{10}} \cdot I_{1B}}{\cancel{I_{10}}} = U_{1B} \cdot I_{1B} = 230\ \text{V} \cdot 0{,}84\ \text{A} = \underline{\underline{193{,}2\ \text{VA}}}$$

$$\cos(\varphi_{10}) = \frac{P_{10}}{U_{1N} \cdot I_{10}} = \frac{4{,}8\ \text{W}}{230\ \text{V} \cdot 0{,}12\ \text{A}} = \underline{\underline{0{,}174}}$$

$$I_{Fe} = I_{10} \cdot \cos(\varphi_{10}) = 0{,}12\ \text{A} \cdot 0{,}174 = \underline{\underline{20{,}9\ \text{mA}}}$$

$$I_{\mu} = I_{10} \cdot \sin(\varphi_{10}) = 0{,}12\ \text{A} \cdot \sin(\arccos(0{,}174)) = 0{,}12\ \text{A} \cdot 0{,}985 = \underline{\underline{118{,}2\ \text{mA}}}$$

$$R_{Fe} = \frac{U_{1N}}{I_{Fe}} = \frac{230\ \text{V}}{20{,}9\ \text{mA}} = \underline{\underline{11005\ \Omega}}$$

$$X_h = \frac{U_{1N}}{I_\mu} = \frac{230\ \text{V}}{118{,}2\ \text{mA}} = \underline{\underline{1946\ \Omega}}$$

$$L_h = \frac{X_h}{2 \cdot \pi \cdot f} = \frac{1946\ \Omega}{2 \cdot \pi \cdot 50\ \text{s}^{-1}} = \underline{\underline{6{,}19\ \text{H}}}$$

$$\ddot{u} = \frac{U_{1B}}{U_{20}} = \frac{230\ \text{V}}{30{,}8\ \text{V}} = \underline{\underline{7{,}47}}$$

Beispiel 37

Auf dem Typenschild eines Transformators stehen folgende Daten:

Bemessungsspannung: 6000 V / 230 V

Bemessungsstrom: 3,44 A / 87 A

Bemessungsleistung: 20 kVA

Frequenz: 50 Hz

Bei einem Leerlaufversuch wird der Leerlaufstrom $I_{10} = 0{,}15\ \text{A}$ und die aufgenommene Leerlaufwirkleistung $P_{10} = 180\ \text{W}$ gemessen.

Zu verifizieren ist, dass bei vernachlässigbaren Verlusten für die Scheinleistung gilt: $S_N = U_{1N}/I_{1N} = U_{2N}/I_{2N}$.

Zu berechnen sind: Phasenverschiebungswinkel φ_{10}, Eisenverlustwiderstand R_{Fe}, Hauptreaktanz X_h und Hauptinduktivität L_h.

Lösung:

Die primärseitige Scheinleistung ist:

$$S_{1N} = U_{1N} \cdot I_{1N} = 6000\ \text{V} \cdot 3{,}44\ \text{A} = 20640\ \text{VA}$$

Die sekundärseitige Scheinleistung ist:

$$S_{2N} = U_{2N} \cdot I_{2N} = 230\ \text{V} \cdot 87\ \text{A} = 20010\ \text{VA}$$

Beide Werte liegen nahe an der angegebenen Bemessungsleistung von $S_N = 20\ \text{kVA}$.

$$\cos(\varphi_{10}) = \frac{P_{10}}{U_{1N} \cdot I_{10}} = \frac{180\ \text{W}}{6000\ \text{V} \cdot 0{,}15\ \text{A}} = 0{,}2\,;\ \underline{\underline{\varphi_{10} = 78{,}46°}}$$

$$R_{Fe} = \frac{U_{1N}}{I_{10} \cdot \cos(\varphi_{10})} = \frac{6000\ \text{V}}{0{,}15\ \text{A} \cdot 0{,}2} = \underline{\underline{200\ \text{k}\Omega}}$$

$$X_h = \frac{U_{1N}}{I_{10} \cdot \sin(\varphi_{10})} = \frac{6000\ \text{V}}{0{,}15\ \text{A} \cdot 0{,}9798} = \underline{\underline{40{,}8\ \text{k}\Omega}}$$

$$L_h = \frac{X_h}{2 \cdot \pi \cdot f} = \frac{40{,}8\ \text{k}\Omega}{2 \cdot \pi \cdot 50\ \text{s}^{-1}} = \underline{\underline{129{,}9\ \text{H}}}$$

Beispiel 38

An einem Transformator werden im Leerlauf folgende Daten gemessen:

$U_{1N} = 380\ \text{V}$, $I_{10} = 45\ \text{mA}$, $P_{10} = 2{,}3\ \text{W}$, $U_{20} = 225\ \text{V}$

Zu berechnen sind: Übersetzungsverhältnis $ü$, Leerlaufleistungsfaktor $\cos(\varphi_{10})$, die Teilströme I_{Fe} und I_μ, die Ersatzwiderstände R_{Fe} und X_h.

Lösung:

Der Leerlaufversuch des Transformators zur Ermittlung der Eisenverluste erfolgt bei Betrieb mit Nennspannung.

$$ü = \frac{U_{1N}}{U_{20}} = \frac{380\ \text{V}}{225\ \text{V}} = \underline{\underline{1{,}69}}$$

$$\cos(\varphi_{10}) = \frac{P_{10}}{U_{1N} \cdot I_{10}} = \frac{2{,}3\ \text{W}}{380\ \text{V} \cdot 0{,}045\ \text{A}} = \underline{\underline{0{,}135}}$$

$$I_{Fe} = I_{10} \cdot \cos(\varphi_{10}) = 45\ \text{mA} \cdot 0{,}135 = \underline{\underline{6{,}08\ \text{mA}}}$$

$$I_\mu = I_{10} \cdot \sin(\varphi_{10}) = 45\ \text{mA} \cdot \sin(\arccos(0{,}135)) = \underline{\underline{44{,}59\ \text{mA}}}$$

$$R_{Fe} = \frac{U_{1N}}{I_{Fe}} = \frac{380\ \text{V}}{6{,}08\ \text{mA}} = \underline{\underline{62{,}5\ \text{k}\Omega}}$$

$$X_h = \frac{U_{1N}}{I_\mu} = \frac{380\ \text{V}}{44{,}59\ \text{mA}} = \underline{\underline{8522\ \Omega}}$$

Beispiel 39

Von einem Einphasentransformator sind folgende Daten bekannt:

Leerlaufstromverhältnis $i_0 = 2\ \%$, Leerlaufleistungsfaktor $\cos(\varphi_{10}) = 0{,}1$.

Die Nenndaten des Transformators sind: $U_N = 60\ /\ 10\ \text{kV}$, $S_N = 1\ \text{MVA}$, $f_N = 50\ \text{Hz}$.

Wie groß sind der Eisenverlustwiderstand R_{Fe} und die Hauptinduktivität L_h?

Lösung:

$$I_{1N} = \frac{S_N}{U_N} = \frac{1\ \text{MVA}}{60\ \text{kV}} = 16{,}6667\ \text{A}$$

$$i_0 = \frac{I_{10}}{I_{1B}} = 0{,}02;\ I_{10/2\%} = i_0 \cdot I_{1N} = i_0 \cdot I_{1B} = 0{,}02 \cdot 16{,}6667\ \text{A} = 1/3\ \text{A}$$

$$I_{10} = I_{10/2\%} \cdot 50 = 1/3\ \text{A} \cdot 50 = 16{,}6667\ \text{A} = I_N$$

$$R_{Fe} = \frac{U_{1N}}{I_{10} \cdot \cos(\varphi_{10})} = \frac{60\ \text{kV}}{16{,}6667\ \text{A} \cdot 0{,}1} = \underline{\underline{36\ \text{k}\Omega}}$$

$$L_h = \frac{X_h}{2 \cdot \pi \cdot f} = \frac{U_{1N}}{2 \cdot \pi \cdot f \cdot I_{10} \cdot \sin(\varphi_{10})} = \frac{60\ \text{kV}}{2 \cdot \pi \cdot 50\ \text{s}^{-1} \cdot 16{,}6667\ \text{A} \cdot 0{,}995}$$

$$\underline{\underline{L_h = 11{,}5\ \text{H}}}$$

3.4.5.2 Kurzschlussversuch

Mit dem Kurzschlussversuch ist es möglich, die Wicklungswiderstände der Drähte und die Blindwiderstände der Streuinduktivitäten zu bestimmen.

Beim Kurzschlussversuch wird die Sekundärseite des Transformators kurzgeschlossen. Im vollständigen Ersatzschaltbild nach Abb. 109 ist somit $U_2 = U_2' = 0$.

Mit einem Stelltransformator wird die Spannung der Primärseite bei Null beginnend langsam erhöht, bis primärseitig der Nennstrom $I_{1N} = I_{1K}$ fließt. Ein größerer Strom kann den Transformator zerstören. Auf keinen Fall darf bei kurzgeschlossenem Ausgang die Primärseite des Transformators an die Nennspannung U_{1N} angeschlossen werden, da die entstehenden Stromwärmeverluste in den Kupferdrähten den Transformator beschädigen können.

Die Primärspannung, die bei Fließen des Nennstromes $I_{1N} = I_{1K}$ eingestellt ist, wird als *Kurzschlussspannung* U_{1K} bezeichnet. Der dann primärseitig fließende Strom wird primärseitiger *Kurzschlussstrom* I_{1K} genannt.

Gemessen werden auf der Primärseite die Kurzschlussspannung U_{1K}, der primärseitige Kurzschlussstrom I_{1K} und die aufgenommene *Kurzschlusswirkleistung* P_{1K}.

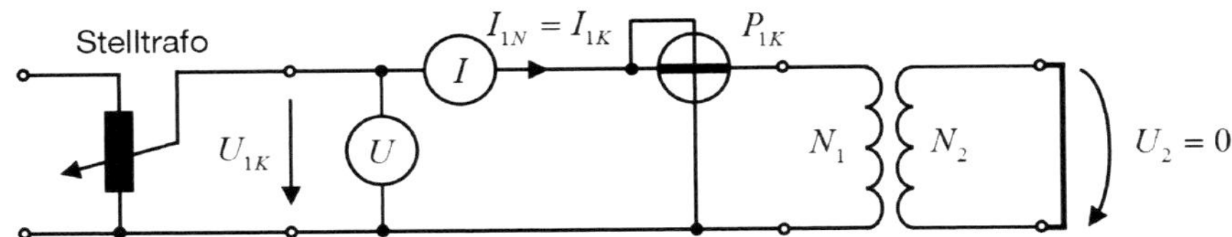

Abb. 122: Schaltung beim Kurzschlussversuch mit Messanordnung

Der primärseitige Kurzschlussstrom I_{1K} ist viel größer als der Leerlaufstrom $I_{10} = I_0$ beim Leerlaufversuch. Aus Abb. 109 ist ersichtlich, dass der Primärstrom $\underline{I}_1$ und der Sekundärstrom $\underline{I}_2'$ im Kurzschlussfall in etwa gleich groß sind. Der Grund ist: Es erfolgt praktisch keine Stromverzweigung über R_{Fe} und die hochohmige Hauptreaktanz X_h. Der über diesen Querzweig der beiden parallel liegenden Elemente fließende Strom ist vernachlässigbar klein, da der primärseitige Nennstrom $I_{1N} = I_{1K}$ bereits bei kleiner Kurzschlussspannung U_{1K} fließt. Die Widerstandswerte der Querelemente R_{Fe} und X_h liegen um drei bis vier Zehnerpotenzen über denen der Längswerte (Wicklungswiderstände und Streureaktanzen). Die Elemente R_{Fe} und X_h können somit entfallen. Auf diese Weise erhalten wir das Ersatzschaltbild eines Transformators im Kurzschlussversuch.

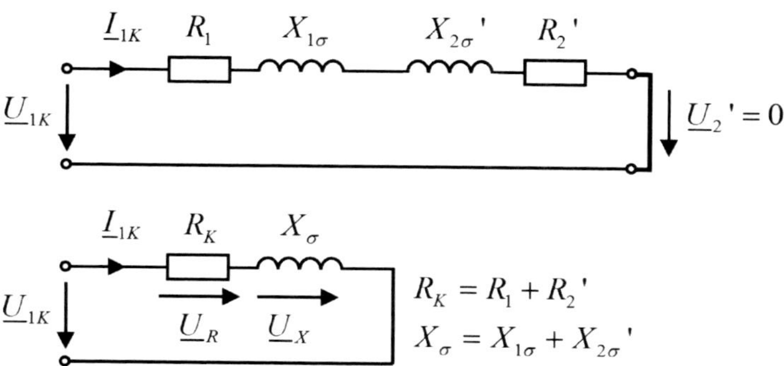

Abb. 123: Ersatzschaltung des Transformators bei der Kurzschlussmessung (Kurzschluss-Ersatzschaltung)

Die Wicklungswiderstände sind in der Kurzschluss-Ersatzschaltung zum *Kurzschlusswiderstand* $R_K = R_1 + R_2'$ und die Streureaktanzen zur *Kurzschlussrektanz* $X_\sigma = X_{1\sigma} + X_{2\sigma}'$ zusammengefasst.

Das zu Abb. 123 gehörende Zeigerdiagramm zeigt Abb. 124.

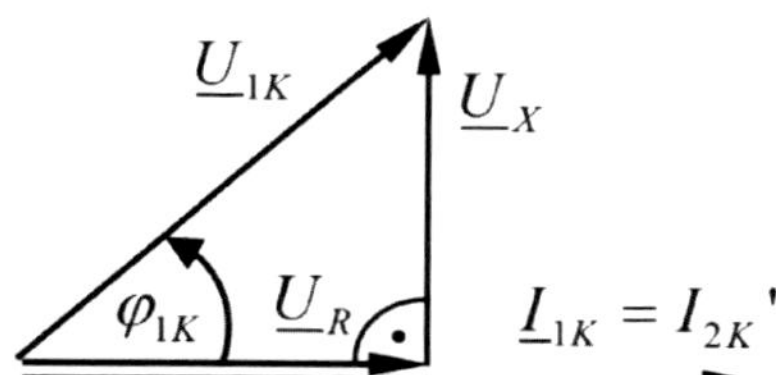

Abb. 124: Zeigerbild zum Kurzschlussversuch

Das von den Spannungen gebildete Dreieck in Abb. 124 ist charakteristisch für einen Transformator. Es wird Kapp'sches[20] Dreieck genannt.

Mit dem gemessenen Kurzschlussstrom $I_{1K} = I_{1N}$ ist die *Kurzschlussscheinleistung*:

$$\boxed{S_{1K} = U_{1K} \cdot I_{1N}} \tag{3.123}$$

[20] Gisbert Johann Eduard Kapp (1852 – 1922), österreichisch-britischer Elektrotechniker

Der *Kurzschlussleistungsfaktor* $\cos(\varphi_{1K})$ kann aus der gemessenen Kurzschlusswirkleistung P_{1K} und der Scheinleistung S_{1K} berechnet werden. Für den Phasenverschiebungswinkel φ_{1K} im Zeigerdiagramm Abb. 124 gilt:

$$\cos(\varphi_{1K}) = \frac{P_{1K}}{U_{1K} \cdot I_{1N}} = \frac{R_K \cdot I_{1N}^2}{U_{1K} \cdot I_{1N}} = \frac{R_K}{U_{1K}/I_{1N}} = \frac{U_R}{U_{1K}} = \frac{R_K}{Z_{1K}} \qquad (3.124)$$

Die Kurzschlussspannung U_{1K}, die dazu notwendig ist, dass der Transformator den Bemessungsstrom I_{1N} aufnimmt, ist wesentlich kleiner als die Bemessungsspannung U_{1N}. Je höher die Kurzschlussspannung U_{1K} im Verhältnis zur Nennspannung U_{1N} ist, desto grösser ist die Streuung des Transformators.

Ein Spannungsabfall von $50\ \mathrm{V}$ kann bei einem Niederspannungstransformator sehr viel, bei einem Hochspannungstransformator sehr wenig sein. Deshalb wird der Betrag der Kurzschlussspannung U_{1K} meist auf die jeweilige primärseitige Nenn- bzw. Bemessungsspannung bezogen und dann *relative Kurzschlussspannung* u_K genannt. Sie wird oft in Prozent angegeben.

$$u_K = \frac{U_{1K}}{U_{1N}} \qquad u_K = \frac{U_{1K}}{U_{1N}} \cdot 100\ \% \qquad (3.125)$$

Die relative Kurzschlussspannung liegt in der Größenordnung von etwa $u_K = 4\ \% \ \ldots\ 14\ \%$ und steigt mit zunehmender Bemessungsleistung.

Die Kurzschlussspannung U_{1K} ist ein Maß für den *Innenwiderstand* Z_{1K} eines Transformators im Kurzschlussbetrieb. Der Betrag der *Kurzschlussimpedanz* (Eingangsimpedanz) ist:

$$Z_{1K} = \frac{U_{1K}}{I_{1N}} = \frac{U_{1K}}{I_{1K}} \qquad (3.126)$$

Die Kurzschlussimpedanz gilt mit guter Näherung auch für den Normalbetrieb, solange der Magnetisierungsstrom im Querzweig vernachlässigt werden kann.

Die Kurzschlussspannung ist somit auch ein Maß für die Spannungskonstanz der Sekundärseite bei verschiedenen Belastungsfällen. Die Kurzschlussspannung U_{1K} entspricht dem Spannungsunterschied der Sekundärspannung zwischen Leerlauf und Kurzschluss, mit anderen Worten, dem inneren Spannungsabfall des Transformators. Transformatoren mit kleiner Kurzschlussspannung sind spannungssteif, d. h. sie haben einen kleinen Spannungsabfall. Unabhängig von der Größe eines Transformators bedeutet ein Wert von $u_K = 5\ \%$ einen fast vernachlässigbaren Spannungsabfall bei Belastung, dagegen muss ein Wert von $u_K = 20\ \%$ sicher in Betracht gezogen werden.

Aus dem Zeigerbild Abb. 124 ergibt sich:

$$\boxed{U_{1K} = \sqrt{R_K^2 + X_\sigma^2} \cdot I_{1N} = Z_{1K} \cdot I_{1N}} \tag{3.127}$$

Der Kurzschlussstrom ist:

$$\boxed{I_{1K} = I_{1N} = \frac{U_{1K}}{\sqrt{R_K^2 + X_\sigma^2}}} \tag{3.128}$$

Die Widerstände R_K und X_σ sind bei realisierten Transformatoren sehr klein und liegen im Bereich von wenigen Ohm. Auch hieraus sieht man, dass der Kurzschlussstrom bei Anlegen der Nennspannung U_{1N} $(U_{1N} \gg U_{1K})$ sehr groß werden kann und zur Zerstörung des Transformators führen würde.

Mit dem Kurzschlussleistungsfaktor ist der Kurzschlusswiderstand:

$$\boxed{R_K = Z_{1K} \cdot \cos(\varphi_{1K})} \tag{3.129}$$

Der Kurzschlussblindwiderstand ist:

$$\boxed{X_\sigma = Z_{1K} \cdot \sin(\varphi_{1K}) = \sqrt{Z_{1K}^2 - R_K^2}} \tag{3.130}$$

Bei der üblichen Transformatorauslegung sind die Primärgrössen und die transformierten Sekundärgrössen etwa gleich gross:

$$\boxed{R_1 = R_2' = \ddot{u}^2 \cdot R_2} \tag{3.131}$$

$$\boxed{X_{1\sigma} = X_{2\sigma}' = \ddot{u}^2 \cdot X_{2\sigma}} \tag{3.132}$$

Der Widerstand der Primärwicklung ist:

$$R_1 = \frac{R_K}{2} \tag{3.133}$$

Der Widerstand der Sekundärwicklung ist:

$$R_2 = \frac{R_K}{2 \cdot \ddot{u}^2} \tag{3.134}$$

Der Streublindwiderstand im Primärkreis ist:

$$X_{1\sigma} = \frac{X_\sigma}{2} \tag{3.135}$$

Der Streublindwiderstand im Sekundärkreis ist:

$$X_{2\sigma} = \frac{X_\sigma}{2 \cdot \ddot{u}^2} \tag{3.136}$$

Mit den Gleichungen (3.131) bis (3.136) sind die *restlichen wichtigen Elemente des vollständigen Ersatzschaltbildes* nach Abb. 109 *bestimmt*.

Der Innenwiderstand ist maßgebend für den *Dauerkurzschlussstrom* I_{KN}, der im Transformator fließt, wenn bei kurzgeschlossenem Ausgang am Eingang die Bemessungsspannung U_{1N} anliegt. Dieser Strom beträgt

$$I_{KN} = \frac{U_{1N}}{Z_{1K}} \tag{3.137}$$

oder mit Gl. (3.125) und Gl. (3.126):

$$I_{KN} = \frac{I_{1N}}{u_K} \tag{3.138}$$

Von Bedeutung ist der Dauerkurzschlussstrom in der Anlagentechnik. Beträgt z. B. die relative Kurzschlussspannung $u_K = 5\ \%$, so hat der Dauerkurzschlussstrom den zwanzigfachen Wert des Bemessungsstromes. Der Transformator muss so konstruiert sein, dass in diesem Fall die thermische Belastung nicht zur Zerstörung führt.

Beispiel 40

Die Nennspannung eines Transformators beträgt $230\ \mathrm{V}$. Im Kurzschlussbetrieb wird der Bemessungsstrom I_{1N} bei einer Eingangsspannung von $18{,}3\ \mathrm{V}$ erreicht. Die relative Kurzschlussspannung ist $u_K = \dfrac{18{,}3\ \mathrm{V}}{230\ \mathrm{V}} = 0{,}08$ oder 8 %. Bei einem Bemessungsstrom von z. B. $4\ \mathrm{A}$ würde im Falle eines Kurzschlusses bei anliegender Nennspannung von $230\ \mathrm{V}$ ein Dauerkurzschlussstrom von $I_{KN} = \dfrac{I_{1N}}{u_K} = \dfrac{4\ \mathrm{A}}{0{,}08} = 50\ \mathrm{A}$ fließen. Er ist $12{,}5$-mal höher als der Nennstrom mit $4\ \mathrm{A}$, für den der Transformator bemessen ist.

Da die angelegte Spannung beim Kurzschlussversuch klein ist gegenüber der Bemessungsspannung, sind die Eisenverluste praktisch vernachlässigbar. Die gemessene Wirkleistung beim Kurzschlussversuch entspricht näherungsweise den Stromwärmeverlusten in den Wicklungen im Nennbetrieb, sie ist:

$$P_{1K} = I_{1K}^2 \cdot R_K = I_{1N}^2 \cdot \left(R_1 + R_2{}'\right) = U_{1K} \cdot I_{1N} \cdot \cos\left(\varphi_{1k}\right) \tag{3.139}$$

Die gemessene Kurzschlusswirkleistung entspricht der an den Wicklungswiderständen umgesetzten Wirkleistung, also der Kupferverlustleistung.

Die Eisenverluste sind in diesem Betriebsfall wegen der kleinen Primärspannung vernachlässigbar.

Der Widerstand R_K kann berechnet werden zu:

$$R_K = R_1 + R_2{}' = \frac{P_{1K}}{I_{1K}^2} \tag{3.140}$$

Mit $S_{1K} = U_{1K} \cdot I_{1K}$ folgt für den Streublindwiderstand:

$$X_\sigma = \omega \cdot \left(L_{1\sigma} + \ddot{u}^2 \cdot L_{2\sigma}\right) = \frac{\sqrt{\left(U_{1K} \cdot I_{1K}\right)^2 - P_{1K}^2}}{I_{1K}^2} \tag{3.141}$$

Beispiel 41

Bei einem Einphasen-Leistungstransformator sind auf dem Leistungsschild folgende Daten angegeben:

- Primäre Nennspannung $U_{1N} = 2\ \mathrm{kV}$

- Sekundäre Nennspannung $U_{2N} = 230\ \text{V}$
- Nennscheinleistung $S_N = 20\ \text{kVA}$

Der primärseitige Nennstrom wird aus den Nenndaten berechnet:

$$I_{1N} = \frac{S_N}{U_{1N}} = \frac{20\ \text{kVA}}{2\ \text{kV}} = 10{,}0\ \text{A}$$

Bei einem *Leerlaufversuch* wird an die Primärseite die Nennspannung $U_{1N} = 2\ \text{kV}$ angelegt. Es werden der Leerlaufstrom $I_{10} = 1{,}0\ \text{A}$ und die primärseitig aufgenommene Wirkleistung $P_{10} = 200\ \text{W}$ gemessen.

Bei einem *Kurzschlussversuch* wird die Sekundärseite kurzgeschlossen und die Primärspannung so eingestellt, dass der primärseitige Nennstrom fließt. Gemessen werden: Kurzschlussspannung $U_{1K} = 120\ \text{V}$, primärseitiger Kurzschlussstrom $I_{1K} = I_{1N} = 10{,}0\ \text{A}$, aufgenommene Kurzschlusswirkleistung $P_{1K} = 300\ \text{W}$.

Es wird angenommen, dass Primär- und Sekundärwicklung gleiches Volumen haben.

Gesucht sind die ohmschen Widerstände und die Blindwiderstände bzw. Induktivitäten des vollständigen Ersatzschaltbildes nach Abb. 109.

Lösung:

Die Streuung und die Kupferverluste sind bei einem Leistungstransformator gering, deshalb können folgende Annahmen gemacht werden:

$$\sqrt{\frac{L_1}{L_2}} = \frac{N_1}{N_2} = \frac{U_{1N}}{U_{2N}} = \ddot{u} = \frac{2000\ \text{V}}{230\ \text{V}} = 8{,}7$$

$$R_1 \ll R_{Fe}$$

$$R_2' \ll R_{Fe}$$

$$L_{1\sigma} = L_{2\sigma}' \ll L_h$$

Bei gleichem Volumen von Primär- und Sekundärwicklung, also gleichem Kupferquerschnitt gilt:

$$N_1 \cdot A_{L1} = N_2 \cdot A_{L2}$$

$$R = \frac{N \cdot 2\pi r_{\text{Mittel}} \cdot \rho_{Cu}}{A_{\text{Leiter}}} \Rightarrow R_1 \sim \frac{N_1}{A_{L1}};\; R_2 \sim \frac{N_2}{A_{L2}} = \frac{N_2^2}{N_1 \cdot A_{L1}}$$

$$\frac{R_1}{R_2} = \frac{N_1 \cdot N_1 \cdot A_{L1}}{A_{L1} \cdot N_2^2} = \left(\frac{N_1}{N_2}\right)^2 = \ddot{u}^2 \Rightarrow R_1 = \ddot{u}^2 \cdot R_2 = R_2' \Rightarrow R_1 \approx R_2'$$

Bei Leerlauf ist:

$$R_{Fe} = \frac{U_{1N}^2}{P_{10}} = \frac{(2000\text{ V})^2}{200\text{ W}};\; \underline{\underline{R_{Fe} = 20\text{ k}\Omega}}$$

Der Strom durch R_{Fe} ist: $I_{Fe} = \frac{U_{1N}}{R_{Fe}} = \frac{P_{10}}{U_{1N}} = \frac{200\text{ W}}{2000\text{ V}} = 0{,}1\text{ A}$

Der Leerlaufleistungsfaktor ist: $\cos(\varphi_{10}) = \frac{I_{Fe}}{I_{10}} = \frac{0{,}1\text{ A}}{1{,}0\text{ A}} = 0{,}1;\; \varphi_{10} = 84{,}26°$

Der Magnetisierungsstrom durch die Hauptinduktivität ist:

$$I_\mu = I_{10} \cdot \sin(\varphi_{10}) = 1{,}0\text{ A} \cdot \sin(84{,}26°) = 0{,}995\text{ A}$$

Der Blindwiderstand der Hauptinduktivität ist:

$$X_h = \omega \cdot L_h = \frac{U_{1N}}{I_\mu} = \frac{2000\text{ V}}{0{,}995\text{ A}};\; \underline{\underline{X_h = 2010\ \Omega}}$$

Daraus folgt für die Primär- bzw. Hauptinduktivität:

$$L_1 \approx L_h = \frac{X_h}{\omega} = \frac{2010\ \Omega}{2 \cdot \pi \cdot 50\text{ s}^{-1}};\; \underline{\underline{L_1 = L_h = 6{,}4\text{ H}}}$$

Die Elemente des Längszweiges werden aus den Kurzschlussmessungen ermittelt.

$$R_1 = \frac{R_K}{2} = \frac{1}{2} \cdot Z_{1K} \cdot \cos(\varphi_{1K}) = \frac{1}{2} \cdot \frac{U_{1K}}{I_{1K}} \cdot \cos(\varphi_{1K}) = \frac{1}{2} \cdot \frac{\cancel{U_{1K}}}{I_{1K}} \cdot \frac{P_{1K}}{\cancel{U_{1K}} \cdot I_{1N}}$$

$$R_1 = \frac{1}{2} \cdot \frac{P_{1K}}{I_{1K} \cdot I_{1N}} = \frac{1}{2} \cdot \frac{300\text{ W}}{10{,}0\text{ A} \cdot 10{,}0\text{ A}};\; \underline{\underline{R_1 = 1{,}5\ \Omega}}$$

$$\underline{\underline{R_2' \approx R_1 = 1{,}5\ \Omega}};\; R_2 = \frac{1}{\ddot{u}^2} \cdot R_2' = \frac{1}{8{,}7^2} \cdot 1{,}5\ \Omega;\; R_2 = 0{,}02\ \Omega$$

Der Streublindwiderstand (Kurzschlussblindwiderstand) ist:

$$X_\sigma = \sqrt{Z_{1K}^2 - R_K^2} = \sqrt{Z_{1K}^2 - 4 \cdot R_1^2} = \frac{\sqrt{(U_{1K} \cdot I_{1K})^2 - P_{1K}^2}}{I_{1K}^2}$$

$$X_\sigma = \omega \cdot L_\sigma = 11{,}62\ \Omega\,;\ X_{1\sigma} = \frac{X_\sigma}{2}\,;\ \underline{\underline{X_{1\sigma} = X_{2\sigma}' = 5{,}8\ \Omega}}$$

Die Streuinduktivitäten sind:

$$L_{1\sigma} = \frac{5{,}8\ \Omega}{2 \cdot \pi \cdot 50\ \text{s}^{-1}}\,;\ \underline{\underline{L_{1\sigma} = L_{2\sigma}' = 18{,}5\ \text{mH}}}$$

$$L_{2\sigma} = \frac{X_\sigma}{\omega \cdot 2 \cdot \ddot{u}^2} = \frac{5{,}8\ \Omega}{2 \cdot \pi \cdot 50\ \text{s}^{-1} \cdot 2 \cdot 8{,}7^2}\,;\ \underline{\underline{L_{2\sigma} = 120\ \mu\text{H}}}$$

Beispiel 42

Von einem Einphasen-Transformator sind die relative Kurzschlussspannung $u_K = 4\ \%$ und der Kurzschlussleistungsfaktor $\cos(\varphi_{1K}) = 0{,}5$ bekannt. Die Nenndaten des Transformators sind: $U_N = 60/10\ \text{kV}$, $S_N = 1{,}0\ \text{MVA}$.

Wie groß sind die Widerstände R_1, R_2 der Wicklungen? Welchen Wert haben die Streuinduktivitäten $L_{1\sigma}$ und $L_{2\sigma}$ bei $f = 50\ \text{Hz}$? Wie groß ist der im Kurzschlussfall maximal fließende Strom auf der Sekundärseite (Dauerkurzschlussstrom I_{KN})?

Lösung:

$$I_{1N} = \frac{S_N}{U_{1N}} = \frac{1{,}0\ \text{MVA}}{60\ \text{kV}} = 16{,}67\ \text{A}$$

$$u_K = \frac{U_{1K}}{U_{1N}} \cdot 100\ \%\,;\ U_{1K} = \frac{u_K \cdot U_{1N}}{100\ \%} = \frac{4\ \% \cdot 60\ \text{kV}}{100\ \%} = 2400\ \text{V}$$

$$Z_{1K} = \frac{U_{1K}}{I_{1N}} = \frac{2400\ \text{V}}{16{,}67\ \text{A}} = 144\ \Omega$$

$$R_K = Z_{1K} \cdot \cos(\varphi_{1K}) = 144\ \Omega \cdot 0{,}5 = 72\ \Omega$$

$$X_\sigma = Z_{1K} \cdot \sin(\varphi_{1K}) = 144\ \Omega \cdot \sin(\arccos(0{,}5)) = 124{,}7\ \Omega$$

$$R_1 = \frac{R_K}{2} = \frac{72\ \Omega}{2} = \underline{\underline{36\ \Omega}};\ \underline{\underline{R_2' = R_1 = 36\ \Omega}}$$

$$R_2 = \frac{R_2'}{\ddot{u}^2} = \frac{36\ \Omega}{\left(\frac{60\ \text{kV}}{10\ \text{kV}}\right)^2} = 1\ \Omega$$

$$X_{1\sigma} = \frac{X_\sigma}{2} = \frac{124{,}7\ \Omega}{2} = 62{,}35\ \Omega;\ L_{1\sigma} = \frac{62{,}35\ \Omega}{2 \cdot \pi \cdot 50\ \text{s}^{-1}} = \underline{\underline{198{,}5\ \text{mH}}}$$

$$X_{2\sigma}' = X_{1\sigma} = 62{,}35\ \Omega$$

$$X_{2\sigma} = \frac{X_\sigma}{2 \cdot \ddot{u}^2} = \frac{124{,}7\ \Omega}{2 \cdot 36} = 1{,}73\ \Omega;\ L_{2\sigma} = \frac{1{,}73\ \Omega}{2 \cdot \pi \cdot 50\ \text{s}^{-1}} = \underline{\underline{5{,}5\ \text{mH}}}$$

Der Dauerkurzschlussstrom ist:

$$I_{KN} = \frac{U_{1N}}{Z_{1K}} = \frac{60000\ \text{V}}{144\ \Omega} = \underline{\underline{416{,}7\ \text{A}}}$$

Der Dauerkurzschlussstrom ist das 25-fache des Bemessungsstromes I_{1N}.

$$I_{1N} \cdot 25 = I_{KN};\ 16{,}67\ \text{A} \cdot 25 = 416{,}7\ \text{A}$$

Beispiel 43

Auf dem Typenschild eines Transformators stehen folgende Daten:

Bemessungsspannung: 6000 V / 230 V

Bemessungsstrom: 3,44 A / 87 A

Bemessungsleistung: 20 kVA

Relative Kurzschlussspannung: $u_K = 5\ \%$

Frequenz: 50 Hz

Im Kurzschlussversuch wird die Kurzschlusswirkleistung $P_{1K} = 540\ \text{W}$ gemessen.

Wie groß sind:

a) der Dauerkurzschlussstrom I_{KN},

b) der Phasenverschiebungswinkel φ_{1K},

c) der Kurzschlusswiderstand R_K,

d) die Kurzschlussreaktanz X_σ,

e) die Kurzschlussimpedanz Z_{1K}?

Lösung:

a) $I_{KN} = \frac{I_{1N}}{u_K} = \frac{3{,}44\ \text{A}}{0{,}05} = \underline{\underline{68{,}8\ \text{A}}}$

b) $\cos(\varphi_{1K}) = \frac{P_{1K}}{U_{1K} \cdot I_{1N}}$ mit $U_{1K} = u_K \cdot U_{1N}$

$$\varphi_{1K} = \arccos\left(\frac{P_{1K}}{u_K \cdot U_{1N} \cdot I_{1N}}\right) = \arccos\left(\frac{540\ \text{W}}{0{,}05 \cdot 6000\ \text{V} \cdot 3{,}44\ \text{A}}\right) = \underline{\underline{58{,}5^\circ}}$$

c) $R_K = \frac{P_{1K}}{I_{1K}^2} = \frac{P_{1K}}{I_{1N}^2} = \frac{540\ \text{W}}{(3{,}44\ \text{A})^2} = \underline{\underline{45{,}6\ \Omega}}$

d) $X_\sigma = \frac{\sqrt{(U_{1K} \cdot I_{1K})^2 - P_{1K}^2}}{I_{1K}^2} = \frac{\sqrt{(0{,}05 \cdot 6000 \cdot 3{,}44)^2 - 540^2}}{3{,}44^2}\ \Omega = \underline{\underline{74{,}3\ \Omega}}$

e) $Z_{1K} = \frac{U_{1K}}{I_{1N}} = \frac{U_{1K}}{I_{1K}} = \frac{0{,}05 \cdot 6000\ \text{V}}{3{,}44\ \text{A}} = \underline{\underline{87{,}2\ \Omega}}$

Beispiel 44

An einem Transformator mit der primärseitigen Bemessungsspannung $U_{1B} = 230\ \text{V} / 50\ \text{Hz}$ werden im Kurzschlussversuch bei dem primärseitigen Bemessungsstrom $I_{1B} = 0{,}84\ \text{A}$ und dem sekundärseitigen Bemessungsstrom $I_{2B} = I_{2K} = 6{,}0\ \text{A}$ die Kurzschlussspannung $U_{1K} = 26{,}5\ \text{V}$ und die Kurzschlusswirkleistung $P_{1K} = 22\ \text{W}$ gemessen.

Ermittelt werden sollen:

a) die relative Kurzschlussspannung u_K,

b) der Kurzschlussleistungsfaktor $\cos(\varphi_{1K})$,

c) die Kurzschlussimpedanz Z_{1K},

d) die Kupferersatzwiderstände $R_1 = R_2'$,

e) die Kurzschlussreaktanz X_σ,

f) das Übersetzungsverhältnis $ü$.

Lösung:

a) $u_K = \frac{U_{1K}}{U_{1N}} = \frac{26{,}5\ \text{V}}{230\ \text{V}} = \underline{\underline{0{,}12}}$; $\underline{\underline{u_K = 12\ \%}}$

b) $\cos(\varphi_{1K}) = \frac{P_{1K}}{U_{1K} \cdot I_{1N}} = \frac{22\ \text{W}}{26{,}5\ \text{V} \cdot 0{,}84\ \text{A}} = \underline{\underline{0{,}988}}$

c) $Z_{1K} = \frac{U_{1K}}{I_{1N}} = \frac{U_{1K}}{I_{1K}} = \frac{26{,}5\ \text{V}}{0{,}84\ \text{A}} = \underline{\underline{31{,}55\ \Omega}}$

d) $R_1 = R_2' = \frac{R_K}{2} = \frac{1}{2} \cdot Z_{1K} \cdot \cos(\varphi_{1K}) = 0{,}5 \cdot 31{,}55\ \Omega \cdot 0{,}988 = \underline{\underline{15{,}6\ \Omega}}$

e) $X_\sigma = Z_{1K} \cdot \sin(\varphi_{1K}) = 31{,}55\ \Omega \cdot \sin\left[\arccos(0{,}988)\right] = \underline{\underline{4{,}87\ \Omega}}$

f) $ü = \frac{N_2}{N_1} = \frac{U_2}{U_1} = \frac{I_{2B}}{I_{1B}} = \frac{6{,}0\ \text{A}}{0{,}84\ \text{A}} = \underline{\underline{7{,}14}}$

Beispiel 45

Die Kupferverluste eines Transformators wurden bei einer Temperatur von $20\ °\text{C}$ zu $P_{1K,20} = 125\ \text{W}$ gemessen. Welcher Wert $P_{1K,75}$ ergibt sich, wenn der Messwert auf einen betriebswarmen Zustand mit $75\ °\text{C}$ umgerechnet wird?

Lösung:

Der Temperaturkoeffizient von Kupfer ist $\alpha_{20} = 3{,}93 \cdot 10^{-3}\ \text{K}^{-1}$.

$$P_{1K,75} = P_{1K,20} \cdot \left[1 + \alpha_{20} \cdot (75 - 20)\ \text{K}\right]$$

$$P_{1K,75} = 125\ \text{W} \cdot \left[1 + 3{,}93 \cdot 10^{-3}\ \frac{1}{\text{K}} \cdot 55\ \text{K}\right] = \underline{\underline{152\ \text{W}}}$$

Beispiel 46

Der ohmsche Widerstand der Wicklungen R_1 und R_2 kann mit einem Ohmmeter gemessen werden. Bei größeren Transformatoren sind die Widerstandswerte so klein, dass der Übergangswiderstand der Messklemmen beachtet werden muss. Außer der Verwendung einer Messbrücke kann man einen Gleichstrom von z. B. $1\ \mathrm{A}$ einspeisen und an den Transformatorklemmen die Spannung messen. Bei der Widerstandsmessung ist zu beachten, dass der Temperaturkoeffizient von Kupfer $\alpha_{20} = 3{,}93 \cdot 10^{-3}\ \mathrm{K}^{-1}$ beträgt, bei $10\ \mathrm{K}$ Temperaturdifferenz sind dies fast $4\ \%$ Abweichung.

Beispiel 47

Ein Transformator hat folgende Daten:

Bemessungsspannung $20\ \mathrm{kV} / 400\ \mathrm{V}$

Bemessungsleistung $S_N = 500\ \mathrm{kVA}$

Relatives Leerlaufstromverhältnis $i_0 = 1{,}5\ \%$

Leerlaufwirkleistung $P_{10} = 1{,}0\ \mathrm{kW}$

Relative Kurzschlussspannung $u_K = 6\ \%$

Kurzschlusswirkleistung $P_{1K} = 8{,}0\ \mathrm{kW}$

Ermittelt werden sollen:

a) der Ersatzwiderstand R_{Fe} zur Berücksichtigung der Eisenverluste

b) der Blindwiderstand X_h der Hauptinduktivität

c) die Kurzschlussimpedanz Z_{1K}

d) die Kupferersatzwiderstände $R_1 = R_2'$

e) die Streureaktanzen $X_{1\sigma} = X_{2\sigma}'$.

Lösung:

a) $$R_{Fe} = \frac{U_{1N}^2}{P_{10}} = \frac{(20000\ \mathrm{V})^2}{1000\ \mathrm{W}} = \underline{\underline{400\ \mathrm{k\Omega}}}$$

b) $X_h = \dfrac{U_{1N}^2}{\sqrt{(U_{1N} \cdot I_{10})^2 - P_{10}^2}}$ mit $I_{10} = i_0 \cdot I_{1B}$, $I_{1B} = \dfrac{S}{U_{1N}}$

$$X_h = \frac{U_{1N}^2}{\sqrt{\left(U_{1N} \cdot i_0 \cdot \dfrac{S}{U_{1N}}\right)^2 - P_{10}^2}};$$

$$X_h = \frac{\left(20 \cdot 10^3\ \text{V}\right)^2}{\sqrt{\left(20 \cdot 10^3\ \text{V} \cdot 0{,}015 \cdot \dfrac{5 \cdot 10^5\ \text{VA}}{20 \cdot 10^3\ \text{V}}\right)^2 - \left(1 \cdot 10^3\ \text{W}\right)^2}}$$

$$\underline{\underline{X_h = 53{,}81\ \text{k}\Omega}}$$

c) $Z_{1K} = \dfrac{U_{1K}}{I_{1N}}$ mit $U_{1K} = u_K \cdot U_{1N}$, $I_{1N} = \dfrac{S_N}{U_{1N}}$

$$Z_{1K} = \frac{u_K \cdot U_{1N}^2}{S_N} = \frac{0{,}06 \cdot \left(20 \cdot 10^3\ \text{V}\right)^2}{5 \cdot 10^5\ \text{VA}} = \underline{\underline{48\ \Omega}}$$

d) $R_1 = R_2' = \dfrac{1}{2} \cdot Z_{1K} \cdot \cos(\varphi_{1K})$

mit $\cos(\varphi_{1K}) = \dfrac{P_{1K}}{U_{1K} \cdot I_{1N}}$, $U_{1K} = u_K \cdot U_{1N}$

$$\cos(\varphi_{1K}) = \frac{P_{1K}}{u_K \cdot U_{1N} \cdot I_{1N}} = \frac{P_{1K}}{u_K \cdot S_N} = \frac{8 \cdot 10^3\ \text{W}}{0{,}06 \cdot 5 \cdot 10^5\ \text{VA}} = 0{,}267$$

$$R_1 = R_2' = \frac{1}{2} \cdot 48\ \Omega \cdot 0{,}267 = \underline{\underline{6{,}4\ \Omega}}$$

e) $X_\sigma = Z_{1K} \cdot \sin(\varphi_{1K}) = 48\ \Omega \cdot \sin\left[\arccos(0{,}267)\right] = 46{,}26\ \Omega$

$$X_{1\sigma} = X_{2\sigma}' = \frac{X_\sigma}{2} = \underline{\underline{23{,}13\ \Omega}}$$

3.4.6 Betriebsverhalten des Transformators

3.4.6.1 Spannungsänderung bei Belastung

In Energieversorgungsnetzen arbeiten Transformatoren fast nur als Umspanner von Wechselspannungen. Sie werden mit fester (starrer) Eingangsspannung $U_1 = \text{konst.}$ betrieben, dies wird bei der anschließenden Betrachtung des Betriebsverhaltens vorausgesetzt.

Für den praktischen Betrieb von Transformatoren interessiert besonders das Verhalten bei Belastung. Folgende Fälle werden bei konstantem Wert der Nenneingangsspannung betrachtet:

- $U_2' = f(I_2')$, d. h. das Verhalten der Sekundärspannung U_2' in Abhängigkeit des Laststromes I_2'.
- $U_2' = f(\varphi_2)$ mit $\cos(\varphi_2) = \text{konst.}$, d. h. das Verhalten der Sekundärspannung U_2' in Abhängigkeit des Phasenverschiebungswinkels zwischen Sekundärstrom und Sekundärspannung je nach Art der Last (ohmisch, kapazitiv, induktiv).

Beim realen Transformator stimmt die Formel Gl. (3.75) für das Übersetzungsverhältnis von Eingangs- zu Ausgangsspannung $U_1/U_2 = N_1/N_2$ nur im Leerlauf. Der normale Betrieb eines Transformators liegt zwischen den beiden Extremfällen Leerlauf und Kurzschluss, an der Sekundärseite ist ein komplexer Verbraucher $\underline{Z}_L' \neq 0$ angeschlossen. Im Nennbetrieb liegt primärseitig am Transformator die Bemessungsspannung U_{1N} und es fließt der Bemessungsstrom I_{1N}. Der primärseitige Bemessungsstrom I_{1N} ist immer wesentlich größer als der primärseitige Leerlaufstrom I_{10}:

$$I_{1N} \gg I_{10} \tag{3.142}$$

Wie schon beim Kurzschlussversuch festgestellt wurde, kann deshalb nicht nur dort, sondern auch bei normaler Belastung des Transformators der Querzweig des vollständigen Ersatzschaltbildes nach Abb. 109 mit den Elementen R_{Fe} und X_h entfallen. Mit anderen Worten: Die Ströme durch den Eisenverlustwiderstand R_{Fe} und durch die Hauptreaktanz X_h werden gegenüber dem Strom durch den Lastwiderstand $\underline{Z}_L'$ vernachlässigt. Für den belasteten Transformator ist deshalb das gleiche Ersatzschaltbild mit den beiden in Reihe geschalteten Elementen R_K und X_σ wie beim Kurzschlussbetrieb gültig (Abb. 123). Die Wicklungswiderstände sind wieder zum Kurzschlusswiderstand $R_K = R_1 + R_2'$ und die Streureaktanzen zur Kurzschlussreaktanz $X_\sigma = X_{1\sigma} + X_{2\sigma}'$ zusammengefasst. Der Strom ist $\underline{I}_1 = \underline{I}_2' = \underline{I}$. Für den Transformator mit angeschlossener Last ergibt sich das vereinfachte Ersatzschaltbild nach Abb. 125.

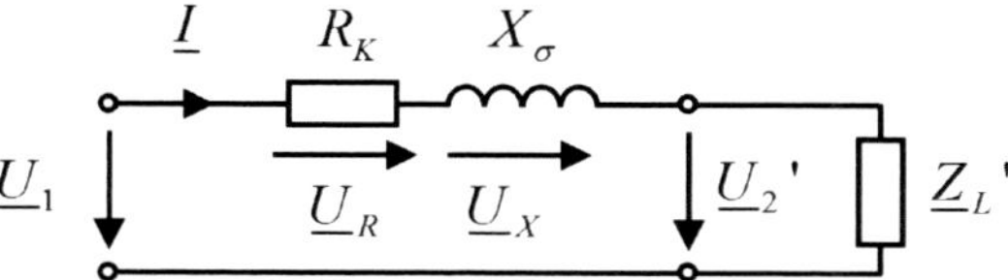

Abb. 125: Ersatzschaltbild für einen Transformator mit angeschlossener Last

Wird ein Transformator mit primärseitig anliegender Bemessungsspannung U_{1N} im Leerlauf betrieben, so liegt an den Klemmen der Sekundärseite die Spannung $U_{20} = U_{2N}$ an. Wird an die Sekundärseite ein Lastwiderstand $\underline{Z}_L$ angeschlossen, so hängt die Ausgangsspannung aufgrund der Spannungsabfälle an den Längselementen R_K und X_σ von der Größe des Belastungsstromes und von der Art der Belastung ab, d. h. vom Leistungsfaktor $\cos(\varphi_2)$. Bei Belastung ändert sich die Ausgangsspannung auf U_2. Die Differenz wird als *Spannungsänderung* ΔU bezeichnet:

$$\boxed{\Delta U = U_{2N} - U_2} \tag{3.143}$$

Da die Spannungsänderung zwischen Leerlauf und Nennbetrieb im Allgemeinen nur wenige Prozent der sekundären Leerlaufspannung beträgt, wird oft die *relative Änderung der Sekundärspannung* bei Belastung angegeben:

$$\boxed{u_L = \frac{U_{2N} - U_2}{U_{2N}} = 1 - \frac{U_2}{U_{2N}}} \tag{3.144}$$

Bei induktiver Belastung sinkt die Ausgangsspannung U_2 stärker als bei reiner Wirklast. Bei kapazitiver Last kann sie sogar ansteigen.

Betrachten wir die Spannungen in Abb. 125, so gilt:

$$\boxed{\underline{U}_2' = \underline{U}_1 - \underline{U}_R - \underline{U}_X} \tag{3.145}$$

Die Eingangsspannung $\underline{U}_1$ und die auf die Eingangsseite bezogene Klemmenspannung $\underline{U}_2'$ unterscheiden sich im Zeigerbild um ein rechtwinkliges Spannungsdreieck, das von $\underline{U}_R$ und $\underline{U}_X$ gebildet wird, es ist das bereits bei Abb. 124 erwähnte Kapp'sche Dreieck. Die Hypotenuse dieses Dreiecks liegt zwischen der Eingangsspannung $\underline{U}_1$ und der Ausgangsspannung $\underline{U}_2'$. Für einen bestimmten Strom hat das Kapp'sche Dreieck eine konstante Größe. Die Größe des Kapp'schen Dreiecks ist proportional zu dem Strom $\underline{I}$, der durch die Last bestimmt wird (je größer $\underline{I}$, desto größer $\underline{U}_R$ und $\underline{U}_X$). Die mit dem Kapp'schen Dreieck dargestellten inneren Spannungsabfälle eines

Transformators müssen zur vorgegebenen Primärspannung (geometrisch) addiert werden, um die Sekundärspannung zu erhalten. Im Leerlauf verschwindet das Kapp'sche Dreieck, es gilt dann $\underline{U}_2{}' = \underline{U}_{20}{}' = \underline{U}_1$.

Das Kapp'sche Dreieck ist in Abb. 126 und den folgenden Abbildungen übertrieben groß dargestellt, um gut sichtbare Zeichnungen mit Beschriftungen zu ermöglichen. In Wirklichkeit ist die Hypotenuse bei Nennstrom so groß wie die Kurzschlussspannung U_{1K}, beträgt also ca. $6\,\%$ der Nennspannung U_{1N}.

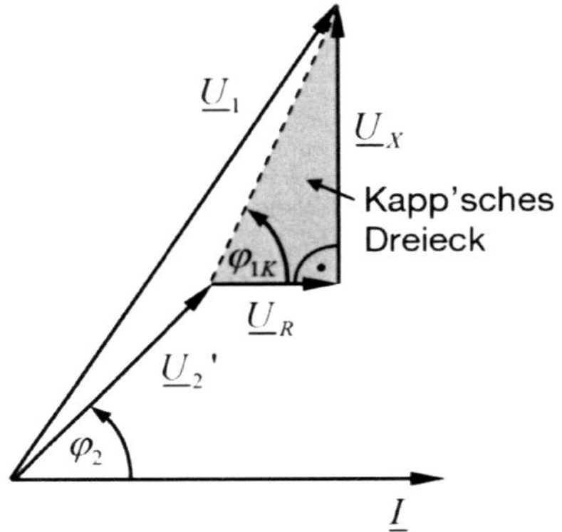

Abb. 126: Zeigerbild zu Abb. 125 mit dem Kapp'schen Dreieck (nicht maßstäblich) bei ohmsch-induktiver Belastung

Abhängig von der Phasenlage des Stromes $\underline{I}$ gegenüber $\underline{U}_2{}'$, also abhängig vom Leistungsfaktor $\cos(\varphi_2)$ der Last, dreht sich das Kapp'sche Dreieck um die Spitze des Zeigers der Primärspannung $\underline{U}_1$. Bei konstanter Belastung $\underline{I} = \text{konst.}$ und variablem Leistungsfaktor erhält man als Ortskurve des Zeigers $\underline{U}_2{}'$ einen Kreis um die Spitze des Zeigers der Primärspannung $\underline{U}_1$ mit dem Radius r, der dem Betrag des Stromes $\underline{I}$ proportional ist:

$$\boxed{r = \sqrt{U_R^2 + U_X^2} = I \cdot \sqrt{R_K^2 + X_\sigma^2}} \qquad (3.146)$$

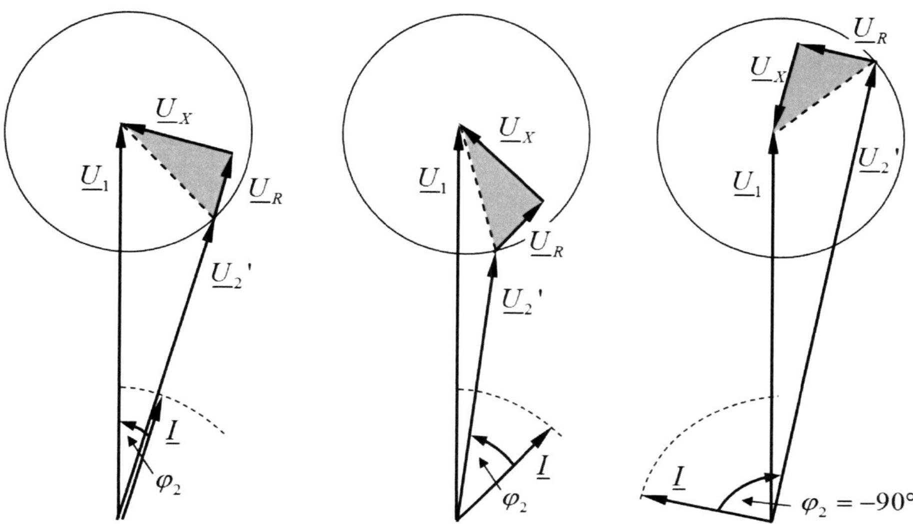

Abb. 127: Zeigerdiagramme zu Abb. 125 für rein ohmsche (links), ohmsch-induktive (Mitte) und rein kapazitive (rechts) Belastung

Der Spannungsabfall eines Transformators kann definiert werden als Differenz zwischen den Absolutwerten von Primär- und Sekundärspannung. Beide Spannungen müssen dabei auf die gleiche Seite bezogen sein. Eine exakte Berechnung des Spannungsabfalls ist umfangreich, da zwischen den Spannungen eine normalerweise nicht bekannte Phasendrehung besteht. Für die Praxis genügt eine Näherungsrechnung mit einer Formel, die sich aus den geometrischen Beziehungen der nächsten Abbildung ergibt.

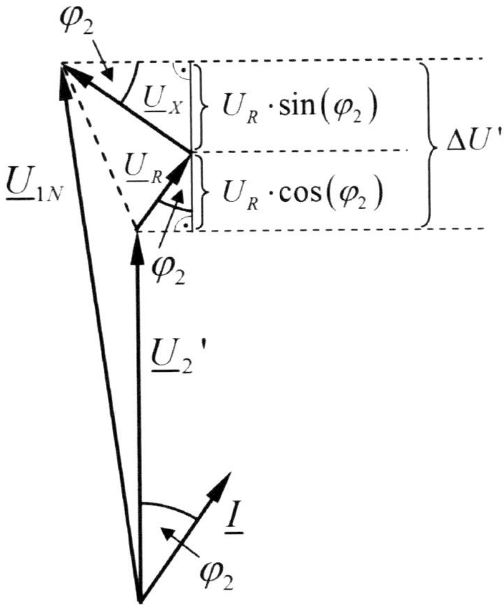

Abb. 128: Zur Herleitung der Formel Gl. (3.147)

Für eine näherungsweise Berechnung des Spannungsabfalls bzw. der Spannungsänderung eines Transformators unter Belastung gilt folgende Formel:

$$\boxed{\Delta U' = U_{1N} - U_2' = U_R \cdot \cos(\varphi_2) + U_X \cdot \sin(\varphi_2)} \quad (3.147)$$

φ_2 ist der Phasenverschiebungswinkel zwischen Ausgangsspannung U_2 und Ausgangsstrom I_2. Zu beachten ist, dass definitionsgemäß eine induktive Last einen positiven, eine kapazitive Last einen negativen Phasenverschiebungswinkel ergibt.

Für den Spannungsabfall ΔU ergibt sich:

$$\boxed{\Delta U = \frac{\Delta U'}{ü}} \quad (3.148)$$

Als Betriebskennlinien (Belastungskennlinien) des Transformators (Sekundärspannung in Abhängigkeit des Laststromes) erhält man Kurven, die bei ohmscher Belastung schwach und mit zunehmend induktiver Belastung stärker abfallen. Bei kapazitiver Belastung steigen sie an.

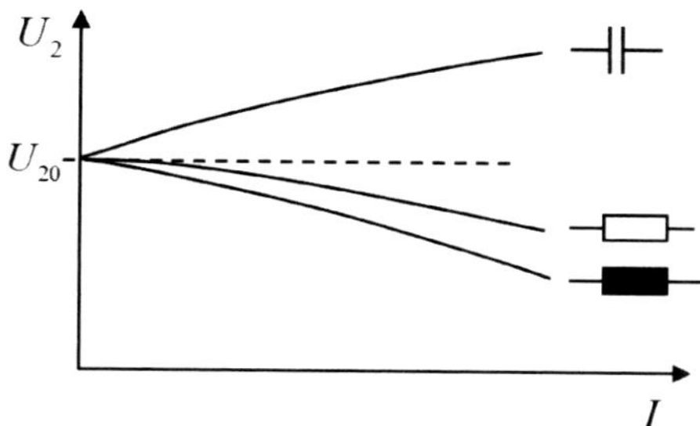

Abb. 129: Belastungskennlinien des Transformators in Abhängigkeit der Art der Last

Beispiel 48

Gegeben ist ein Transformator mit folgenden Daten:

Bemessungsspannung: $6000\ \text{V} / 230\ \text{V}$

Bemessungsstrom: $3{,}44\ \text{A} / 87\ \text{A}$

Kurzschlusswiderstand $R_K = 45{,}6\ \Omega$

Kurzschlussreaktanz $X_\sigma = 74{,}3\ \Omega$

Zu berechnen ist die Sekundärspannung U_2 des Transformators, wenn er

a) mit reiner Wirklast

b) mit induktiver Last mit $\cos(\varphi_2) = 0{,}8$, $\varphi_2 > 0$

c) mit kapazitiver Last mit $\cos(\varphi_2) = 0{,}8$, $\varphi_2 < 0$

betrieben wird.

Lösung:

Der Spannungsabfall am Kurzschlusswiderstand ist:

$$U_R = I_{1N} \cdot R_K = 3{,}44\ \text{A} \cdot 45{,}6\ \Omega = 156{,}9\ \text{V}$$

Der Spannungsabfall an der Kurzschlussreaktanz ist:

$$U_X = I_{1N} \cdot X_\sigma = 3{,}44\ \text{A} \cdot 87{,}2\ \text{V} = 300\ \text{V}$$

a) Mit $\cos(\varphi_2) = 1$, $\sin(\varphi_2) = 0$ folgt:

$$\Delta U' = U_R = 156{,}9\ \text{V}\,;\ \ddot{u} = \frac{6000\ \text{V}}{230\ \text{V}} = 26\,;\ \Delta U = \frac{\Delta U'}{\ddot{u}} = \frac{156{,}9\ \text{V}}{26} = 6\ \text{V}$$

$$U_2 = U_{2N} - \Delta U = 230\ \text{V} - 6\ \text{V} = \underline{\underline{224\ \text{V}}}$$

b) $\cos(\varphi_2) = 0{,}8$, $\varphi_2 = 36{,}9°$ und $\sin(\varphi_2) = 0{,}6$

Die Spannungsänderung ist:

$$\Delta U' = 156{,}9\ \text{V} \cdot 0{,}8 + 300\ \text{V} \cdot 0{,}6 = 305{,}5\ \text{V}$$

$$\Delta U = \frac{\Delta U'}{\ddot{u}} = \frac{305{,}5\ \text{V}}{26} = 11{,}8\ \text{V}\,;$$

$$U_2 = U_{2N} - \Delta U = 230\ \text{V} - 11{,}8\ \text{V} = \underline{\underline{218{,}2\ \text{V}}}$$

c) $\cos(\varphi_2) = 0{,}8$, $\varphi_2 = -36{,}9°$ und $\sin(\varphi_2) = -0{,}6$

Die Spannungsänderung ist:

$$\Delta U' = 156{,}9\ \text{V} \cdot 0{,}8 + 300\ \text{V} \cdot (-0{,}6) = -54{,}5\ \text{V}$$

$$\Delta U = \frac{\Delta U'}{\ddot{u}} = \frac{-54{,}5\ \text{V}}{26} = -2{,}1\ \text{V}\,;$$

$$U_2 = U_{2N} - \Delta U = 230\ \text{V} - (-2{,}1\ \text{V}) = \underline{\underline{232{,}1\ \text{V}}}$$

3.4.6.2 Wirkungsgrad des realen Transformators

Außer der Spannungsänderung bei Belastung ist auch der Wirkungsgrad der Energieübertragung von besonderem Interesse.

Im Transformator treten bei Belastung zwei Arten von Verlusten (Betriebsverluste) auf, die Eisenverluste P_{Fe} und die Kupferverluste P_{Cu}. Die Eisenverluste werden durch den Leerlaufversuch, die Kupferverluste durch den Kurzschlussversuch ermittelt.

Der Wirkungsgrad wurde bereits in Beispiel 19 angesprochen. Die an einen Verbraucher abgegebene Leistung ist um die gesamte Verlustleistung P_V kleiner als die aus dem Netz aufgenommene (zugeführte) Leistung. Das Verhältnis von abgegebener Leistung P_{ab} zu zugeführter Leistung P_{zu} ist der Wirkungsgrad η:

$$\boxed{\eta = \frac{\text{abgegebene Wirkleistung}}{\text{zugeführte Wirkleistung}} = \frac{P_{ab}}{P_{zu}} = \frac{P_{ab}}{P_{ab} + P_V}} \qquad (3.149)$$

Beim Transformator ist:

$$P_V = P_{Fe} + P_{Cu} \tag{3.150}$$

$$\boxed{\eta = \frac{P_{ab}}{P_{ab} + P_{Fe} + P_{Cu}}} \tag{3.151}$$

Die beim Leerlaufversuch gemessenen Eisenverluste sind:

$$\boxed{P_{Fe} = P_{10} = \frac{U_{1N}^2}{R_{Fe}}} \tag{3.152}$$

Bei fest vorgegebener Netzspannung und -frequenz sind die Eisenverluste konstant. Für eine andere Spannung als die Nenneingangsspannung U_{1N} müssen die Eisenverluste umgerechnet werden:

$$\boxed{P_{Fe,U} = P_{Fe} \cdot \left(\frac{U}{U_{1N}}\right)^2} \tag{3.153}$$

$P_{Fe,U}$ = Eisenverluste bei beliebiger Spannung U

Die beim Kurzschlussversuch gemessenen Kupferverluste (Stromwärmeverluste) sind:

$$\boxed{P_{Cu} = P_{1K} = I_{1N}^2 \cdot R_K = I_{1K}^2 \cdot (R_1 + R_2')} \tag{3.154}$$

Die Kupferverluste sind nur abhängig vom Strom.

Für einen anderen Strom als den primärseitigen Nennstrom $I_{1N} = I_{1K}$ müssen die Kupferverluste umgerechnet werden:

$$\boxed{P_{Cu,I} = P_{Cu} \cdot \left(\frac{I}{I_{1N}}\right)^2} \tag{3.155}$$

$P_{Cu,I}$ = Kupferverluste bei beliebigem Strom I

Der Wirkungsgrad des Transformators kann somit für jeden Arbeitspunkt bestimmt werden:

$$\eta = \frac{P_{ab}}{P_{ab} + P_{Fe,U} + P_{Cu,I}} = \frac{P_{ab}}{P_{ab} + P_{Fe} \cdot \left(\frac{U}{U_{1N}}\right)^2 + P_{Cu} \cdot \left(\frac{I}{I_{1N}}\right)^2} \tag{3.156}$$

Der Wirkungsgrad von Transformatoren ist höher als der von rotierenden elektrischen Maschinen gleicher Leistung, da keine mechanischen Verluste auftreten. Er hängt von der an der Sekundärseite abgegebenen Leistung P_2 und damit auch vom Leistungsfaktor $\cos(\varphi_2)$ des Verbrauchers ab. Mit abnehmendem Leistungsfaktor sinkt der Wirkungsgrad. Da der Transformator in der Praxis nicht immer mit seiner Nennwirkleistung P_N arbeitet, erreicht der Wirkungsgrad seinen Maximalwert für $P_2/P_N = 0,3\ldots0,7$. Bei Nennleistungen bis einige hundert kVA beträgt der Nennwirkungsgrad $95\ldots97\ \%$. Sehr große Transformatoren mit einer Nennleistung $S_N > 5\ \mathrm{MVA}$ erreichen Werte über $99\ \%$.

Es kann bewiesen werden, dass der Wirkungsgrad seinen Maximalwert erreicht, wenn die Eisenverluste und die Kupferverluste gleich groß sind, wenn also gilt $P_{Fe} = P_{Cu}$.

3.4.7 Zusammenfassung

1. Die Transformatorverluste werden in Kupferverluste (Wicklungsverluste) und Eisenverluste (Kernverluste) eingeteilt.
2. Die Eisenverluste sind unterteilbar in Wirbelstromverluste, Hystereseverluste und in Streuverluste.
3. Kupferverluste werden im Ersatzschaltbild des Transformators durch ohmsche Widerstände R_1 und R_2 in Reihe zu Primär- und Sekundärspule berücksichtigt.
4. Wirbelstrom-, Hysterese- und Streuverluste (Eisenverluste) werden im Ersatzschaltbild des Transformators durch einen Widerstand R_{Fe} repräsentiert.
5. Für den verlustlosen Übertrager mit kleiner Streuung und für kleine Spannungen kann das M-Ersatzschaltbild eingesetzt werden.

6. Bei hohen Spannungen und großen Streuungen wird das L_σ-Ersatzschaltbild verwendet.
7. Im Ersatzschaltbild des Transformators werden sekundärseitige Größen häufig auf die Primärseite umgerechnet.
8. Häufig benutzt wird das vollständige Ersatzschaltbild des realen Transformators.
9. Die Elemente des vollständigen Ersatzschaltbildes können durch Messungen (Leerlaufversuch und Kurzschlussversuch) bestimmt werden.
10. Mit dem Leerlaufversuch können der Eisenverlustwiderstand R_{Fe} und der Blindwiderstand X_h der Hauptinduktivität bestimmt werden.
11. Beim Leerlaufversuch werden der Eingangsstrom (Leerlaufstrom) I_{10} und die primärseitig aufgenommene Wirkleistung (Leerlaufwirkleistung) P_{10} gemessen.
12. Die gemessene Leerlaufwirkleistung P_{10} entspricht ungefähr den Eisenverlusten.
13. Der durch die Eisenverluste bedingte Strom ist $I_{Fe} = \frac{P_{10}}{U_{1N}}$.
14. Der Ersatzwiderstand R_{Fe} zur Berücksichtigung der Eisenverluste, ist:

    $$R_{Fe} = \frac{U_{1N}}{I_{Fe}} = \frac{U_{1N}^2}{P_{10}}$$

15. Der Blindwiderstand X_h der Hauptinduktivität ist:

    $$X_h = \omega \cdot L_h = \frac{U_{1N}}{I_\mu} = \frac{U_{1N}^2}{Q_{10}}, \; X_h = \frac{U_{1N}^2}{Q_{10}} = \frac{U_{1N}^2}{\sqrt{S_{10}^2 - P_{10}^2}} = \frac{U_{1N}^2}{\sqrt{(U_{1N} \cdot I_{10})^2 - P_{10}^2}}$$

16. Die Primärinduktivität ist: $L_1 = \frac{U_{1N}}{\omega \cdot I_\mu}$
17. Der Leerlaufleistungsfaktor berechnet sich zu:

    $$\cos(\varphi_{10}) = \frac{P_{10}}{S_{10}} = \frac{P_{10}}{U_{1N} \cdot I_{10}} = \frac{I_{Fe}}{I_{10}}$$

18. Mit dem Leerlaufleistungsfaktor ergeben sich folgende Darstellungen der Größen:

$$R_{Fe} = \frac{U_{1N}}{I_{10} \cdot \cos(\varphi_{10})}, \; X_h = \frac{U_{1N}}{I_{10} \cdot \sin(\varphi_{10})}, \; I_{Fe} = I_{10} \cdot \cos(\varphi_{10}),$$

$$I_\mu = I_{10} \cdot \sin(\varphi_{10}), \; P_{10} = P_{Fe} = U_{1N} \cdot I_{10} \cdot \cos(\varphi_{10})$$

19. Mit dem Kurzschlussversuch können die Wicklungswiderstände der Drähte und die Blindwiderstände der Streuinduktivitäten bestimmt werden.

20. Beim Kurzschlussversuch werden primärseitig die Kurzschlussspannung U_{1K}, der Kurzschlussstrom $I_{1N} = I_{1K}$ und die aufgenommene Kurzschlusswirkleistung P_{1K} gemessen.

21. Der Kurzschlussleistungsfaktor berechnet sich zu:

$$\cos(\varphi_{1K}) = \frac{P_{1K}}{U_{1K} \cdot I_{1N}} = \frac{R_K \cdot I_{1N}^2}{U_{1K} \cdot I_{1N}} = \frac{R_K}{U_{1K}/I_{1N}} = \frac{U_R}{U_{1K}} = \frac{R_K}{Z_{1K}}$$

22. Die relative Kurzschlussspannung ist: $u_K = \frac{U_{1K}}{U_{1N}} \cdot 100\ \%$

23. Der Kurzschlusswiderstand ist: $R_K = Z_{1K} \cdot \cos(\varphi_{1K})$

24. Der Kurzschlussblindwiderstand ist: $X_\sigma = Z_{1K} \cdot \sin(\varphi_{1K}) = \sqrt{Z_{1K}^2 - R_K^2}$

25. Bei üblichen Transformatorauslegungen gilt:

$$R_1 = R_2{}' = \ddot{u}^2 \cdot R_2, \; X_{1\sigma} = X_{2\sigma}{}' = \ddot{u}^2 \cdot X_{2\sigma}$$

26. Der Widerstand der Primärwicklung ist: $R_1 = \frac{R_K}{2}$

27. Der Widerstand der Sekundärwicklung ist: $R_2 = \frac{R_K}{2 \cdot \ddot{u}^2}$

28. Der Streublindwiderstand im Primärkreis ist: $X_{1\sigma} = \frac{X_\sigma}{2}$

29. Der Streublindwiderstand im Sekundärkreis ist: $X_{2\sigma} = \frac{X_\sigma}{2 \cdot \ddot{u}^2}$

30. Der Dauerkurzschlussstrom ist: $I_{KN} = \frac{U_{1N}}{Z_{1K}}$, $I_{KN} = \frac{I_{1N}}{u_K}$

31. Die gemessene Kurzschlusswirkleistung entspricht näherungsweise den Stromwärmeverlusten in den Wicklungen im Nennbetrieb, sie ist:

$$P_{1K} = I_{1K}^2 \cdot R_K = I_{1N}^2 \cdot (R_1 + R_2') = U_{1K} \cdot I_{1N} \cdot \cos(\varphi_{1k})$$

32. Der Widerstand R_K kann berechnet werden zu: $R_K = R_1 + R_2' = \frac{P_{1K}}{I_{1K}^2}$

33. Der Streublindwiderstand ist:

$$X_\sigma = \omega \cdot \left(L_{1\sigma} + \ddot{u}^2 \cdot L_{2\sigma}\right) = \frac{\sqrt{(U_{1K} \cdot I_{1K})^2 - P_{1K}^2}}{I_{1K}^2}$$

34. Innere Spannungsabfälle eines Transformators werden mit dem Kapp'schen Dreieck dargestellt.

35. Für eine näherungsweise Berechnung der Spannungsänderung eines Transformators unter Belastung gilt folgende Formel:

$$\Delta U' = U_{1N} - U_2' = U_R \cdot \cos(\varphi_2) + U_X \cdot \sin(\varphi_2)$$

36. Der Spannungsabfall ΔU ist: $\Delta U = \frac{\Delta U'}{\ddot{u}}$

37. Der Wirkungsgrad eines Transformators ist für jeden Arbeitspunkt:

$$\eta = \frac{P_{ab}}{P_{ab} + P_{Fe,U} + P_{Cu,I}} = \frac{P_{ab}}{P_{ab} + P_{Fe} \cdot \left(\frac{U}{U_{1N}}\right)^2 + P_{Cu} \cdot \left(\frac{I}{I_{1N}}\right)^2}$$

3.5 Aufbau und Bauformen

3.5.1 Aufbau

Transformatoren gibt es in unterschiedlichsten Größen, mit einem Volumen von weniger als ein Kubikzentimeter zur Übertragung von Signalen bis zu sehr großen Geräten mit einem Gewicht von hunderten Tonnen und Leistungen im Bereich von Millionen Voltampere (VA) in Stromnetzen. Folglich fallen die Ausführungen der Wicklungen, des Transformatorkerns, der Montage- und Befestigungselemente und die Art der Kühlung zur Abführung der Verlustwärme bei großen Leistungstransformatoren sehr unterschiedlich aus.

Die nächste Abbildung zeigt einen kleinen Einphasen-Netztransformator mit einer Nennleistung von $10\ \mathrm{VA}$. Oben ist die Primärwicklung ($230\ \mathrm{V}/50\ \mathrm{Hz}$) mit dünnem Draht, unten ist die Sekundärwicklung ($10\ \mathrm{V}$) mit dickerem Draht. Deutlich zu sehen sind die Lötanschlüsse der Wicklungen, die im Spulenkörper aus Kunststoff mit zwei Wickelkammern eingespritzt sind. Die Kunststofffolien, welche die Wicklungen abdecken und die Drähte vor mechanischen Beschädigungen schützen, wurden für das Foto aufgeschnitten und teilweise entfernt. Die zwei unteren Schrauben für den Zusammenhalt der Bleche des Transformatorkerns wurden ebenfalls entfernt.

Abb. 130: Ein Einphasen-Netztransformator

3.5.2 Wicklungen

Als Leitermaterial für die Wicklungen wird meist *massiver Kupferdraht* verwendet. Zum Einsatz kommen auch Folien, Bänder aus Weichkupfer und Hochfrequenzlitze. Drähte von großen Transformatoren bestehen häufig aus Aluminium. Folien haben oft nur abschirmende Funktionen. Damit die einzelnen Windungen der Wicklungen gegeneinander isoliert sind, hat der Draht eine Kunstharz-Lackierung (*Kupferlackdraht*).

Damit die Spannung zwischen benachbarten Windungen nicht zu hoch wird, bringt man Lagenisolationen ein, oder der Draht wird beim Wickeln in mehrere nebeneinanderliegende Kammern verteilt. Die Spannungsfestigkeit kann auch durch Folien-Wickel erhöht werden. Diese werden teilweise bei Transformatoren von Schaltnetzteilen, aber auch bei Großtransformatoren verwendet.

Ein *Spulenkörper* hilft dabei, die Wicklungen in passender Form auf einer automatischen Wickelmaschine herzustellen. Er bietet außerdem eine Isolation zwischen Wicklung und Kern oder, bei Verwendung eines Mehrkammer-Spulenkörpers, zwischen Nachbarwicklungen. Spulenkörper bestehen meist aus Kunststoffspritzguss und besitzen oft eingespritzte Kontaktstifte oder Lötanschlüsse für die entsprechenden Wicklungsenden.

Bei Netztransformatoren mit nur einer Wickelkammer liegt die Primärwicklung mit dem dünneren Draht meist unter der Sekundärwicklung mit dem dickeren Draht. Das Übereinanderwickeln von Primär- und Sekundärspule wird auch *Mantelwicklung*, *Röhrenwicklung* oder *Zylinderwicklung* genannt.

Primär- und Sekundärwicklung können in mehrere Bereiche aufgeteilt werden. Bei einer *Scheibenwicklung* erfolgt die Anordnung der Teilwicklungen nebeneinander auf einem Schenkel des Kerns. Ein *Mehrkammer-Wickelkörper* verringert die Spannung zwischen den Lagen und die Eigenkapazität der Wicklung.

Ein Transformator kann statt einer einzelnen auch mehrere getrennte Sekundärwicklungen für unterschiedliche Spannungen oder für getrennte Stromkreise haben.

Wicklungen werden mit Kunstharz fixiert um die Isolation, die Wärmeableitung und die mechanische Festigkeit zu verbessern und das Eindringen von Feuchtigkeit zu verringern.

Damit ein Transformator an unterschiedlich hohe Primärspannungen angeschlossen werden kann, ist eine Ausführung der Primärwicklung mit mehreren *Anzapfungen* möglich. Auch die Sekundärwicklung kann Anzapfungen besitzen, um z. B. mehrere, unterschiedlich hohe Spannungen mit gleichem Bezug zu erzeugen. Als *Mittelanzapfung* wird die Herausführung der Mitte einer Sekundärwicklung bezeichnet. Eine solche Wicklung kann z. B. zur Speisung einer Zweiweg-Gleichrichtung eingesetzt werden (Zweipulsmittelpunktschaltung M2). Durch die gleichsinnige Reihenschaltung von zwei Sekundärwicklungen mit gleichen Windungszahlen erhält man ebenfalls zwei gleiche Spannungen, die sich addieren. Der Verbindungspunkt ist dann die Mittelanzapfung der beiden Wicklungen.

Stelltransformatoren erlauben durch einen gleitenden Abgriff der Sekundärwicklung ein fast stufenloses Einstellen der Ausgangsspannung.

Bei *Spartransformatoren* sind Primär- und Sekundärwicklung galvanisch miteinander verbunden. Die Sekundärwicklung liegt in Reihe zur Primärwicklung. Der Spartransformator kann als eine Spule mit Anzapfung angesehen werden (induktiver Spannungsteiler). Zwischen Eingangs- und Ausgangsspannung gibt es keine Phasenverschiebung. Zur Berechnung der Spannungs-, Strom- und Impedanzwandlung gelten die gleichen Beziehungen wie beim normalen Transformator. Beim *Volltransformator* mit zwei getrennten Wicklungen wird die zugeführte elektrische Energie in magnetische Energie und diese wieder in elektrische Energie umgeformt, d. h. die Übertragung geschieht ausschliesslich induktiv über die feste magnetische Kopplung der Wicklungen. Beim Spartransformator erfolgt die Energieübertragung nur teilweise induktiv.

Dadurch wird Wicklungskupfer und Kerneisen eingespart. Die Einsparung ist umso größer je geringer der Unterschied zwischen Eingangs- und Ausgangsspannung ist. Bei Störungen, z. B. bei einer Unterbrechung der gemeinsamen Wicklung, kann die Oberspannung in das Unterspannungsnetz eindringen. Der Anwendungsbereich ist daher aus Sicherheitsgründen begrenzt. Spartransformatoren dürfen nie als Sicherheitstransformatoren verwendet werden.

3.5.3 Transformatorkern

3.5.3.1 Material

Je nach Einsatzgebiet des Transformators besteht der Transformatorkern aus *Eisen* oder aus *Ferriten*. Transformatoren ohne Kern werden als Lufttransformatoren bezeichnet.

Die magnetische Leitfähigkeit von ferromagnetischem Material im Spulenkern ist wesentlich größer als die von Luft, der magnetische Fluss ist dadurch höher. Ab einer bestimmten magnetischen Flussdichte B tritt jedoch eine Sättigung mit einer Reduzierung der magnetischen Flussdichte ein, dies führt zu einem nicht linearen Übertragungsverhalten mit einer Hystereseschleife (siehe Abschnitt 3.2.1.7).

Am häufigsten eingesetzt werden Eisenlegierungen und ferromagnetischer Stahl. Für Transformatoren mit einer Betriebsfrequenz von $50\ \mathrm{Hz}$ wird so genanntes *Dynamoblech* aus *Eisen-Silizium-Legierungen* verwendet. Die maximale Flussdichte liegt bei Eisen bei ca. 1,5 bis 2 Tesla.

Der Kern wird aus einem Stapel aus *einzelnen Blechen* aufgebaut, zwischen denen sich elektrisch isolierende Schichten befinden. Die Isolation erfolgt durch Papier, eine Lackierung oder sehr dünne Silikat-Phosphatschichten, die beim Walzen der Bleche aufgebracht werden. Es sind Blechstärken zwischen 0,23 bis 0,35 mm üblich. Die Flächen der Bleche sind so ausgerichtet, dass sie parallel zur Richtung des magnetischen Flusses liegen. Im elektromagnetischen Feld stehen elektrisches und magnetisches Feld senkrecht aufeinander. Somit stehen die Blechflächen senkrecht zum induzierten elektrischen Feld, die Wirbelstromverluste werden dadurch reduziert.

Je höher die Frequenz ist, desto dünner müssen die Bleche sein. Ab Frequenzen im Kilohertzbereich würden die Wirbelstromverluste bei Eisenkernen auch bei sehr dünnen Blechen zu groß. Bei hohen Frequenzen werden deshalb Ferritkerne verwendet.

Ferrite sind nicht metallische, ferromagnetische Stoffe die auf keramischem Wege aus einem meist pulverförmigen Ausgangsmaterial hergestellt werden.

Ferritkerne werden aus ferromagnetischen Oxiden gepresst und anschließend gesintert. Beim *Sintern* wird die pulverförmige Substanz bei hoher Temperatur zu einem festen, homogenen Körper verbacken und verpresst, wobei die einzelnen Körnchen miteinander verschweißen. Ferrite haben eine hohe Permeabilität, aber nur eine geringe elektrische Leitfähigkeit. Die Möglichkeiten einer Formgebung sind wesentlich vielfältiger als bei Blechpaketen. Bei Ferriten liegt die maximale Flussdichte bei etwa 400 mT.

3.5.3.2 Bauformen

Bezüglich der Bauformen der Eisenkerne wird zwischen *Mantelbauform* und *Kernbauform* unterschieden.

Mantelbauform

Bei einem Einphasen-Transformator in *Mantelbauform* befinden sich beide Windungen auf dem Mittelschenkel des Kerns, entweder nebeneinander (*Scheibenwicklung*) oder übereinander (*Röhrenwicklung*). Die beiden Außenschenkel tragen keine Wicklung. Die Mantelbauform des Kerns kann aus unterschiedlich geformten Blechen aufgebaut werden.

Je nach Form der Bleche unterscheidet man z. B. zwischen M-Schnitt und EI-Schnitt. Beim M-Schnitt lässt sich die einseitig losgestanzte Mittelzunge in den Spulenkörper einführen. Ist ein *Luftspalt* notwendig, so wird dieser durch eine Verkürzung der Mittelzunge realisiert. Die Bleche werden dann einseitig geschichtet, d. h. immer von der gleichen Seite in den Spulenkörper eingeführt. Ist ein Luftspalt unerwünscht, so schichtet man die Bleche wechselseitig, die Mittelzunge wird einmal von der einen und dann von der anderen Seite in den Spulenkörper eingeführt. Die einzelnen Bleche werden über Schrauben zusammengehalten. Beim EI-Schnitt besteht der Hauptteil des Kerns aus einer E-Form, der verbindende Schenkel hat eine I-Form.

Luftspalt

Da der magnetische Widerstand von Luft wegen ihrer kleinen Permeabilität wesentlich größer als der des Kernmaterials ist, wird magnetische Energie hauptsächlich im Luftspalt eines Spulenkerns gespeichert. Ein Luftspalt ist im Kern eines Transformators normalerweise nicht erwünscht, damit die im Kern gespeicherte magnetische Energie gering ist. Bei Schaltnetzteilen (beim Sperrwandler) dienen Transformatoren jedoch der Zwischenspeicherung magnetischer Energie. Bei diesen Transformatoren wird ein Luftspalt im Kern eingefügt. **Durch den Luftspalt im magnetischen Kreis wird die Kennlinie linearisiert, Sättigungserscheinungen im Kern werden vermieden.**

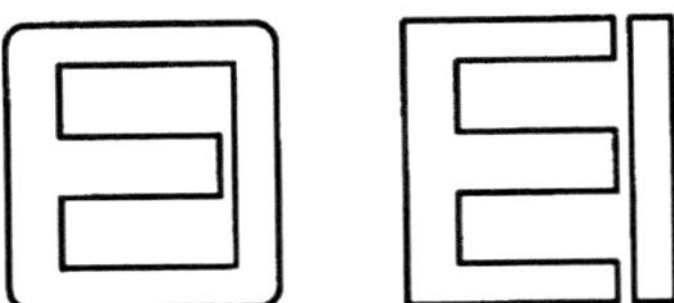

Abb. 131: Kernblech mit M-Schnitt (links) und EI-Schnitt (rechts)

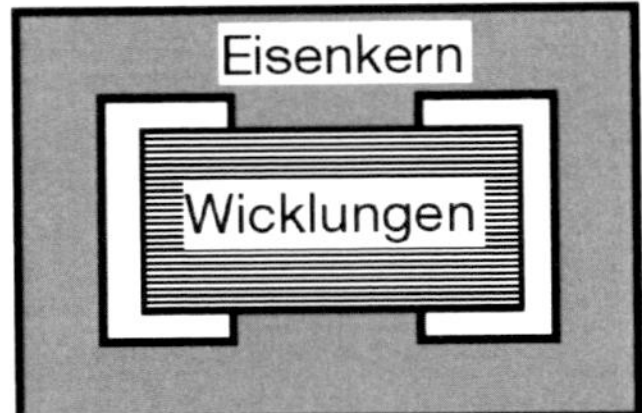

Abb. 132: Schematische Darstellung eines Einphasen-Transformators in Mantelbauform

Kernbauform

Bei der *Kernbauform* fehlt der Mittelschenkel, der Kern bildet in der Seitenansicht die Form eines Rechtecks, er weist einen einheitlichen Querschnitt auf. Die Windungen sind im Regelfall getrennt auf den beiden Außenschenkeln angebracht, können aber auch gemeinsam auf einen Schenkel gewickelt sein. Die Kernbauform kann durch geschichtete Stapel aus Blechen in der Form eines „U“ und eines „I“ gebildet werden (UI-Schnitt).

In der Praxis wird vorwiegend der Manteltyp eingesetzt, weil sich bei ihm Primär- und Sekundärspule auf einem gemeinsamen Spulenkörper befinden. Dadurch ist eine bessere Flusskopplung als bei den räumlich entfernten Spulen des Kerntyps gegeben.

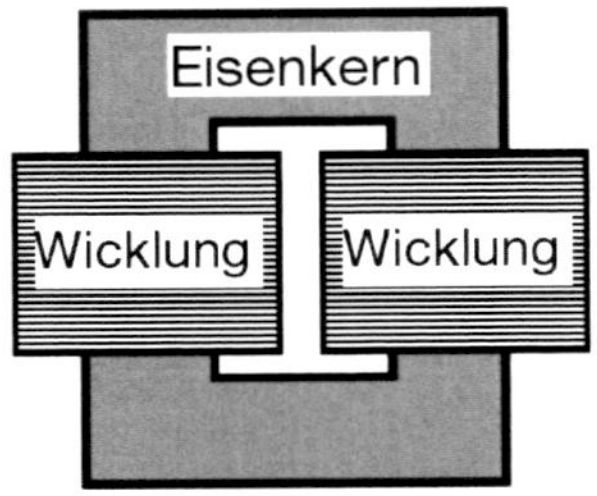

Abb. 133: Schematische Darstellung eines Einphasen-Transformators in Kernbauform

Ringkerntransformator

Ringkerntransformatoren besitzen einen hohen Wirkungsgrad bei kleiner Baugröße. Die magnetische Kopplung zwischen Primär- und Sekundärwicklung ist besonders gut, die Streuinduktivität somit klein. Sie werden oft als Impulsübertrager zur Widerstandsanpassung zwischen einem Generator und einem Verbraucher und zur Potenzialtrennung eingesetzt. Als Kern werden Ferritringkerne und Bandringkerne verwendet. Das Wickeln der Spulen ist aufwendig.

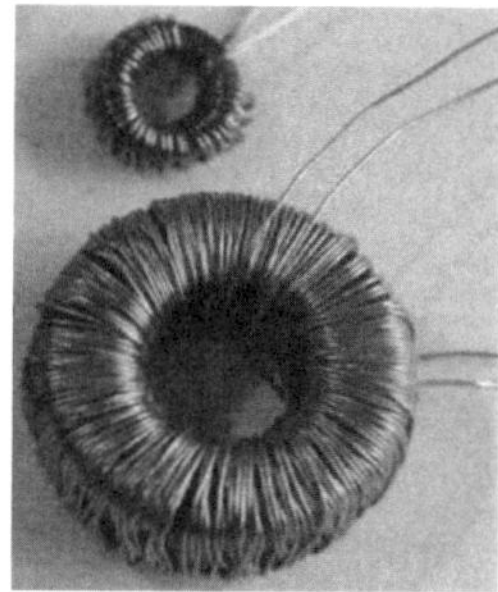

Abb. 134: Ringkerntransformatoren

Schnittbandkern

Transformatoren mit *Schnittbandkern* haben ähnlich gute Eigenschaften wie Ringkerntransformatoren, die Wicklungsherstellung ist jedoch einfacher. Zur Herstellung eines Schnittbandkerns wird ein Blechband auf einen Körper mit rechteckigem Querschnitt aufgewickelt und verklebt. Danach wird der Wickel in der Mitte quer zerteilt und die Trennflächen werden poliert. Die Hälften werden dann in die bewickelten Spulenkörper gesteckt und verklebt oder mit einem Metallband zusammengehalten. Transformatoren mit Schnittbandkern haben aufgrund ihrer Restluftspalte eine kleinere Remanenz als Ringkerntransformatoren und damit kleinere Einschaltströme als diese. Der Einsatz erfolgt hauptsächlich in der Nachrichtentechnik und Leistungselektronik. Für den Einsatz in der Energieversorgung sind diese Transformatoren nicht geeignet.

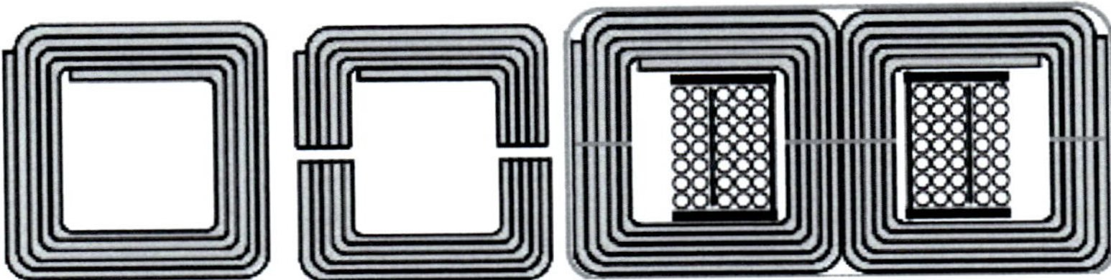

Abb. 135: Herstellungsschritte eines Schnittbandkerns, wickeln und verkleben (links), zerschneiden und schleifen (Mitte), Spulenkörper mit Wicklungen aufstecken und Spannband montieren (rechts)

Schalenkern

Schalenkerne aus Ferrit werden bei Übertragern im Nieder- und Mittelfrequenzbereich eingesetzt (aber auch im Hochfrequenzbereich). Sie besitzen ein im Querschnitt rundes Profil.

Abb. 136: Ferrit-Schalenkerne

3.5.4 Zusammenfassung

1. Für die Wicklungen eines Transformators wird meist massiver Kupferlackdraht verwendet.
2. Ein Spulenkörper nimmt die Wicklungen auf.
3. Es gibt die Mantelwicklung (Röhrenwicklung, Zylinderwicklung) und die Scheibenwicklung.
4. Ein Transformator kann mehrere getrennte Sekundärwicklungen für unterschiedliche Spannungen oder für getrennte Stromkreise haben.
5. Die Wicklungen von Transformatoren können Anzapfungen haben.
6. Der Transformatorkern besteht aus Eisen oder aus Ferriten.
7. Die maximale Flussdichte liegt bei Eisen bei ca. 1,5 bis 2 Tesla.
8. Bei den Bauformen der Eisenkerne wird zwischen Mantelbauform und Kernbauform unterschieden.

9. Durch einen Luftspalt im magnetischen Kreis wird die Kennlinie linearisiert, Sättigungserscheinungen im Kern werden vermieden.
10. Beispiele für die Form von Kernblechen sind der M-, der EI-, und der UI-Schnitt.
11. Ringkerntransformatoren und Transformatoren mit Schnittbandkern besitzen einen hohen Wirkungsgrad (kleine Streuung).
12. Schalenkerne aus Ferrit werden bei Übertragern im Nieder- und Mittelfrequenzbereich eingesetzt.

3.6 Drehstromtransformator

Drehstromtransformatoren werden bei Spannungssystemen mit drei Phasen (Drehstromsystemen) eingesetzt. Sie haben im einfachsten Fall drei Primär- und drei Sekundärwicklungen, die jeweils in Stern oder Dreieck geschaltet sein können. Daneben gibt es so genannte Zick-Zack-Wicklungen, bei denen die Primär- und/oder die Sekundärwicklung auf mehrere Schenkel verteilt sind. Primär- und Sekundärseite werden bei Drehstromtransformatoren als Ober- und Unterspannungsseite bezeichnet.

Bei einem Dreischenkeltransformator trägt jeder Schenkel die Oberspannungs- und die Unterspannungsseite jeweils einer Phase. Für jede Phase ist je eine Oberspannungs- bzw. Unterspannungswicklung vorhanden. Zum Anklemmen würden somit eigentlich 3 mal 4 gleich 12 Klemmpunkte benötigt. Die Oberspannungswicklungen und die Unterspannungswicklungen sind jedoch jeweils miteinander verbunden. Daher werden nur 6 Klemmpunkte benötigt.

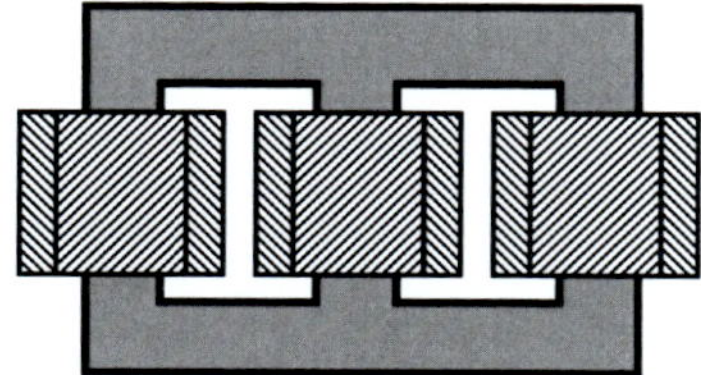

Abb. 137: Schematische Darstellung eines Drehstrom-Dreischenkeltransformators

Das Verschalten der Wicklungen jeweils einer Spannungsseite (der Ober- *oder* der Unterspannungsseite) kann im Dreieck, im Stern oder im Zickzack erfolgen. Bei der *Zickzackschaltung* werden die Wicklungen jeder Phase auf der Unterspannungsseite auf zwei Schenkel aufgeteilt, damit bei unsymmetrischer Belastung des Transfomators eine bessere Flussverteilung erreicht wird. Die unterschiedlichen Schaltungsmöglichkeiten und Kombinationen der Ober- und Unterspannungsseite werden *Schaltgruppen* genannt. Sie werden zur Kennzeichnung von Transformatoren mit genormten Kurzbezeichnungen von Kombinationen aus Buchstaben und Ziffern angegeben. Die Schaltgruppe kennzeichnet die Verschaltung von Ober- und Unterspannungsseite. Außerdem gibt sie die Phasenlage zwischen Ober- und Unterspannungsseite an.

Die Schaltgruppe eines Drehstromtransformators enthält folgende Angaben:

- Die Schaltung der Oberspannungswicklungen, Dreieck- (D), Stern- (Y) oder Zickzackschaltung (Z).
- Die Schaltung der Unterspannungswicklungen, Dreieck- (d), Stern- (y) oder Zickzackschaltung (z).
- Die Phasenlage der Unterspannung bezogen auf die Oberspannung als Vielfaches von 30°.
- Bei herausgeführtem Sternpunkt wird den Schaltungsbuchstaben ein „N" bei den Oberspannungswicklungen oder ein „n" bei den Unterspannungswicklungen angehängt.

Beispiel 49

Die Schaltgruppe Yd5 besagt:

Y **= Oberspannungsseite in Sternschaltung**

d **= Unterspannungsseite in Dreieckschaltung**

$5 = 5 \cdot 30° = 150°$ **Phasenverschiebung von Oberspannung zur Unterspannung**

Wahl der Schaltgruppen:

- Für die Oberspannungsseite wird bevorzugt die Sternschaltung mit herausgeführtem Neutralleiter verwendet. Man erhält eine gute Raumausnutzung, hohe Betriebssicherheit und jeder Strang wird nur mit der Strangspannung $U/\sqrt{3}$ beansprucht.
- Für die Unterspannungsseite (= Hochstromwicklung) wählt man üblicherweise die Dreieckschaltung. Jeder Strang wird nur mit $I/\sqrt{3}$ belastet, dadadurch genügt ein geringerer Leitungsquerschnitt. Es sind dann aber

keine zwei Spannungen abgreifbar. Ist dies notwendig, erfolgt auch auf der Unterspannungsseite der Einsatz der Sternschaltung.

- Bei unsymmetrischen Lastverhältnissen (im Extremfall liegt eine einphasige Belastung vor) entstehen viel zu hohe Sekundärspannungen in den weniger belasteten Sekundärwicklungen, weil dort die feldmindernde Wirkung der zugehörigen Sekundärströme nicht ausreicht. Eine Folge ist die auf 10 % begrenzte Belastbarkeit des Sternpunkts. Die Anwendung der Zickzackschaltung verkoppelt stark und schwach durchflossene Wicklungen und beseitigt dieses Problem.

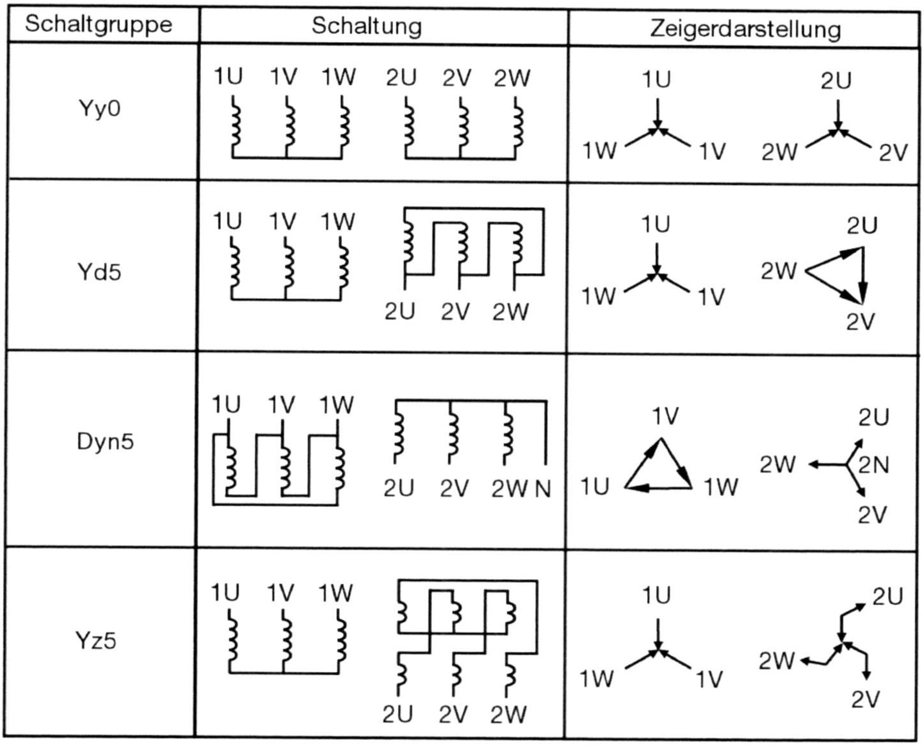

Schaltgruppe	Schaltung	Zeigerdarstellung
Yy0	1U 1V 1W 2U 2V 2W	1U 1W 1V 2U 2W 2V
Yd5	1U 1V 1W 2U 2V 2W	1U 1W 1V 2U 2W 2V
Dyn5	1U 1V 1W 2U 2V 2W N	1V 1U 1W 2U 2W 2N 2V
Yz5	1U 1V 1W 2U 2V 2W	1U 1W 1V 2U 2W 2V

Abb. 138: Beispiele für Schaltgruppen von Drehstromtransformatoren

Die Bemessungsspannung eines Drehstromtransformators auf der Primärseite ist der Effektivwert der primärseitigen Außenleiterspannung. Je nach Schaltgruppe entspricht sie der Strangspannung oder der verketteten Spannung. Sekundärseitig wird die Bemessungsspannung durch die Leerlaufspannung bei unbeschalteter Sekundärseite gebildet.

Das Übersetzungsverhältnis eines Drehstromtransformators ist das Verhältnis aus primärseitiger und sekundärseitiger Bemessungsspannung. Zu beachten ist, dass nur bei gleicher Schaltung auf Primär- und Sekundärseite das Übersetzungsverhältnis mit den Windungszahlen übereinstimmt. Bei unterschiedlichen Schaltungen muss eine Umrechnung durchgeführt werden, bei der meist gegebene Außenleitergrößen schaltungsrichtig in Stranggrößen umzurechnen sind.

Das Typenschild eines Drehstromtransformators gibt die Bemessungsleistung (Scheinleistung) S_N, die Bemessungsspannungen der Ober- und Unterspannungsseite und die Schaltgruppe an. Bei den Spannungsangaben handelt es sich um die Außenleiterspannungen.

Die Bemessungsleistung ist:

$$\boxed{S_N = \sqrt{3} \cdot U_{1N} \cdot I_{1N} = \sqrt{3} \cdot U_{2N} \cdot I_{2N}} \tag{3.157}$$

Die zugehörigen Bemessungsströme berechnen sich zu:

$$\boxed{I_{1N} = \frac{S_N}{\sqrt{3} \cdot U_{1N}}} \quad \boxed{I_{2N} = \frac{S_N}{\sqrt{3} \cdot U_{2N}}} \tag{3.158}$$

In I_{1N} sind die Transformatorverluste nicht berücksichtigt.

Beispiel 50

Die Bemessungsleistung eines Drehstromtransformators ist $S_N = 100\ \mathrm{kVA}$. An ihm wurden bei Sternschaltung der Wicklungen primärseitig folgende Daten gemessen:

Leerlaufversuch: $P_{10} = 320\ \mathrm{W}$, $U_{1N} = 20\ \mathrm{kV}$, $I_{10} = 72{,}3\ \mathrm{mA}$

Kurzschlussversuch: $P_{1K} = 1{,}75\ \mathrm{kW}$, $U_{1K} = 800\ \mathrm{V}$, $I_{1K} = 2{,}89\ \mathrm{A}$

Bestimmt werden sollen die Daten des Ersatzschaltbildes: Eisenverlustwiderstand R_{Fe}, Hauptreaktanz X_h sowie Wicklungswiderstand R_1 und Streureaktanz $X_{1\sigma}$ unter den Annahmen $R_1 = R_2'$ und $X_{1\sigma} = X_{2\sigma}'$. Für die Sekundärseite sind die tatsächlichen Transformatorkennwerte R_2 und $X_{2\sigma}$ für den Fall $\frac{N_1}{N_2} = \ddot{u} = 50$ zu ermitteln.

Lösung:

Für die Sternschaltung gilt mit U = Spannung der Außenleiter, I = Strom in einem Außenleiter, φ = Phasenverschiebungswinkel der *Strang*spannung gegen den *Strang*strom:

Wirkleistung $P_{ges} = \sqrt{3} \cdot U \cdot I \cdot \cos(\varphi)$

Blindleistung $Q_{ges} = \sqrt{3} \cdot U \cdot I \cdot \sin(\varphi)$

Scheinleistung $S_{ges} = \sqrt{3} \cdot U \cdot I$

$$P_{10} = \sqrt{3} \cdot U_{1N} \cdot I_{10} \cdot \cos(\varphi_{10})\,;\ \cos(\varphi_{10}) = \frac{P_{10}}{\sqrt{3} \cdot U_{1N} \cdot I_{10}} = \frac{320\ \text{W}}{\sqrt{3} \cdot 20\ \text{kV} \cdot 72{,}3\ \text{mA}}$$

$$\cos(\varphi_{10}) = 0{,}1278\,;\ \varphi_{10} = 82{,}66°$$

Die im Leerlaufversuch umgesetzte Wirkleistung wird nur in R_{Fe} umgesetzt.

$$I_{Fe} = I_{10} \cdot \cos(\varphi_{10}) = 72{,}3\ \text{mA} \cdot 0{,}1278 = 9{,}24\ \text{mA}$$

$$R_{Fe} = \frac{U_{1N}}{\sqrt{3} \cdot I_{Fe}} = \frac{20\ \text{kV}}{\sqrt{3} \cdot 9{,}24\ \text{mA}} = \underline{\underline{1{,}25\ \text{M}\Omega}}$$

oder

$$R_{Fe} = \frac{U_{1N}^2}{P_{10}} = \frac{(20\ \text{kV})^2}{320\ \text{W}} = \underline{\underline{1{,}25\ \text{M}\Omega}}$$

Die im Leerlaufversuch umgesetzte Blindleistung wird nur in X_h umgesetzt.

$$I_\mu = I_{10} \cdot \sin(\varphi_{10}) = 72{,}3\ \text{mA} \cdot 0{,}9918 = 71{,}7\ \text{mA}$$

$$X_h = \frac{U_{1N}}{\sqrt{3} \cdot I_\mu} = \frac{20\ \text{kV}}{\sqrt{3} \cdot 71{,}7\ \text{mA}} = \underline{\underline{161\ \text{k}\Omega}}$$

oder

$$X_h = \frac{U_{1N}^2}{Q_{10}} = \frac{U_{1N}}{\sqrt{3} \cdot I_{10} \cdot \sin(\varphi_{10})} = \frac{20\ \text{kV}}{\sqrt{3} \cdot 72{,}3\ \text{mA} \cdot \sin(82{,}66°)} = \underline{\underline{161\ \text{k}\Omega}}$$

$$\cos(\varphi_{1K}) = \frac{P_{1K}}{\sqrt{3} \cdot U_{1K} \cdot I_{1N}} = \frac{1750\ \text{W}}{\sqrt{3} \cdot 800\ \text{V} \cdot 2{,}89\ \text{A}} = 0{,}437\,;\ \varphi_{1K} = 64{,}09°$$

$$Z_{1K} = \frac{U_{1K}}{\sqrt{3} \cdot I_{1N}} = \frac{U_{1K}}{\sqrt{3} \cdot I_{1K}} = \frac{800\ \text{V}}{\sqrt{3} \cdot 2{,}89\ \text{A}} = 159{,}8\ \Omega$$

$$R_K = Z_{1K} \cdot \cos(\varphi_{1K}) = 159{,}8\ \Omega \cdot 0{,}437 = 69{,}83\ \Omega$$

$$R_1 = R_2' = \frac{R_K}{2} = \underline{\underline{34{,}92\ \Omega}}$$

oder

$$R_K = R_1 + R_2' = \frac{P_{1K}}{\left(\sqrt{3} \cdot I_{1K}\right)^2} = \frac{1750\ \text{W}}{\left(\sqrt{3} \cdot 2{,}89\ \text{A}\right)^2} = 69{,}84\ \Omega;$$

$$R_1 = R_2' = \frac{R_K}{2} = \underline{\underline{34{,}92\ \Omega}}$$

$$X_\sigma = Z_{1K} \cdot \sin(\varphi_{1K}) = 159{,}8\ \Omega \cdot \sin(64{,}09°) = 143{,}74\ \Omega$$

$$X_{1\sigma} = X_{2\sigma}' = \frac{X_\sigma}{2} = \underline{\underline{71{,}87\ \Omega}}$$

Wirkliche Transformatorkenndaten für die Sekundärseite:

$$R_2 = \frac{R_1}{\ddot{u}^2} = \frac{34{,}92\ \Omega}{50^2} = \underline{\underline{14\ \text{m}\Omega}}$$

$$X_{2\sigma} = \frac{X_{1\sigma}}{\ddot{u}^2} = \frac{71{,}87\ \Omega}{50^2} = \underline{\underline{29\ \text{m}\Omega}}$$

3.7 Frequenzverhalten des NF-Übertragers

Auf die verschiedenen Einsatzgebiete und Eigenschaften von Transformatoren als Umspanner und als Übertrager wurde bereits in Abschnitt 3.1 hingewiesen. Außer in der Energietechnik werden die Möglichkeiten eines Transformators zur Spannungs- und Stromübersetzung in Verbindung mit einer Potenzialtrennung auch bei Signalübertragungen in der Fernmelde- und Verstärkertechnik genutzt. Man spricht dann von einem *Übertrager*, im Nieder- und Mittelfrequenzbereich bis einige zehn Kilohertz auch von einem *NF-Transformator*. Ist im Zusammenhang mit einer bestimmten Widerstandsübersetzung das Ziel eine Leistungsanpassung, so spricht man von einem *Anpassungsübertrager*. Übertrager werden in der Nachrichtentechnik außer zur Übersetzung von Spannungen und Strömen auch zur Anpassung von

Widerständen, zur galvanischen Trennung von Stromkreisen und zur Phasenumkehr verwendet.

Der Transformator als Umspanner arbeitet stets mit einer festen Frequenz, z. B. $50\ \mathrm{Hz}$. Frequenzverhalten und verzerrungsfreie Übertragung spielen keine Rolle. Wichtig ist ein möglichst hoher Wirkungsgrad bei niedrigen Baukosten. Ein Übertrager dagegen soll Signale in einem *breiten Frequenzbereich* möglichst *ohne Verzerrungen* übertragen. Bei Audioanlagen werden z. B. Lautsprecher mit einem Übertrager an den Verstärker angepasst. Ein Transformator aus dem Gebiet der Energieübertragung ist dafür nicht geeignet, Umspanner werden an der Sättigungsgrenze des Eisenkerns betrieben. Sie arbeiten an der Grenze zum nicht linearen Übertragungsverhalten, zum nicht linearen Zusammenhang zwischen Flussdichte B und Feldstärke H. Bei Übertragern ist die magnetische Flussdichte niedriger. Dadurch bleibt der Arbeitsbereich im geradlinigen (linearen) Teil der Magnetisierungskurve. Der Eisenkern soll auch nur eine wesentlich kleinere Leistung eines gleich großen Netztrafos übertragen. Ist eine hohe Ausgangsspannung gefordert, so muss bei kleinerer Flussdichte die Windungszahl entsprechen erhöht werden.

Ergibt der Gleichspannungsanteil eines Signals eine magnetische Sättigung des Kerns, so führt dies zu starken Signalverzerrungen. Durch einen Luftspalt im Kern, der den magnetischen Fluss verringert und die Magnetisierungskennlinie linearisiert, kann dies vermieden werden. Durch ein Erhöhen der Windungszahlen erhält man einen größeren magnetischen Fluss.

Bei der Realisierung von Übertragern ist man bestrebt, den Eigenschaften des idealen Übertragers nahe zu kommen. Dazu müssen möglichst hochpermeable Kernwerkstoffe verwendet werden, die über eine ausreichend hohe Sättigung verfügen. Verwendet werden dünne Eisenbleche oder Ferrite. Diese Materialien müssen unter Betrachtung der Kernverluste (Wirbelströme, Hysterese) in dem interessierenden Frequenzbereich auch einsetzbar sein. Die Kernverluste begrenzen die Einsetzbarkeit zu hohen Frequenzen hin. Das Bauvolumen begrenzt den Einsatz zu tiefen Frequenzen. Soll ein breites Frequenzband übertragen werden, erfordert dies eine geringe Streuinduktivität und geringe Wicklungskapazitäten.

Zur Untersuchung des Übertragungsverhaltens eines linearen Übertragers in Abhängigkeit der Frequenz gehen wir vom symmetrischen T-Ersatzschaltbild mit Streufaktor Abb. 114 aus. Das Ersatzschaltbild wurde ergänzt durch die Kapazitäten C_1 der Primärwicklung, C_2 der Sekundärwicklung und C_3, der Kapazität zwischen den beiden Wicklungen. Außerdem wurden die ohmschen Widerstände R_1 und R_2 von Primär- und Sekundärwicklung und der Eisenverlustwiderstand R_{Fe} aufgenommen.

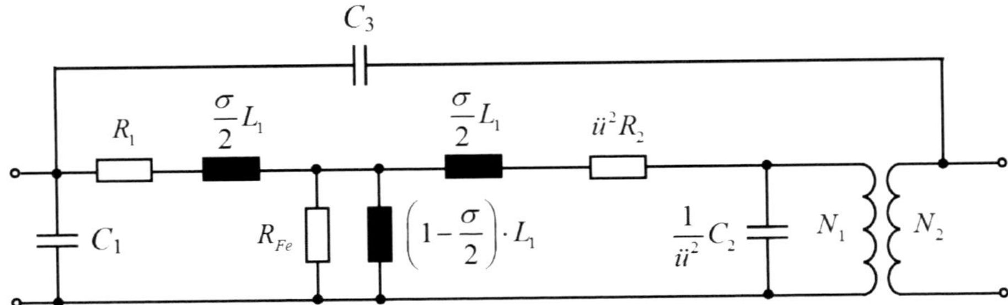

Abb. 139: Erweitertes Ersatznetzwerk eines Übertragers

Der Übertrager nach Abb. 139 wird nun auf der Primärseite durch eine Spannungsquelle $\underline{U}_0$ mit dem reellen Innenwiderstand R_i erregt. Auf der Sekundärseite ist ein Verbraucher mit dem reellen Widerstand R_a angeschlossen, der auf die Primärseite des Übertragers übersetzt wird. Im Folgenden wird angenommen, dass im Ersatzschaltbild nach Abb. 139 die Größen C_1, C_2, C_3 und R_{Fe} nicht berücksichtigt werden müssen. Außerdem wird vorausgesetzt, dass $\sigma \ll 1$ ist, dass somit gilt:

$$\left(1-\frac{\sigma}{2}\right)\cdot L_1 \approx L_1 \tag{3.159}$$

Unter diesen Gegebenheiten erhalten wir das nachfolgende neue Ersatznetzwerk, dessen Eigenschaften wir anschließend bei tiefen, mittleren und hohen Frequenzen der Eingangsspannung $\underline{U}_0$ betrachten.

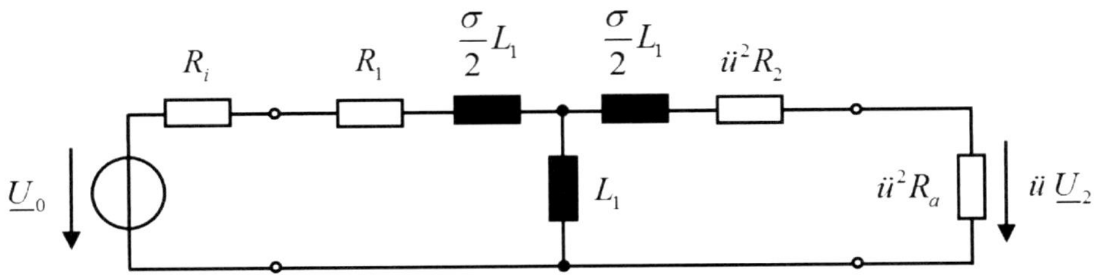

Abb. 140: Neues Ersatzschaltbild des Übertragers

3.7.1 Tiefe Frequenzen

Für Gleichspannung stellen die Induktivitäten $\frac{\sigma}{2}L_1$ und L_1 einen Kurzschluss dar, übrig bleiben nur diese Kurzschlüsse und die Wicklungswiderstände.

Im Bereich niedriger Frequenzen sind die Blindwiderstände der Längselemente $\frac{\sigma}{2}L_1$ sehr klein, sie können in Abb. 140 (wie bei Gleichspannung) durch Kurzschlüsse ersetzt werden. Der Widerstandswert der Querinduktivität L_1 (sie ist viel größer als $\frac{\sigma}{2}L_1$) liegt zwar erheblich über denen der Längswerte, bildet aber bei niedrigen Frequenzen dennoch einen kleinen Blindwiderstandswert. Der Teil der Eingangsspannung, der an L_1 abfällt, ist klein (man betrachte R_1 und L_1 als Spannungsteiler), somit ist auch die Ausgangsspannung klein. Für den Einsatz des Übertragers bestimmt L_1 die untere Frequenzgrenze. Je größer der Induktivitätswert von L_1 ist, desto größer ist der Wechselstromwiderstand der Induktivität bei einer bestimmten Frequenz, und Spannungen mit umso niedrigeren Frequenzen können übertragen werden. Eingangsspannungen mit niedrigen Frequenzen werden gedämpft. Das Ersatzschaltbild vereinfacht sich für tiefe Frequenzen zur unten angegebenen Form.

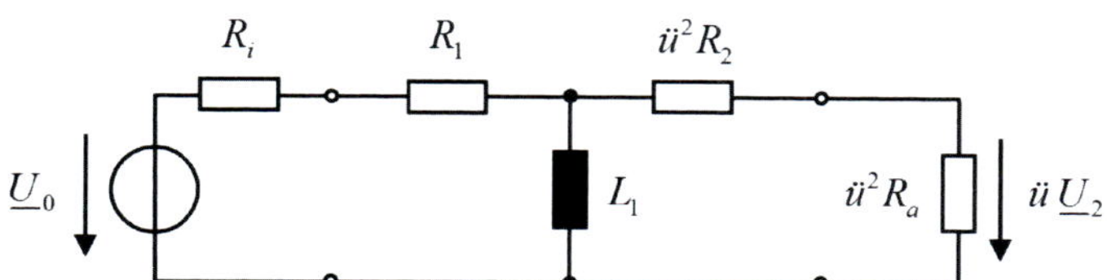

Abb. 141: Ersatzschaltbild des Übertragers im Bereich tiefer Frequenzen

Wird in der Schaltung nach Abb. 141 die Ausgangsspannung $ü\,\underline{U}_2$ als Funktion der Eingangsspannung $\underline{U}_0$ berechnet, so erhält man:

$$ü\,\underline{U}_2 = \underline{U}_0 \cdot \frac{R_a}{\frac{1}{ü^2}\cdot(R_i+R_1)+R_a+R_2+(R_i+R_1)\cdot(R_a+R_2)\cdot\frac{1}{j\omega L_1}} \tag{3.160}$$

Um den Frequenzgang dieser Funktion einfach untersuchen zu können, wird die Funktion normiert, alle Werte werden zu „1“ gesetzt. Wir erhalten:

$$\boxed{\ddot{u}\underline{U}_2 = \underline{U}_0 \cdot \frac{1}{4 \cdot \left(1 + \frac{1}{j\omega}\right)}} \qquad (3.161)$$

Für $\omega \to 0$: $\ddot{u}U_2 = 0$ (L_1 bildet einen Kurzschluss).

Für $\omega \to \infty$: $\ddot{u}U_2 = \frac{1}{4}U_0$ (L_1 bildet einen Leerlauf, das Ergebnis ist aus der Spannungsteilerformel mit vier gleich großen Widerständen leicht zu deuten).

Die Ersatzschaltung für tiefe Frequenzen nach Abb. 141 bildet einen Hochpass, Signale mit tiefen Frequenzen werden stark, Signale mit hohen Frequenzen weniger stark abgeschwächt. Den zugehörigen Amplitudengang zeigt die nächste Abbildung.

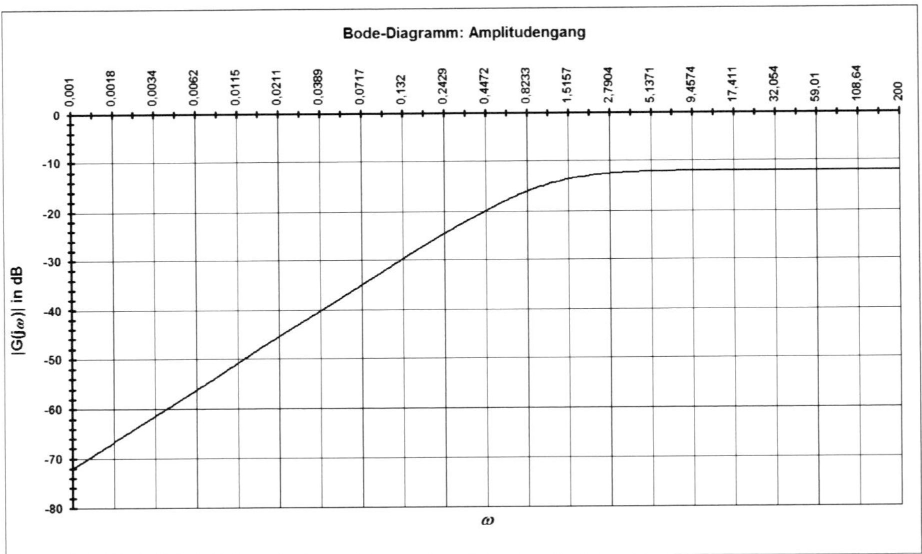

Abb. 142: Amplitudengang der Übertragung nach Gl. (3.161)

Häufig wird das Ersatzschaltbild nach Abb. 141 noch stärker vereinfacht. Aus der folgenden Schaltung ist unmittelbar das Hochpassverhalten ersichtlich (tiefe Frequenzen werden kurzgeschlossen, hohe durchgelassen).

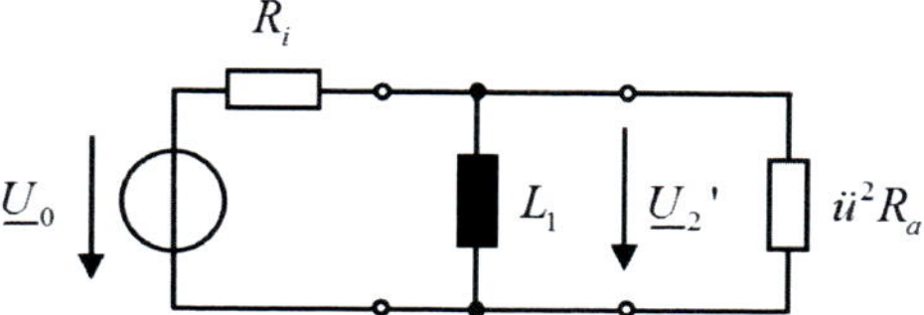

Abb. 143: Stark vereinfachte Ersatzschaltung des Übertragers für tiefe Frequenzen

Die Spannung an der transformierten Last ist (Spannungsteiler):

$$\underline{U}_2' = \underline{U}_0 \cdot \frac{\dfrac{\ddot{u}^2 R_a \cdot j\omega L_1}{\ddot{u}^2 R_a + j\omega L_1}}{R_i + \dfrac{\ddot{u}^2 R_a \cdot j\omega L_1}{\ddot{u}^2 R_a + j\omega L_1}} \qquad (3.162)$$

Es handelt sich um einen Hochpass erster Ordnung. In normierter Form:

$$\underline{U}_2' = \underline{U}_0 \cdot \frac{1}{2 + \dfrac{1}{j\omega}} \qquad (3.163)$$

3.7.2 Mittlere Frequenzen

Bei mittleren Frequenzen arbeitet der Übertrager fast ideal. Die Streuinduktivität σL_1 ist gegenüber der Last $\ddot{u}^2 R_a$ niederohmig. Die Primärinduktivität L_1 ist im Vergleich mit der Last hochohmig. Beide können vernachlässigt werden. Man erhält ein *frequenzunabhängiges* Ersatzschaltbild. Nur ohmsche Widerstände bestimmen das Übertragungsverhalten. Wir haben den Fall des Übertragers zwischen ohmschen Widerständen, wie er bereits in Abschnitt 3.3.2.2 behandelt wurde. Wie dort gilt für den Zusammenhang zwischen Eingangs- und Ausgangsspannung:

$$\underline{U}_2' = \ddot{u} \cdot U_2 = \underline{U}_0 \cdot \frac{\ddot{u}^2 \cdot R_a}{R_i + R_1 + \ddot{u}^2 \cdot (R_2 + R_a)} \qquad (3.164)$$

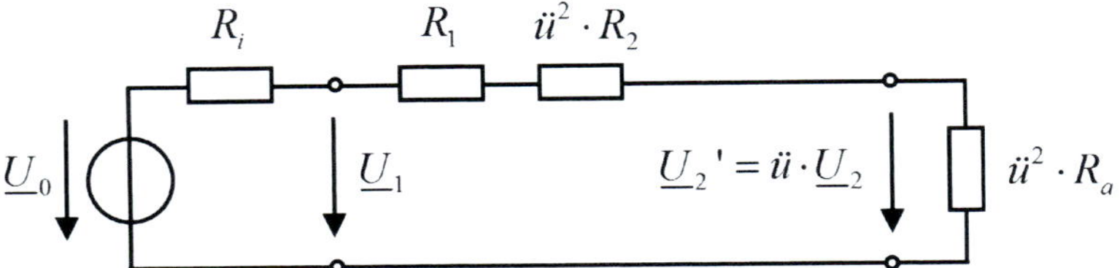

Abb. 144: Ersatzschaltbild des Übertragers im Bereich mittlerer Frequenzen

Auch dieses Ersatzschaltbild nach Abb. 144 wird oft noch stärker vereinfacht, indem die Kupferwiderstände entweder vernachlässigt oder mit dem Innenwiderstand des Generators zusammengefasst werden.

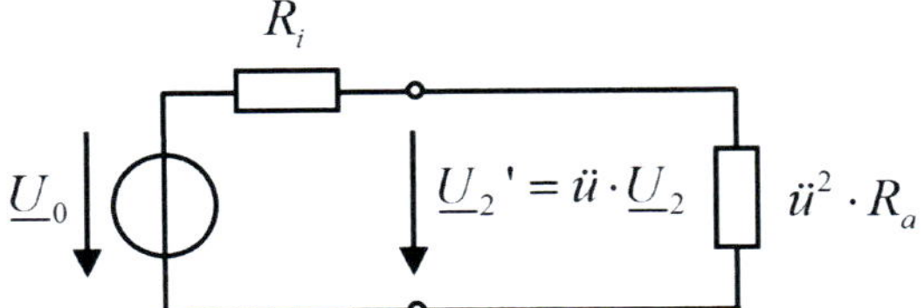

Abb. 145: Stark vereinfachte Ersatzschaltung des Übertragers für mittlere Frequenzen

Die Spannung an der transformierten Last ist (Spannungsteiler):

$$\underline{U}_2{}' = \ddot{u} \cdot U_2 = \underline{U}_0 \cdot \frac{\ddot{u}^2 \cdot R_a}{R_i + \ddot{u}^2 \cdot R_a} \tag{3.165}$$

3.7.3 Hohe Frequenzen

Bei hohen Frequenzen nimmt der Blindwiderstand der Querinduktivität L_1 sehr große Werte an, dieses Element kann im Ersatzschaltbild entfallen. Die Blindwiderstände der Längselemente $\frac{\sigma}{2} L_1$ liegen trotz kleiner Streuinduktivität aber wegen hoher Frequenz in einem Bereich, der zu berücksichtigen ist. Es ergibt sich das folgende Ersatzschaltbild:

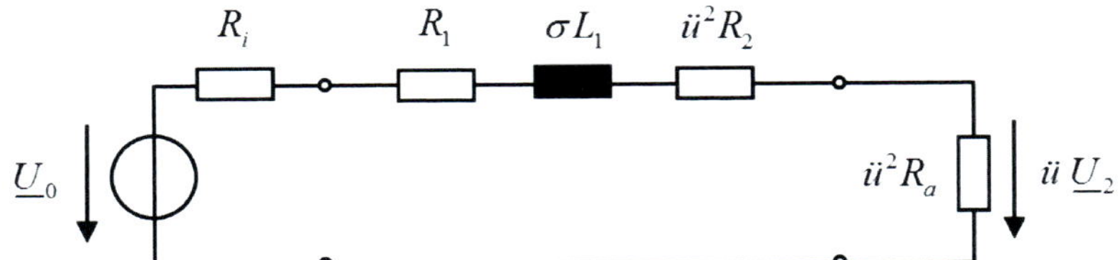

Abb. 146: Ersatzschaltbild des Übertragers im Bereich hoher Frequenzen

Die Ausgangsspannung $\ddot{u}\,\underline{U}_2$ als Funktion der Eingangsspannung $\underline{U}_0$ ist:

$$\boxed{\ddot{u}\,\underline{U}_2 = \underline{U}_0 \cdot \frac{\ddot{u}^2 R_a}{R_i + R_1 + \ddot{u}^2 \cdot (R_2 + R_a) + j\omega\sigma L_1}} \qquad (3.166)$$

Für $\omega \to 0$ erhält man eine von $\ddot{u}$ und den Widerstandswerten abhängige Ausgangsspannung, für $\omega \to \infty$ wird die Ausgangsspannung null (der Blindwiderstand von σL_1 wird unendlich groß). Es handelt sich um einen Tiefpass.

Normiert ergibt sich:

$$\boxed{\ddot{u}\,\underline{U}_2 = \underline{U}_0 \cdot \frac{1}{4 + j\omega}} \qquad (3.167)$$

Den zugehörigen Amplitudengang zeigt die nächste Abbildung.

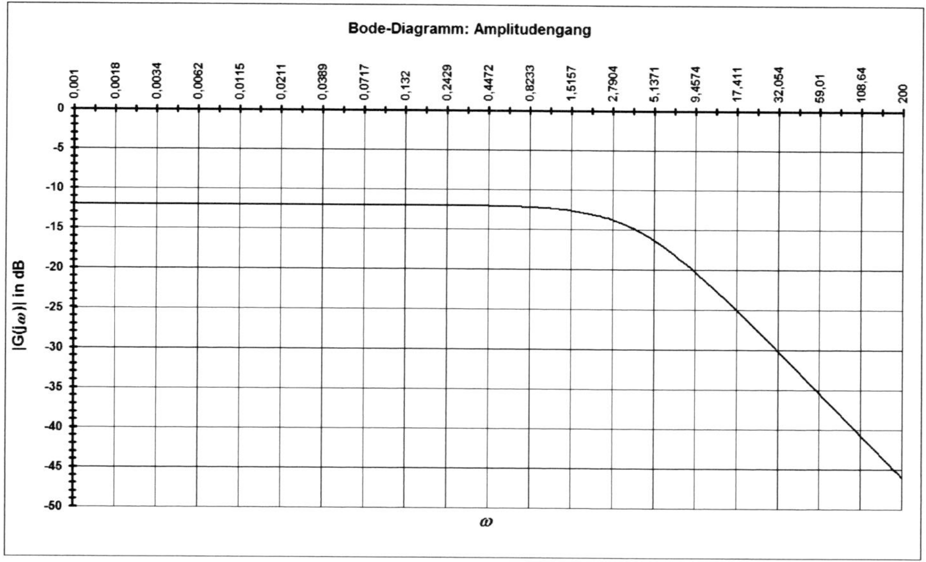

Abb. 147: Amplitudengang der Übertragung nach Gl. (3.167)

Werden die Kupferwiderstände wieder vernachlässigt oder mit dem Innenwiderstand des Generators zusammengefasst, so kann das Ersatzschaltbild nach Abb. 146 ebenfalls noch stärker vereinfacht werden.

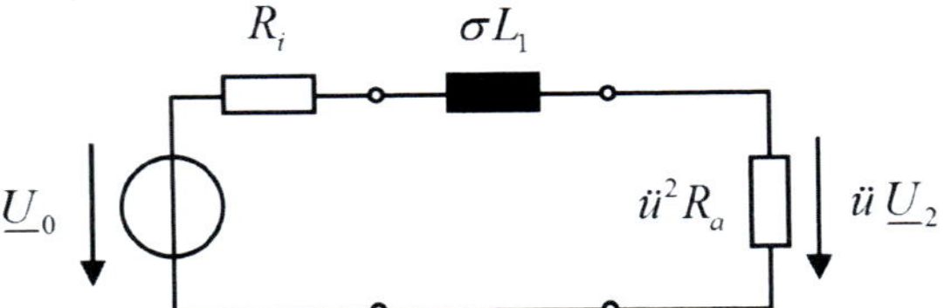

Abb. 148: Stark vereinfachte Ersatzschaltung des Übertragers für hohe Frequenzen

Die Spannung an der transformierten Last ist (Spannungsteiler):

$$\ddot{u}\underline{U}_2 = \underline{U}_0 \cdot \frac{\ddot{u}^2 R_a}{R_i + \ddot{u}^2 R_a + j\omega\sigma L_1} \tag{3.168}$$

Betrachten wir nun das Verhalten des Übertragers von tiefen bis zu hohen Frequenzen, so erkennen wir, dass der Übertrager einen **Bandpass** bildet. Tiefe und hohe Frequenzen werden gedämpft, während mittlere Frequenzen (bis auf die Grunddämpfung a_G verursacht durch R_1, R_2 und R_{Fe}) ungedämpft übertragen werden.

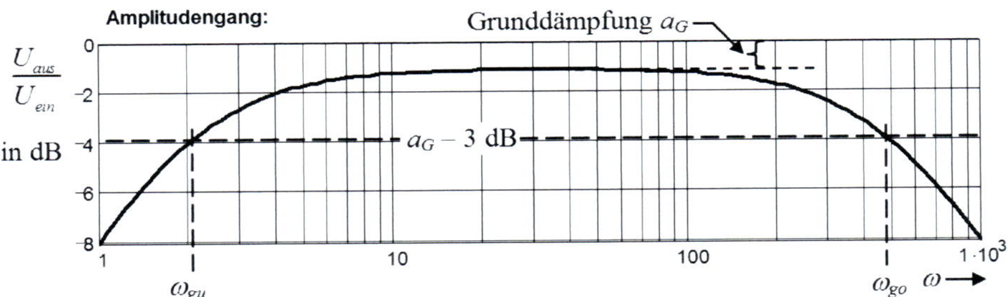

Abb. 149: Amplitudengang eines Übertragers von tiefen bis zu hohen Frequenzen (schematisches Beispiel)

3.7.4 Grenzfrequenzen

Jetzt werden noch die untere Grenzfrequenz $\omega_{gu} = \omega_1$ und die obere Grenzfrequenz $\omega_{go} = \omega_2$ betrachtet. Bei diesen Frequenzen ist die Ausgangsspannung gegenüber mittleren Frequenzen um 3 dB kleiner, sie ist auf das $1/\sqrt{2}$-fache (entspricht ca. Faktor 0,7) abgefallen.

Die untere Grenzfrequenz ω_1 liegt bei derjenigen Frequenz, bei der der Betrag der Ausgangsspannung bei tiefen Frequenzen im Verhältnis zum Betrag der Ausgangsspannung bei mittleren Frequenzen auf das $1/\sqrt{2}$ -fache abgefallen ist. Wir setzen also das Verhältnis der Ausgangsspannung bei tiefen Frequenzen zur Ausgangsspannung bei mittleren Frequenzen gleich $1/\sqrt{2}$.

$$\boxed{\frac{\left|\underline{U}_2{}'_{tief}\right|}{\left|\underline{U}_2{}'_{mittel}\right|} = \frac{1}{\sqrt{2}}} \tag{3.169}$$

Wir benutzen hier die stark vereinfachten Ersatzschaltungen. Mit den Gleichungen (3.162) und (3.165) erhalten wir:

$$\frac{\left|\underline{U}_0 \cdot \dfrac{\dfrac{\ddot{u}^2 R_a \cdot j\omega L_1}{\ddot{u}^2 R_a + j\omega L_1}}{R_i + \dfrac{\ddot{u}^2 R_a \cdot j\omega L_1}{\ddot{u}^2 R_a + j\omega L_1}}\right|}{\left|\underline{U}_0 \cdot \dfrac{\ddot{u}^2 \cdot R_a}{R_i + \ddot{u}^2 \cdot R_a}\right|} = \frac{1}{\sqrt{2}} \tag{3.170}$$

Nach ω auflösen ergibt die untere Grenzfrequenz:

$$\boxed{\omega_1 = \frac{\ddot{u}^2 R_i R_a}{L_1 \cdot \left(R_i + \ddot{u}^2 R_a\right)}} \tag{3.171}$$

Für die *untere Grenzfrequenz* ω_1 ist die *Primärinduktivität* L_1 *maßgebend.*

Auf die gleiche Weise verfahren wir zur Berechnung der oberen Grenzfrequenz.

$$\boxed{\frac{\left|\underline{U}_2{}'_{hoch}\right|}{\left|\underline{U}_2{}'_{mittel}\right|} = \frac{1}{\sqrt{2}}} \tag{3.172}$$

Mit den Gleichungen (3.168) und (3.165) erhalten wir:

$$\frac{\left|\underline{U}_0 \cdot \dfrac{\ddot{u}^2 R_a}{R_i + \ddot{u}^2 R_a + j\omega\sigma L_1}\right|}{\left|\underline{U}_0 \cdot \dfrac{\ddot{u}^2 \cdot R_a}{R_i + \ddot{u}^2 \cdot R_a}\right|} = \frac{1}{\sqrt{2}} \tag{3.173}$$

Nach ω auflösen ergibt die obere Grenzfrequenz:

$$\boxed{\omega_2 = \frac{R_i + ü^2 R_a}{\sigma \cdot L_1}} \tag{3.174}$$

Für die *obere Grenzfrequenz* ω_2 ist die *Streuinduktivität* σL_1 *maßgebend.*

Anmerkung: Bei schwacher Belastung und niederohmiger Speisung kann ein abweichendes Verhalten mit einer Spannungsüberhöhung an der oberen Frequenzgrenze auftreten. Die Streuinduktivität σL_1 und die Eigenkapazität C_e einer Übertragerwicklung (Wicklungskapazität parallel zur Primärinduktivität L_1) bilden dann einen schwach gedämpften Reihenschwingkreis, bei dem bekanntlich über der Induktivität und der Kapazität bei der Resonanzfrequenz ω_r gegenphasige und überhöhte Spannungen auftreten. Je kleiner die Belastung ist, desto ausgeprägter ist der Resonanzeffekt. Die Resonanzüberhöhung liegt bei:

$$\boxed{\omega_r \approx \frac{1}{\sqrt{\sigma L_1 \cdot C_e}}} \tag{3.175}$$

Die Bandbreite ist normalerweise als Frequenzbereich definiert, der sich als Differenz zwischen oberer und unterer Grenzfrequenz ergibt. Der Frequenzbereich kann auch relativ betrachtet werden, wenn das Verhältnis ω_2/ω_1 zwischen oberer und unterer Grenzfrequenz gebildet wird.

$$\frac{\omega_2}{\omega_1} = \frac{\dfrac{R_i + ü^2 R_a}{\sigma \cdot L_1}}{\dfrac{ü^2 R_i R_a}{L_1 \cdot \left(R_i + ü^2 R_a\right)}} = \frac{\left(R_i + ü^2 R_a\right)^2}{\sigma \cdot ü^2 \cdot R_i \cdot R_a} \tag{3.176}$$

Für den Fall der *Leistungsanpassung* gilt:

$$R_i = ü^2 R_a \tag{3.177}$$

Das Verhältnis ω_2/ω_1 wird damit:

$$\boxed{\frac{\omega_2}{\omega_1} = \frac{4}{\sigma}} \tag{3.178}$$

Bei Leistungsanpassung hängt das Verhältnis von oberer zu unterer Grenzfrequenz nur vom Streufaktor σ des Übertragers ab (Voraussetzung: $\sigma \ll 1$).

Damit das Verhältnis ω_2/ω_1 bzw. der Frequenzbereich zwischen den beiden Grenzfrequenzen groß wird, muss σ klein sein. *Breitbandübertrager* müssen also eine *sehr kleine Streuung* σ aufweisen.

3.7.5 Zusammenfassung

1. Ein Übertrager dagegen soll Signale in einem breiten Frequenzbereich möglichst ohne Verzerrungen übertragen.
2. Für tiefe Frequenzen bildet der Übertrager einen Hochpass.
3. Für mittlere Frequenzen ist das Übertragungsverhalten eines Übertragers praktisch frequenzunabhängig.
4. Für hohe Frequenzen bildet der Übetrager einen Tiefpass.
5. Von tiefen bis zu hohen Frequenzen betrachtet bildet der Übertrager einen Bandpass.
6. Bei den Grenzfrequenzen ist die Ausgangsspannung gegenüber mittleren Frequenzen um $3\ \mathrm{dB}$ auf das $1/\sqrt{2}$-fache (ca. Faktor 0,7) abgefallen.
7. Für die untere Grenzfrequenz ω_1 ist die Primärinduktivität L_1 maßgebend.
8. Für die obere Grenzfrequenz ω_2 ist die Streuinduktivität σL_1 maßgebend.
9. Breitbandübertrager müssen eine sehr kleine Streuung σ aufweisen.

4 Literaturverzeichnis

Bieneck, W.: Elektro T, Grundlagen der Elektrotechnik, Holland + Josenhans Verlag Stuttgart, 1996

Bisterfeld, M.: Skript Grundlagen der Elektrotechnik III, Fachhochschule Karlsruhe, 01.03.2001

Böhmer, E., Ehrhardt, D., Oberschelp, W.: Elemente der angewandten Elektronik, Kompendium für Ausbildung und Beruf, 16., aktualisierte Auflage, Vieweg+Teubner

Busch, R.: Elektrotechnik und Elektronik für Maschinenbauer und Verfahrenstechniker, 6. Auflage 2011, Vieweg + Teubner Verlag

Gellißen, H. D.: Netzwerke bei zeitabhängiger Erregung, Eine Einführung, Juni 2005

Gloor, R.: Gloor Engineering, CH-7434 Sufers, Elektrische Antriebstechnik, Nov. 2003

Gottkehaskamp, R.: Skriptum Elektrische Maschinen, Fachhochschule Düsseldorf, 1999

Götze, J.: Vorlesungsunterlagen Grundlagen der Schaltungstechnik, Universität Dortmund, WS 98/99

Hartmann: Skriptum zu den Grundlagen der Elektrotechnik, 02.10.2002

Hering, E., Bressler, K., Gutekunst, J.: Elektronik fiir Ingenieure und Naturwissenschaftler, Springer-Verlag 2005

Hering, E., Martin, R., Gutekunst, J., Kempkes, J.: Elektrotechnik und Elektronik für Maschinenbauer, 2. Auflage, Springer-Verlag, 2012

Kallenrode, M.-B.: Einführung in die Elektronik, Universität Osnabrück, 26.10.2006

Kaufmann, A.: Hochfrequenztechnik und Mikrowellentechnik, eine Einführung, Berner Fachhochschule, Hochschule für Technik und Informatik Burgdorf, Fachbereich Elektro- und Kommunikationstechnik, Oktober 2003

Laur, R.: Grundlagen der Elektrotechnik für Produktionstechniker und Wirtschaftsingenieure

Marklein, R.: Grundlagen der Elektrotechnik II, Universität Kassel, 2006

Paul, M.: Bauelemente der Technischen Informatik, Universität Trier, Vorlesungsskript SS 2003

Schäfer, U.: Einführung in die Elektrotechnik, Teil I, Universität Stuttgart, 2004

Schneider-Obermann, H.: Basiswissen der Elektro-, Digital- und Informationstechnik, Für Informatiker, Elektrotechniker und Maschinenbauer, Vieweg-Verlag. Okt 2006

Schröder, G.: Elektrotechnik für Maschinenbauer, Teil 1: Grundlagen, Vorlesungsskript, Stand 1.03

Schüring, I.: Transformator, Skript zur Lehrveranstaltung AT1, Beuth Hochschule für Technik, Fachbereich VII – Energiesysteme, 8. August 2012

Schwab, Adolf J.: Elektroenergiesysteme, Erzeugung, Transport, Übertragung und Verteilung elektrischer Energie, Springer-Verlag 2012

Skrotzki, T.: Elektrotechnik / Elektronik, Grundlagen der Gleich- und Wechselstromtechnik, Fachhochschule Südwestfalen, Skript zur Vorlesung für Wirtschaftsingenieure und Wirtschaftsinformatiker, Version 1.0 04.04.2003

Steffen, H., Bausch, H.: Elektrotechnik Grundlagen, Teubner Verlag, 2007

Stiny, L.: Grundwissen Elektrotechnik, Franzis-Verlag, 2011

Stiny, L.: Elektrotechnik für Studierende, Band 1: Grundlagen, Christiani-Verlag, 2012

Stiny, L.: Elektrotechnik für Studierende, Band 2: Gleichstrom, Christiani-Verlag, 2012

Stiny, L.: Elektrotechnik für Studierende, Band 3: Wechselstrom 1, Christiani-Verlag, 2014

Suchaneck: Grundlagen der Elektrotechnik II, TFH Berlin, SS 2006

Unbehauen, R.: Grundlagenpraktikum in Elektrotechnik und Messtechnik, Institut für Allgemeine und Theoretische Elektrotechnik der Universität Erlangen-Nürnberg, März 1971

Wachutka, G.: Elektromagnetische Feldtheorie, Vorlesungsskript, Lehrstuhl für Technische Elektrophysik, Technische Universität München, 29. November 2011

Weißgerber, W.: Elektrotechnik für Ingenieure 2, 6., überarbeitete Auflage, Vieweg 2007

Wilfried Plaßmann, W., Schulz, D.: Handbuch Elektrotechnik, 5., korrigierte Auflage 2009, Vieweg+Teubner

5 Stichwortverzeichnis

F

K

T

U

V

W

Z